U0220445

启真馆 出品

天堂之旅

六道风味品中国

[德] 马可斯·赫尼格
(Marcus Hernig) 著

王丽萍 译

ZHEJIANG UNIVERSITY PRESS
浙江大学出版社

中国人吃螃蟹、饮清茶、品山泉、炖人参、种蔬菜、扦果苗、享豪餐、嚼鸭胗、腌萝卜、转核桃、嗑瓜子、赌月饼、睡大觉。

——*My Country and My People*，
林语堂著，1935 年出版

天堂之旅

吃出来的社會

烹飪与泡菜

麻辣主義

肚皮文化

天下為意固

小吃大來

像一个社会学家那样去吃中国菜

外国人吃中国菜，一般是两种态度：一种是狂热的爱，一种是虚假的恨。也许还有第三种：理性而世故的观察，爱和疏离各自有方，但归根结底，还是爱。

马可来中国采访之前，有德国媒体采访他，问他最重要的汉字是哪三个？他说他不知道，对方自作聪明地说：男，女，还有狗——中国人不是爱吃狗肉吗？你认识了这个字，点菜就不会错。马可常年居住在上海，看到的几乎都是宠物狗，然而并没看到餐厅售卖狗肉，这个玩笑对他绝缘。这就是我所谓的"虚假的恨"——只是凭借着虚妄的道听途说来说中国饮食。有时候，目之所见也能吓走外国人，他亲眼看到一位德国女士进了餐馆，面对着餐厅为了展现排场放置的鱼缸里的活鱼，还有柜台上的凤爪，女士大惊失色，说着"不行，太恐怖了"——同属虚张声势。

我一直听说马可，但没见过。从几个美食家朋友（苏州的叶放、深圳的阿诚）那里听到过他的故事，他们都说和马可一起吃饭乐趣无穷，怎么个无穷呢？细说又说不清，就知道这个德国人热爱亚洲，娶了一位中国妻子，在中国的上海、广东，还有日本的京都都待过许久。

我初次见他是在德国的法兰克福书展上，倒是和想象中完全不同。他和我做一个关于中国饮食的活动，我们谈到中国人在吃上可谓千差万别，不同地域的人吃的食物迥然不同，但又有着千丝万缕的联系。本来满脸疲倦的马可突然双眸精光外射，兴趣大增。他一边大笑，一边表示赞同，因为这和他的观察类似，他的感觉敏锐，已经从中国食物的表层，看到了中国社会的深层肌理。马可的这种认知就是我说的第三种态度：理智地观察着中国食物，归根到底，还是爱。以这样的态度在中国寻找食物，就不仅仅能体会到好吃与否，更能了解到食物背后的人，或者说是人民与人性。看他写关于中国食物的书，我脑子里经常跳出来的就是林语堂的《吾国与吾民》。

我看他在中国寻找食物的经历，有时候很是羡慕，每一次吃饭都会变成一次社会调查。他去吃万寿斋的小笼包（懂行的人都知道这家包子的质量好于游客密集的城隍庙），遇见一位老教授，谈话中不仅涉及包子的美妙，还有中国式关系的思考，比如生人如何变成熟人、喂食背后的家庭关系等，虽然"要发展真正的友谊，尤其是德国式友谊，光靠饭桌上的情感联络是远远不够的"，但在饭桌上建立并不断维系关系的做法正是陌生人克服尴尬、寻求友谊的一种特殊方式。

另一次见面是在上海宝山区最普通的中国工人家庭的宴席上，看到退休工人老五的烹煎炸炒，他想到的是布里亚-萨瓦兰的名言，"与发现一个新天体相比，发现一道新菜肴更能为人类带来幸福体验"。中国的烹饪爱好者不善于宣讲，无数不知名的厨艺诞生于百姓灶头——这才真是这个国家的人对于食物的态度。

马可在德兴馆吃面，堂倌唱票 19.5 元，只有上海还保留着这么锱铢必较的价格体系，外地人会觉得上海人算计，马可却发现，上海人在钱上的毫厘不爽计算分明，反而会体现某种平等，一碗混合着鱼肉虾三种鲜味体系的快餐吸引来的不仅有穿着鄙旧的老人，也有开着宝马的车主，某种中国特有的食物面前的人人平等。

　　马可的文章最吸引人的还不是观察，而是观察之后辨清事实的态度，这大概是德国式的哲学思维体系。我极爱他写的巴蜀食物的部分，一般人写到巴蜀，无外是谈历史，谈美味，谈麻辣。但是马可角度刁钻，开头只是带过了麻辣在中国当下的重要性，继而迅速转入寻找各种新派畅销食物，以及食物背后的发明人，有重庆的南山泉水鸡、朱天才创造的歌乐山辣子鸡、食物做的笔墨纸砚、火锅女皇何永智创造的鸳鸯火锅等，这些食物的发明者很少有专利注册，他们的发明也没有给人类带来科技进步，但却带给普通人更多的口服满足感及更多的幸福。这大概也是 20 世纪的中国，或者往前追溯到更早的时期，中国人的世俗主义起作用的结果。

　　从上海普通工人的家宴跳跃到四川简阳的海底捞创始店，从苏州的一只螃蟹吃到广东的一只鸡，马可吃得精，看得准确，吃只是他手里的一个武器、一把解剖刀，实际上，他帮助读者窥探了将近一百年的中国人的喜怒哀乐，人性变迁。

　　他在开篇里就写到中国人的感叹："人生在世，吃喝二字。"吃喝是国人的头等大事，马可也看透了这件事。

王恺

2019 年 1 月 15 日

目录

中国 China

新疆 XIN= JIANG

青海 QING= HAI

甘肃 GANSU

陕西 SHAAN= XI

四川 SI= CHUAN

西藏 TIBET

贵州 GUIZHOU

广西 GUANG= XI

云南 YUN= NAN

DER ERSTE GANG

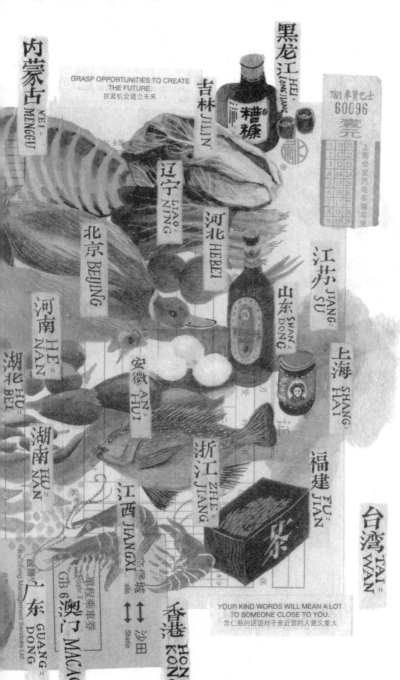

内蒙古 NEI= MENGGU

黑龙江 HEI= LONGJIANG

吉林 JILIN

辽宁 LIAO= NING

河北 HEBEI

北京 BEIJING

江苏 JIANG= SU

山东 SHAN= DONG

上海 SHANG= HAI

河南 HE= NAN

湖北 HU= BEI

安徽 AN= HUI

湖南 HU= NAN

浙江 ZHE= JIANG

江西 JIANGXI

福建 FU= JIAN

台湾 TAI= WAN

广东 GUANG= DONG

澳门 MACAO

香港 HONG= KONG

GRASP OPPORTUNITIES TO CREATE
THE FUTURE.
抓紧机会建立未来

YOUR KIND WORDS WILL MEAN A LOT
TO SOMEONE CLOSE TO YOU.
您仁慈的话语对于亲近您的人意义重大

头道风味

中国：吃出来的社会

我食故我在

"外国人永远弄不懂中国!"老李断言道。交情不止15年,老李当属与我友龄最长的中国老相识之一,我们俩总是无话不谈。"为什么?"我颇感诧异。老李接着说:"原因就在于外国人不明白'人生在世,吃喝二字',不了解饮食对中国老百姓有多重要,正所谓民以食为天。外国人旅华年头哪怕再久、汉语水平再高、在华业务再好,对中华饮食所构成的大千世界则永远参不透。在中国生活可能会有种种不如意,可论到尽享口福的宝地,这世上还有哪里可以与中国媲美?"

对于中国人的文化自豪感和好大喜功,我全然理解。可中国仁兄的这番评论却激起我的不平。再怎么说我这个老外在中国也生活了近半辈子,我遍游各地,广交朋友,诙谐逗趣张口就来,连梦中都在讲汉语,和中国妻子双宿双飞10多年,怎么可能不理解中国人的真实心态、不清楚与自己打了半辈子交道的是何许人?

与老李短晤后,一段时间以来,我始终耿耿于怀。在中国生活的这些年里,我会不会还是在不经意间有所忽略?通往全然理解所谓远东(尤其是中国)的不二法门,唯此简单而又颠扑不破的事实——"万古生人之累者，独是口腹二物。"李渔在《闲情偶寄》中写下的这句话可谓一语中的。"民以食为天"，老李引用这句富有哲理的中国古话，道出了食物是人类赖以生存的物质基础。这一观点其实不过是有关生存的陈词滥调，说到底有谁敢断言自己不吃不喝也能存活？就连登峰造极的禁欲圣人——无论其身为基督徒、穆斯林、印度教徒还是佛教徒——也绝对办不到。然其以天作比，却值得细细品味。在诸多文化中，天可是至高无上的象征。老李引用这句古话，显然把吃喝视为人生头等大事。

天下——古代中国人对世界的专有概念，字面意思为"普天之下"。普天之下的芸芸众生莫不顺应上天所定的法则：天若来个大雨滂沱，人类就免不了大湿一场；天若来个云怒风狂，人类就得赶紧寻找躲风避雨的地方；天若来个乾坤混沌没太阳，人类就不可能出现在地球上；天若来个赤日炎炎似火烧，地渴田焦，人类的生存就会受到威胁。翻开人类历史长卷的任何一页都不难看到，无论在世界的哪个角落，天都是高高在上，决定着万物的存在。天是世界的主宰。在中国古代，天在人间的代言人是自称天子的帝王，以上天之子的名义秉承天意来治理天下；在西方，天的代言人是使者、先知或上帝之子们。在西方世界，一神论宗教得以传承和发展，宣扬上帝是造物主，是主宰世界的最高神。在基督教信仰中，上帝还是日常食粮的保障者——"我们日用的饮食，今天赐给我们"。这段主祷文就记载于《新约·马太福音》第6章第11节。在《味觉生理学》（*Physiologie du Goût*）一书中，法国最负盛名的美食家布里亚-萨瓦兰（Jean Anthèlme Brillat-Savarin，1755—1826）进而得出这样的结论："一个民族的命运取决于这个民族的饮食。"[1] 为口腹之欲而斗争是人类历史上黑暗的一页。

对于从未真正推崇过单神崇拜并且从未因此卷入过无休止的宗教战争的中国老百姓来说，敬拜的是比较模糊的"上天"或称"上帝"。天大地大，填饱肚子最大。食物充足、肚子饱才是硬道理。吃饱，是人类生存的基本需求。农与厨，两者能保障日常食粮的供给，遂成为华夏文明的重要原始形象和满足需求的主力军。他们相当可靠地为人们提供身体所需的给养，就此而言，神农氏的出现绝非偶然。这位被称为"神农"的神祇类似于人，在混沌的远古时代，他在民间传播宝贵的知识，教民农耕以获取必需的食物。神农氏不仅是华夏农民的始祖，同时还是中国厨师业的开山祖师爷，指导人们如何把食物做得可口入味。不止于此，这位中国神祇中无比勤快的全能型天才还是中国医药的创始人，向人们传授怎样把食物和大自然的其他馈赠有目的地调和服用，以帮助错饮误食的病体恢复健康，并由此开创了中国医药历史的先河。幸得神农相授，中国人很早就学会了如何自力更生，既可免于饥渴交迫，又能保持身体健康。至于向造物主祈求"我们日用的饮食，今天赐给我们"，这在中国人看来简直太过荒唐，充实辘辘饥肠的一粥一饭，向来都是人们靠自己的双手得来的，劳烦上帝与此何干？

李渔（1611—1680），17 世纪著名作家、戏曲评论家和享乐主义大师。他很早就认识到，口腹乃"万古生人之累者""口腹

【1】出自《味觉生理学》（*Physiologie du Goût*），布里亚 - 萨瓦兰（Jean Anthèlme Brillat-Savarin）著。参见德文译本 *Physiologie des Geschmacks oder Betrachtungen über das höhere Tafelvergnüge*，1979 年法兰克福／莱比锡出版，第 15 页。

具而生计繁矣"。援引李渔所言："乃既生以口腹，又复多其嗜欲，使如溪壑之不可厌；多其嗜欲，又复洞其底里，使如江海之不可填。以致人之一生，竭五官百骸之力，供一物之所耗而不足哉！"在饥饿的驱使下，人类变成了无从停歇的奴隶，到头来终不过为吃所累，除了吃还是吃。既然饮食乃人之大欲并决定着人的生存，那又何必为此徒增烦恼甚至抑制天性呢？又为何非得让理智与欲望竭力斗争，非得追求更讨上帝欢心的生活方式而舍弃鱼肉菜蔬带来的鲜美享受呢？更何况李渔反复推详"不能不于造物是咎"。怪只怪造物"当日赋形不善"，既未把人造成不食人间烟火的神仙，又未把人造成"无口腹未尝不生"的草木，反而把人造成口腹难填的吃货，并且是深谙糊口果腹之道的吃货！

对于李渔的见解，林语堂（1895—1976）深为赞赏并广为弘扬。林氏代表作《吾国与吾民》（原著名为 *My Country and My People*）及《生活的艺术》（原著名为 *The Importance of Living*）于 20 世纪 30 年代末畅销美国。在《生活的艺术》一书中，林语堂发觉了中国人生存意识中不折不扣的基本原则："我们的生命并非掌握在神的手中，而是掌握在厨子的手中。难怪优渥之家总是力图与厨子搞好关系。掌庖厨者掌食趣，人生一大乐趣的或与或夺，全在掌厨人的一念之间。"

这句话点明了在悠悠的历史长河中，为什么中国人从未把神太当真，而更愿相信现世中感官所能带来的实实在在的享受。中国人惯凭直觉并重视消化。"中国人靠本能生存，本能告诉人们，肚子安好便一切安好。"林语堂所言，诚然如是：肚子如意，万事如意。

人类的命运并非掌握在神的手中，而是掌握在农与厨的手中。食物充足是放之四海皆准的生存基础：人口过度增长，耕地日益减少，气候变化愈演愈烈，鲜明地构成了现代"人体无底洞"一再面临的三重威胁。吃饱饭是一切基本权利中最基本的权利，中国人不仅在此生此世要吃饱饭，到彼生彼世也理应享有这一基本权利。来世说到底不过是现世的延续。时至今日，过世的祖先们仍享有祭墓飨奠的待遇。每逢清明时节，人们总是带着精心准备的水果和面点，要么供奉到城市殡仪馆的骨灰寄存架上，要么敬献于乡下的亲人墓前。点上一支烟，敬上一杯酒，让故去的亲友们美美满满地吃一顿，就算在另一个世界也不能让肚子受委屈啊！毕竟在世的身边人熟悉过世者的口味，知道如何在饮食上投其所好，谁晓得另一个世界的厨子能否合乎其心意呢？

如果说在中国古代"食"与"天"可以相提并论的话，那么"食"的言下之意不可能仅囿于"日用的饮食"，或仅囿于填饱肚子。"民以食为天"这句古话必定具有更为深远的含义。我连日来苦思冥想，却偏巧在一位对英伦生活方式无比推崇的美国人那里找到了答案。此君乃 1948 年诺贝尔文学奖得主艾略特（T.S. Eliot，1888—1965，原籍美国，后入英籍）。在艾略特看来，"一个民族不仅需要足以糊口果腹的日常食粮"，还需要"颇成体统而又独具特色的饮食习俗"，只有认识到这一点，才能真正理解"文化"这一概念。剖析英国文化没落的原因，艾略特将其归咎于英伦岛民对"烹饪艺术"的日趋"淡漠"。在《关于文化的定义的札记》（ *Notes Towards the Definition of Culture* ）一书中，他把视点锁定在餐桌上，得出如下结论："所谓文化，无非是让生活富有品位。"如果艾略特言之有理，那么饮食习俗会在很大程度上参与决定民族文化的发展方向，其影响涉及政治领域、社会关系、创新能力、产品创作的完美程度乃至生活空间的布局陈设。饱口腹之欲，享美食之乐——人在精神上和肉体上的安适感或与此二者的满足感密切相关。栖身雾霾下，悠然见蓝天。问君何能尔？食美心自恬——自己旅居申城的当下生活或正印证了上述理论。

城市垃圾随处可见、含污废水肆意排放、不洁废气随风弥漫、婴儿奶粉遭受污染、绿叶蔬菜含镉超标、猪肉制品残留激素、养殖鱼类带有土腥气和汽油味。从表面看来，我当前所处的生活环境可谓霾影重重。阴霾不散，美食天堂从何而谈？我很清楚这一点，但我更明白一个亘古不变的道理：若要了解一个民族及其文化，就不能被其当前表象一叶障目。若能冲破表象的重重迷雾，我就有可能拨云见日，去辩驳老李的观点，去解读老李心目中的中国肚子及其内涵。"闻汝何所食，知汝何等人"——布里亚-萨瓦兰的这句名言与老李的观点不谋而合——"看看我们吃什么，你就能了解我们是什么样的人"。布里亚-萨瓦兰不愧为法国人，这位欧洲最著名的美食大师对人类生活中最有滋味的一面进行了深品细尝。身为欧洲人，他深谙"人的感官享受高于一切"的道理；身为法国人，他比不太重视肚子问题的德国人恰恰在这一点上更能与中国人达到心有灵犀。对于中国作为美食天堂的探寻之旅亦是自我认知乃至自我修正的过程，而这一旅程却充满对自身的挑战。那么，从何处启程才能拨云破雾见蓝天呢？

那日清晨，我推开自家宅前咯吱作响的大铁门，一脚跨到街上。门边紧贴道牙。就在我立足未稳之际，一辆出租车呼啸着擦身而过，差点儿要了我的命。我冲着车尾正要骂出口，却一眼瞥见后窗玻璃上赫然贴着一条广告：www.57575777.com —— 我吃、我吃、我吃吃吃。这串数字用汉语读作"五七、五七、五七七七"，听起来酷似"我吃、我吃、我吃吃吃"——谐音之义不言而喻。

我启动智能手机，点开该网页，袖珍屏幕上闪闪烁烁，没过几秒就出现了"订餐小秘书"向我问好，纯中文服务，期待访客给出信息：查询哪家餐厅？选择什么菜系？我随手键入几个字，跃入眼帘的般般件件让人眼前一亮：便捷的餐厅查询，体贴的在线订座，丰富的各式佳肴，外加优惠的预定折扣。从麻辣川菜到现代综合菜，凡在黄浦江两岸能满足辘辘饥肠和刁蛮口味的，57575777几乎可以一"网"打尽。不止如此，国内其他城市也纷纷加入，让天南地北的美味佳肴在该网上精彩纷呈。

57575777是一项产自上海的天才创意。因祸得福，出租车擦身而过险些酿成的惨剧恰好为我指点了迷津。我只需循迹而行：吃吃吃，吃中悟道是正途。

要激活大自然赋予的感觉器官，让人类从感官享受中体验到自我存在，美餐一顿确实是理想的训练模式。能工巧厨不厌其精不乏创意用心烹制的美餐，在唤起味觉的同时，能激发人类最原始的感官体验——嗅觉。比较而言，味觉相对寡陋，舌上的味蕾仅能辨识酸甜苦咸四种滋味。美食之乐并非享自舌尖，而是归功于鼻子。鼻中有近3000万个嗅觉细胞，孜孜不倦地发觉新的细微差别和气味特征。

在这关键时刻，眼睛显然也没闲着：盛宴之上，处处秀色可餐，大饱口福之际也在尽享眼福。各种色泽一应俱全，与当下时令巧妙配合。造型菜雕精美绝伦，全凭一碟小菜便可呈现深邃而丰富的文化故事，目之所及，令人垂涎。

不过，要论妙不可言，还得说触觉。比起味觉来，触觉对舌头的要求往往更高一筹。真正的美食家用舌头来发觉美食由表及里的质感：轻触，慢卷，把无法食用难以下咽的蟹壳鱼刺淘汰出局。中国人顺理成章地将此触觉衍生成一个特定概念——口感。这一概念精妙地道出了口舌的感触功能。日本人根据鱼肉质地来品鉴寿司或生鱼片是否精细鲜美，以此"小题大做"，创作出诸如《美味大挑战》之类的系列动漫佳作。德国人用"上舌即酥"作为食物酥嫩可口的感官品评标准。中国人彻底信奉薪火传承靠口舌的理念。嫩、韧、黏、糙，种种感知清楚地表明，口腔对食物的感触尤其敏锐细腻。就"口感"这一概念而言，舌唇齿腭密切协作，其感触至细至微令人叹为观止，舌头作为触觉器官远比作为味觉感官更为敏感。中式餐饮意味着对口感的发掘与完善。唯其如此，才能携嗅觉之力，开发出菜肴口味的无尽潜力来。从口感与嗅觉的应用实践中，可以看出中西文化的差异来。在口感与嗅觉如何相辅相成的培养上，欧洲人一贯重喝不重吃。欧洲的一流侍酒师把口鼻配合之道运用得炉火纯青，堪称舍我其谁。两大感官一旦珠联璧合，人类对兴趣所在而力所能及的发明和发现就会层出不穷。经验世界潜力无限，对于食用范畴而言，那就意味着餐饮口味的日益丰富。

听觉也不甘寂寞吧？品尝日式铁板烧，当听到新鲜的肉类、蔬菜或切片豆腐在滚烫的铁板上嗞嗞作响，四溢的香气在餐桌上缭绕，谁能不垂涎欲滴呢？在欧洲的厨房里，新鲜出炉的烤饼或恰到火候的千层面同样能带来令人垂涎的音效。

由此看来，"我吃、我吃、我吃吃吃"不仅只是一条简单的广告标语，而且还是对人生哲学的广泛认识，同时更是对感官世界的彻底归依。

天下第一菜

　　调动所有感官，开启中国之旅！就让"天下第一菜"（别名"平地一声雷"）引人入胜，向口腹之壑进发，去探访别有洞天的中华饮食世界。

食材：

　　锅巴 100 克

　　虾仁 200 克

　　过油鸡丝 100 克

　　番茄酱 110 克或现制番茄沙司（后者入味效果更好，选用 6-8 个番茄去皮熬煮即可）

　　新鲜香菇 50 克（切丁备用）

　　浓鸡汤 1 大杯

　　淀粉 2 茶匙

　　盐 1 茶匙

　　料酒 1 汤匙

　　糖 1 茶匙（如选用番茄酱，则需糖 2 茶匙）

做法：

1. 锅巴备好待用：以略煎成形的大米锅巴为佳，放入预热至 220℃的烤箱内，略烤至焦黄香脆，最基础的这道工序就完成了。

2. 选取新鲜鸡胸肉，切成长近 5 厘米、宽高各约 1/4

厘米的细丝。

3. 将鸡丝放入沸油中，煎至泛白并散发出诱人的香味，令鼻子首先为之折服。

4. 接下来精彩继续：将虾仁置于碗内，加入淀粉、盐及少许鸡汤拌匀。

5. 将剩余鸡汤倒入锅中煮沸，依次加入虾仁、熟鸡丝、香菇、料酒、糖和现制番茄沙司，让锅中食材相互交融。

6. 取少许淀粉兑水勾芡，待锅中酱汁浓厚色泽鲜亮，就会产生馋人眼目的效果。

7. 将锅巴倒在滚烫的铁板上（用铸铁烤盘最为理想）。

8. 将锅中用虾仁、鸡丝、番茄沙司熬制的酱汁浇在锅巴上。如果铁板足够烫，这道菜就会嗞嗞作响，令耳朵为之一悦。稍待片刻，舌头也不会受到冷落。舌尖轻触——大米锅巴那叫一个脆；味蕾慢舒——酸甜酱汁那叫一个鲜。

"天下第一菜"的来历

每道菜都有它的创始人，但不是每道菜的创始人都大名鼎鼎，不是每道菜的问世都有典故可寻。"天下第一菜"则两者兼具。其创始人名叫陈果夫（1892—1951），时任江苏省政府主席，是蒋介石的密友，一位地道的美食梦想家。陈果夫有个梦想，那就是将其最爱吃的两道菜合二为一：一曰番茄锅巴炒虾仁，一曰家乡特色神仙鸡。公余之暇，这位省府大员甘为饕餮客，投身于自己真正的兴趣所在。于是在1934年，陈果夫举办了一场江苏省代表菜的评选大赛。所辖市县甄选出各地最佳"县菜"，呈报省里评审。"省菜"评审团由陈果夫和其他美食专家组成，历时半月之久，纵横南北西东，对上百种"县菜"——品鉴，摇头颔首，舐唇咂舌，捧腹抚胃，最终有30多道"省菜"脱颖而出，晋级为代表一省饮食之精华的"江苏菜"。

陈果夫并未就此满足，他的至爱尚未问世。在他的召集下，江苏名厨齐聚当时的省会镇江，听取省政府最高行政长官描述自己百吃不厌的两道菜肴——番茄锅巴炒虾仁这般香脆可口，家乡特色神仙鸡那样鲜嫩诱人。如何将这两道菜合二为一呢？陈果夫痴心创想着，厨师们精心尝试着，选用最上等的食材，连日来烧好了尝，尝过了评，评完了弃，弃罢了想，想出了再烧。皇天不负有心人，一道绝佳食谱终于应运而生——陈公心满意足。兼两道佳肴之精华于一身，厨师们为新菜取名为"平地一声雷"。可身为省府主席的陈果夫并不喜欢平地起雷的激昂格调，他觉得此菜堪当"天下第一菜"之名，于是"天下第一菜"就此名扬天下。

太多的同音异义现象让汉语母语者和汉语学习者大呼其难。但中国人不愧是中国人，总能因难生智、变难为趣。借用谐音，无须直白的表达，特定语境暗含的言外之意、弦外之音更加耐人寻味。美国人类学家爱德华·霍尔（Edward T. Hall, 1914—2009）所阐述的"语境关联"艺术，中国人应用起来得心应手。说到语境，用上海方言串起来读，57575777（我吃、我吃、我吃吃吃）既是客观存在的数字组合，又具有音近意远的多重含义。这串数字的读音还近似于"我是、我是、我是是是"，其含义不言而喻。我之所以存在，当然是建立在我吃饱喝足的基础上。汉字"吃"与"是"的读音颇为相近。由此可见，"吃"作为我们生存的基础，在语言中的地位早已根深蒂固。

在中国，无须百家争鸣，各哲学流派很早就认识到，无论是对理性思考者还是对感性感知者而言，这句话言简意赅且普遍适用——"我食故我在"。就多数中国人而言，对于感兴趣的东西，论其然、思其所以然、究其何以然，远不如适时而动、亲身享用来得有意义。论之思之不如行之享之，林语堂就此举过一个极其生动形象的例子："看到一只豪猪，中国人马上就会想到种种吃法，如何食其肉而不中其毒。但凡存在增味添香的可能性，那么豪猪肉的味道便是这其中的首要关键，豪猪身上的棘刺丝毫不会引起我们的兴趣。棘刺从何而来，有何功能，如何嵌入毛皮组织，因何遇敌时根根竖立——如此这般的问题在中国人看来都是极其无聊的。"

化心动为行动，想法足够成熟，启程之日也就近在眼前了。我对中国地图左端详右琢磨，在北、西、南、东四个方向各画了一个圈，所圈出的每个区域都富有悠久的烹饪传统，定能不负所望，令此行收获丰足。我想对中国来个揭锅探秘，无论是临时的街边排档，还是紧仄的家常小馆，或是金碧辉煌、取名古雅的宴会厅，都会留下我探寻的足迹。千里之行，始于上海。从沪到京一路北行，先去造访首都；然后由京入川，探寻辣名远扬的天府之国；随后南下广州，深入南国腹地；而后向东取道苏州，举步丝绸古都，徜徉于浩瀚长江之滨；最后跨海峡进宝岛抵达行程最东端，恰如享用餐后甜点，以品味台湾为此次探访之旅圆满收尾。这是我为自己设想的路线，全程约8000公里，一路上有滋有味。

关于庖厨的坊间传闻、历史故事与地理学说

　　就在我即将动身之时，有德国媒体来电，希望对我进行短暂采访——毕竟我要写的是一本有关中国饮食的书，而这足以引起节目听众的兴趣。双方约好进行 10 分钟访谈。"您知道最重要的三个汉字是哪些吗？"我答否，得到的回应是电话那头满含惊讶的质疑："您不知道？您在中国生活了那么多年，汉语说得那么好……要么您再想想？"我只好洗耳恭听，对方不耐烦起来："男、女、狗——当然是这三个字呀！认识男女二字，内急时才不会走错厕所；认识狗字，点菜时才不至于不靠谱嘛！"听筒里传来他响亮的笑声，我唯有沉默。

　　根据来自德国老家的诸多疑虑，我决定就从位于沪北的自家门外着眼，去探寻无所不吃的中国人所特有的食物崇拜以及所谓滥食之风的真相。归根结底，此次主题扩及更低等级的家养动物的基本生存权。说到做到，在接下来的几天里，我带着专注与深疑的目光，观察着附近鲁迅公园东门外那条小巷的喧闹景象。在路边梧桐老树之间，我静候着那些可能牺牲为盘中餐的四足过

客们。

无须久等，须臾间人类最喜爱的宠物从我身边招摇而过——披着被精心梳洗过的毛发，拖着被小心牵引着的短绳，秀着入时考究的装扮。精明的邻居几年前开了一家附带狗狗美发沙龙的宠物店，与近来因需求惨淡而关门大吉的自行车修配小铺相反，这家宠物店的生意多年来蒸蒸日上。狗在当下中国可谓时髦又吃香，在如伴似侣方面有直追欧洲之势，日渐成为孤独人群的至亲。对于这种发展态势，就连一些爱动物成痴的欧美人都觉得有些过分。我到过世界上许多地方，迄今为止，我在别处从未见过这么多穿扮考究的狗街坊。

如果说街坊邻里的狗显然不是贪婪食客所觊觎的对象，那么猫会不会是他们的眼中猎物盘中餐？经验告诉我，这个问题也值得深究。虹口区本身亦是猫的理想家园，建于20世纪三四十年代的老房子还算足够低矮，便于乖觉的家猫畅行无阻地在夜色中欢爱。别的城区多的是令猫反感的高楼大厦，大大影响了猫族繁衍后代的兴致。虹口区猫多势众，猫的数量远胜于狗，它们喜欢在温润的春夜慵懒地趴在被岁月侵蚀的砖木屋檐下打个小盹儿，或者穿过未关严实的老虎窗蹑足蹑爪地溜进小阁楼。我时常到附近的公园里溜达，却也没有发现任何中国芳邻们垂涎猫肉而非垂爱猫族的蛛丝马迹。与之恰好相反，无论是赶在公园6点关门前临时来个黄昏漫步，还是跻身于业余健身大军，都会看到一个有趣场景：一瞬间公园里到处是猫，纷纷聚拢在以老年人居多的自费提供猫粮的游客身旁，毕竟猫亦有腹，理应饱食无虞。

那些上了年纪的公园喂猫客既不是动物保护组织成员，亦非富非贵，他们是上海老百姓、普通民众而已，只不过怀有一颗——数十年来为欧美公众所要求的——关爱动物之心。在一个从语言角度视动物仅为"能动之物"的社会里，这一现象更加值得关注。往常专门形容人类的某些定语直到近几年来才得以被"能动之物"分享，"可爱"便是一例。在我的熟人和朋友圈中，我越来越多地听到用"可爱"这个中文词来形容猫狗。"可爱"一词的这一语用变化在中欧两地如出一辙，只是在其产生的时间上，中国明显晚于欧洲。

要把动物作为"可爱、可亲"的家庭伴侣，作为宠物而非家畜来纳入共同生活中来，必须以一定的生活水平为前提，正如欧洲自己的饮食史所示：以狗为食的现象既曾出现在饥荒时期的萨克森地区，也曾出现在瑞士联邦的某些州郡，还曾出现在 1870 年被普鲁士军队层层围困的巴黎城中。后者有德国诗人和漫画家威廉·布施（Wilhelm Busch，1832—1908）的讽刺作品《雅克先生》（*Monsieur Jacques*）为证：普鲁士人饿得慌，狗肉排骨饱肚囊；雅克先生忒灵光，狗尾烹来充香肠[1]。

即便如此，"中国人吃狗肉"却声名在外。那位德国电台访谈者对中国人的印象就是这样。而如此印象的形成并非没有根据。几个世纪以来，猫狗从未淡出过中国人的食谱。在华北以及以上海为中心的长三角地区，尤其到了寒冬季节，狗肉一而再地成为佳肴美膳。中国人把食物笼统分为寒凉（阴性）和温热（阳性）两大类，与其温度无关，区别在于食物对人体具有何种作用以及在调理体质平衡方面发挥何种功效。狗肉比羊肉更具"热性"，因而成为冬令进补的佳品。切得薄如蝉翼，配以特制蘸料，在中国

【1】威廉·布施（Wilhelm Busch）：《雅克先生》（*Monsieur Jacques*），载于《故事告诉我们的道理》（*Und die Moral von der Geschicht*），出版人罗尔夫·霍赫胡特（Rolf Hochhuth），出版地德国居特斯洛（Gütersloh），出版年代不详，第388页。

尝得到火锅涮狗肉的滋味（当然仅限于提供此类"特色"菜单的"特色"餐馆）。

对中国人的食欲及其饮食方面的好奇心有所研究的作家，喜欢将笔触落在中国人什么都想尝一口的欲望上。中国史学家和美食家逯耀东（1933—2006）在其《肚大能容——中国饮食文化散记》一书中，表明了"肚大能容"的观点。林语堂则以豪猪作例，对中国人贪吃猎奇的心理进行了调侃。正是这一欲望的薪火相传，才最终成就了中餐的博大精深与丰富多彩，令中华饮食文化的历史进程日益纷繁复杂。饥饿和满足生存需求——仅凭这两点，不足以诠释中华饮食文化的成因，因为其他文化同样深受二者影响。如果有谁打算认真地写一部中华饮食文化全史，那他应当马上定向培育志趣相投的后辈儿孙，以便这一宏图伟业后继有人。一生一世远远不够，单就东西南北四大菜系而言，任一菜系都得耗费好几卷的笔墨。

若在无所不食的中国人当中论个高下，首屈一指的非广东人莫属。华南地区，尤其是广州一带，绝对是严格素食主义者以及素食主义各派拥趸的地狱。"天上飞的除了飞机，水中游的除了潜艇"——这句俗语是对广东人简直什么都吃的生动写照，所体现的是毫无节制的好奇心以及随之而生的贪馋欲，这令所有翱翔空中和栖身水域的生物无不面临着牺牲为盘中餐的威胁。就陆地而言，古代广州的炼金术只是未能做到化石头为食材，拿来煲靓汤或拌饺馅。当林语堂在《生活的艺术》一书中绘声绘色地进行以下描述时，闪现在他脑海中的想必就是广东外科医生的形象："我之所以不信任中国外科医生，是因为我深恐他们在切开我的肝脏查找肝胆结石时，也许会把结石忘到九霄云外，而把我的肝脏放进煎锅里去。"广东人以一种特殊的方式"对吃走火入魔"。

此语出自《中国食物》(*The Food of China*)，该书作者为尤金·N. 安德森 (Eugene N. Anderson)，曾旅居华南地区多年，现任美国加州大学河滨分校人类学教授。对于广东人什么都吃这一广为流传的陈词滥调，安德森教授却也有所辩驳。他强调从未在当地吃过猫肉和鼠肉，而"狗肉和蛇肉"在广东则是典型的冬令进补佳品，而且"还不见得真的好"。但安德森必须承认的是，广东人特别热衷于吃"各种野味"，而这一嗜好的诱因往往在于野生之物具有人所期冀的"食疗保健功效"。

为何这嗜吃野味之风偏偏在广东经久不衰呢？就自然地理因素而言，广东地处亚热带，野生动物资源极其丰富；就人文地理因素而言，广东一隅史称岭南，自古是官员名士被谪贬流放之地。公元前 2 世纪，汉武帝出兵平定南越，自此广东成为中华版图上南方省份之一。南越国土（包括今中国广东省及越南中北部在内）被大汉王朝纳入疆域，新统治者一再面临三面夹攻：反抗者此起彼伏，气候潮热难耐，各种热带疾病雪上加霜，这让占领者的日子着实不好过。正因如此，这"南蛮之地"亦成为流放之刑的理想之所，政权敌对者和政治异见者屡屡被放逐到广东来。

把逆臣或政敌流放到南蛮之地对粤菜的发展功不可没。谪贬官员把北方的饮食文化和烹饪技艺带到南方。随着北厨南下，岭南土生土长的可食之材无不成为厨间灶头的尝试对象。无论是瓜果蔬菜，还是山野猎物，抑或海洋水产，当地物种丰富多样，迄今无可通晓。厨者的精湛技艺，美食家的挑剔要求，动植物原材料的丰富多样，共同促进了粤菜的发展，使粤菜得以誉满天下。公元 1000 年前后，伴随着新一波移民浪潮，客家人把客家饮食习惯从北方中原带到南蛮之地，从而把粤菜推向了一个新高峰。再到后来，以葡萄牙人为主的欧洲商人又相继把马铃薯和番茄之类的农作物经广东带入中国，使得广东乃至全国的餐桌更加丰富多彩。西洋作物就这样由粤地传遍华夏各省。

文化史的发展催生了粤菜的日益完善。时至今日，粤菜已发展成为菜谱最丰盛、烹饪最考究的一大菜系。这意味着，家常小馆里可供选择的菜品少说也有上百道，高档餐厅的菜式佳肴更是多达数百甚至上千。在安德森看来，若要得到当地人的真正认可，还得深谙这样的诀窍：如何进行"更广泛的上下文关联"，从而"无中生有"，透过菜单的字里行间，直接询问菜单上并未列出的粤式美味。

除选料广博奇异外，令粤菜独具一格的另一特色就是新鲜不打折扣。安德森甚而怀疑，粤菜厨师对新鲜二字的执拗追求称得上举世无双。粤菜讲究清淡，调料宜少不宜多，海陆食材的绝对新鲜必然成为重中之重。若非现宰活杀，极有可能招致"陈肉"一说，为内里行家所否定。作为粤菜的重要组成部分，潮州菜与广府菜、客家菜成鼎立之势，潮汕汤菜以其鲜美而罕有其匹。如果说法国因其美食而让上帝眷恋的话，那么广州就是中国人的美食天堂。若论一生福运圆满，中国民间的这一说法并非凭空流传："住在杭州，娶在苏州，吃在广州，死在柳州。"

华南菜系的丰富繁盛，与来自以长三角为中心的华东沿海地区的影响并非毫无关联。中国古代的传统文化教育与社会政治结构对此发展熏染至深。学而优则仕，能在严苛的科举考试中胜出并入朝为官的儒生，莫不是当时社会的顶级精英。富庶发达的长三角地区自古人文荟萃，历来就是鸿儒名士的摇篮和聚居地。饱学之人难免对当朝天子有失恭顺，倘若罪不至死，就得领罪谪居，辞别养尊处优的苏杭宝地，流徙炎热潮湿的瘴疠之乡，从而将习以为常的生活习惯也一并带往岭南。

在饮食上，来自华东地区的人同样讲求以鲜为美，对淡水鱼虾蟹的偏爱甚于海鲜。以苏浙为核心的江南地区盛产水生植物和绿叶蔬菜，历来注重顺应季节吃时令鲜蔬。对时令最为讲究的首属苏州菜和扬州菜。若论当今风采，苏扬二州远远逊色于与之毗邻的沪宁大都市，但论昔日辉煌，苏扬两地对中国饮食文化的历史发展却功不可没。早在 14 世纪，扬州就已跃升为华东首屈一指的繁华都邑。明朝政府把盐业垄断管理机构设在扬州，达官显贵抑或富商巨贾渐次云集于此，对饮食品味莫不倍加考究。扬州位于扬子江畔，扬州菜以重时令且多江鲜为鲜明特色，素有"醉蟹不看灯（指元宵节）、风鸡不过灯、刀鱼不过清明、鲟鱼不过端午"的说法，本着"不时不食"的准则，力求呈现当地当季食材的至鲜至嫩品质，最受欢迎的莫过于由淡水鱼蟹担纲的时令菜品。苏州与扬州富可比肩，以"丝绸之府"的美誉闻名天下。大大小小的官员与商贾对苏州菜的发展也立下了不相上下的汗马功劳。苏州在明朝期间盛极一时，其丰富多样的水产动植物足以令任何美食家食兴大发。杭州与苏州相去不远，当地饮食久负盛名，早在几百年前就十分丰盛考究。作为南宋都城，时称临安的杭州迎来了中国饮食文化史上首次高峰：正是在饮食业空前繁荣的宋朝，出现了中国历史上最早一批规模宏丽的酒楼食肆。杭州坐拥西湖，西湖山水钟灵毓秀，不仅蕴涵了蜚声遐迩的高品位居住文化，而且蕴藏着种类繁多的鱼类资源。11—13 世纪，随着水稻产量剧增，中国乃至整个东亚地区经历了一段农业兴盛时期，江南水乡因适宜水稻生长而成为时人向往的人间天堂。农业技术的创新与发明带动了粮食的丰产、丰收，华东地区由此成为全国的重要粮仓。得益于农业的迅速发展，两宋时期就连普通老百姓也能吃饱饭。"苏常熟，天下足"——这句广为流传的民谚形容了当时苏州与常州的农业生产水平，被南宋陆游写进《常州奔牛闸记》，并为法国汉学家谢和耐所引述。类似于欧洲中世纪盛期的城市大扩张，中国与此同时也经历了人口高速增长阶段，据谢和耐名著《中国社会史》（*Die Chinesische Welt*）所述，中国人口"在8世纪中期约530万，到宋时增至1亿左右"。

在这段历史进程中，中国的创新潜力得以充分释放，建筑面貌和基础设施随之大为改观，华东菜系和华南菜系更是不断推陈出新、日臻完善。蒸蒸日上的东部中心城市对厨艺的要求水涨船高，专业厨师不仅得练就一手炉火纯青的好刀工，而且要与灶神保持亲密无间的好交情。火候把握是否恰到好处，饮食学问是否广博精深，对烹调时间和烹调方式的掌控是否因材而异的精准感觉，皆是检验厨师资质的试金石，直接决定着厨师的命运沉浮。

东起宁波西达南京的长三角腹地时至21世纪已发展成为以上海为中心的人口过亿的世界上规模最大的都市经济圈之一。此地历来盛产蔬菜，对于鱼米之乡养育的世代子民来说，蔬菜在日常饮食结构中占据着主导地位。苏州地名中苏字的繁体写作"蘇"，由"艹""鱼""禾"三个偏旁组合而成，草字头通常代表绿色植物。与广州不同，苏州可不是一个让素食主义者犯难的地方。苏州有不少坚定的蔬食喜好者，"中国人无所不食"的偏见于此可不攻自破。除了前文提到的经济因素，文化因素的影响也不容忽视。"一宿金山寺，超然离世群"，"姑苏城外寒山寺，夜半钟声到客船"，久负盛名的佛教名刹坐落此间，广为弘扬的素斋文化经久不衰。昔去今来，在21世纪急剧城市化的脚步声中，历史印迹渐渐模糊，以中西融合、多元荟萃为特色的上海菜渐露头角并自成一派。游上海品尝本帮菜，唇齿间绵延的依稀还是江南味道，碗中米却吃不准是否还产自那曾经"熟足天下"的江南水乡。耕地面积急剧缩减成为大上海都市圈现如今不得不面临的窘境，遗传工程学在农业生产中的广泛应用也无法确保基本粮食需求的自给自足，如何依靠"天下熟"来保障"江南足"成为当前及未来的重大课题。昔日的天下粮仓如今已跻身为全球贸易中心行列，自身今后对粮食的需求不得不依赖非洲或世界其他产粮区的耕地来得到满足。

不同地域的中国菜各具特色。能够一味独秀、主导一方的，非"辣"莫属。辣味菜肴在"北京—武汉—广州"一线以西的地区大行其道。由此而言，东经115°堪称中国的"辣界子午线"：沿线西界，无辣不欢；面条米饭，辣椒佐餐。除了藏餐等少数民族风味外，西部食俗可用"无辣不成餐，不辣不够味"来形容。中餐具有东鲜西辣的地域风格，但不是越西越辣。饮食中国的至辣之地并非西陲新疆，新疆膳食有别于传统中餐，维吾尔族人喜用炉火烤制鲜嫩多汁的羊肉串或霸气十足的整羊腿，民族特色别具一格。若论辣到极致，当属"不怕辣""怕不辣""辣不怕"的川湘黔三角地带。这一现象的产生有其深厚的历史原因。四川在历史上频遭自然灾害和严重饥荒，不得不从湖南等东邻各省招募大量移民入川垦耕，以填补蜀地人口锐减的空白。"湖广填四川"的迁徙历程也是"辣椒入巴蜀"的引进历程。作为外来作物，辣椒最初由西方航海者经广州港口带到中国，再由喜清淡忌辛辣的粤人通过商贸传入中原，后在嗜辣成风的湘地广为栽培，并随移民一道由湘入川并落地生根。在辣椒甫临之际，粤菜早已蔚然兴起，佐以辛辣，菜肴的鲜味和本味易被掩盖，故而辣椒在粤地未受青睐。与此相反，川湘黔三地却对辣椒表示出极大的热情，对于偏好重味重料的三地居民来说，辣椒正对口味。盘点中国饮食史，贵州虽名气稍逊，却可以此自炫：早在16世纪初期，从西方传入的辣椒就已进入黔菜食谱，贵州领全国之先，当属最早食用辣椒的地区。

在中国各派菜系中，既蜚声海外又风靡全国的首属川菜。四川堪称中国的西部粮仓，自古享有"天府之国"的佳誉，可与江南鱼米之乡媲美。在辣椒传入之前，巴蜀"尚滋味，好辛香"的饮食传统早已形成，各种辛香调料在日常烹饪中充当着不可或缺的角色。早在秦始皇时期，巴蜀之地就已为秦所并。秦陇之兵不得不服巴蜀水土，从此与辛辣结下不解之缘。至于对这辛辣滋味，当年背井离乡的先民与当今安居秦陇的后裔是否同样地由衷喜欢，那就无从考证了。秦始皇驾崩不久后，秦亡而汉兴。汉代墓葬出土文物证明，湘黔人自古喜食辛辣之味。四川地处亚热带湿润气候区，素有"动植物王国"之称。上至朝廷命官，下至草根移民，应有尽有的食物资源足以满足并调动各阶层的胃口，从而创立丰富多样的饮食传统。川菜雅俗共赏，"雅"有源自宫廷御膳的"官家菜"，"俗"有流于市井乡野的"江湖菜"。官家菜将宫廷菜式与巴蜀风味巧妙融合，属于高端精品川菜。江湖菜则带着来自民间的山野气息，用料不拘一格，滋味刺激张扬，烹饪大胆率性，创新层出不穷，千百年来广受大众欢迎。

比较中国东西南北四大菜系，北方菜系因蔬菜品种明显偏少而难免先天不足。环绕北京的北方地区毗邻草原，冬季严寒漫长，新鲜蔬菜十分稀缺。时至今日，在北京老城区尚存的胡同旮旯，仍能见到白菜运输车的踪影，一车车白菜装来卸去，供皇城根下的贫寒之家过冬食用。就在几十年前，冬蔬供应还相当匮乏，家家必囤白菜，点缀冬日餐桌的蔬菜品种寥寥可数。除白菜之外，面食也是北方餐桌上的一大主角。北方地区是小麦和小米的主要产地，小麦面食和小米面食故而成为北方菜系中不可或缺的地方风味。北方面食千姿百态，无论是皮薄馅大的饺子，还是出笼松软、满口溢香的包子，又或是汤鲜味美、口感滑爽的面条，面食爱好者到北方一定能大饱口福。小麦是世界上种植面积最广的粮食作物，中国北方历来盛产优质小麦，北方水土造就了北方地区"好（hào）吃面""面好（hǎo）吃"的饮食特征。北方菜系以鲁菜为代表，北京以南的山东半岛是鲁菜的发源地，鲁菜的深远影响遍及北方各地，尤以北京为甚。山东盛产大葱大蒜，大葱大蒜为齐鲁食风增添了独特的味道。与大葱大蒜同受青睐的还有大豆。北方人特别偏爱豆酱，这与北方地区自古以来就是大豆之乡不无关联。随着市场需求的急剧增加，大豆种植主力已移师海外，全球大豆主产区已移至巴西等非传统种植区。

北京是北方地区的一个特例。前伦敦英皇学院院长亚瑟·考特瑞尔（Arthur Cotterell）在《中国饮食文化》（*Die Kultur der chinesischen Küche*）一书中就曾提道："中国的帝都是个大杂烩，各方风味交杂融合，在许多专家看来，北京菜肴因过于庞杂而无法自成一系。"这种说法不难解释。由于本地食材及传统菜品单调匮乏，北京不得不从南方大量引进农副产品。应宫廷王室的征召，五湖四海的顶级厨师纷纷入京效力，各具千秋的烹饪知识与厨艺技巧也随之荟萃京城，从而为举世罕见的京派宫廷菜的形成和发展奠定了基础。自明代以来，皇权专制不断加强，至清代一统中原，"乾纲独断"更是达到了登峰造极的程度。随着皇威日盛，皇家餐饮礼仪越来越精雕细琢、考究入微；为了体现号令天下、统驭万民的帝王之尊，御膳供奉的美馔佳肴及佐味配料也是极尽丰富珍奇。中华名食"北京烤鸭"最初就诞生于宫廷御厨，后来才逐渐进了寻常百姓家。

北京邻近一马平川的大草原，所处位置易攻难守，北方少数民族得以长驱直入并两度入主中原。13—14世纪，蒙古铁骑南下，中国历史上出现了第一个由少数民族统治的大一统帝国；17—20世纪初期，大清入关为政，满族统治者建立了中国历史上最后一个封建王朝。与世代农耕的汉族不同，蒙古族和满族以游牧和狩猎为生，食物来源多为猎物和牲畜。天苍苍，野茫茫，天然草原所养育的肥美羊群自是入食的不二之选。相沿成俗，野味和羊肉很早就被纳入北京菜肴的范畴。马背民族为北京带来了香喷喷的蒙古烤肉和大名鼎鼎的涮羊肉，满族人则以各种珍稀野味丰富了皇族及达官贵人的餐桌。民族风情弥补了地理上和区域性的先天不足，北京菜肴的多样性在国内首屈一指。之所以没有"北京菜"这一说，就是因为北京菜肴太过丰富庞杂，多元并蓄而难以自成一方菜系。

上海具有纳百川之水、聚四方之风的胸怀。在申城街头，川菜馆与北京烤鸭店比肩而立，昔日在十里洋场迎合港商口味的粤菜餐厅不断推陈出新，经营欧洲美食和西北大饼的店家也洋洋土土地遍地开花。

漫步申城，徜徉于外滩与老城厢之间富含历史风貌的街区中。沿广东路西行，举步之遥的街巷汇聚了天南地北的美味佳肴。米氏西餐厅（M on the Bund）坐落于广东路之首，俏立在外滩5号大楼顶层，俯临黄浦江，以其格调高雅的欧陆菜肴驰名遐迩。全长不足三里的广东路华洋杂陈，西洋风情与中国味道不过一墙之隔。以米氏西餐厅为视点，建筑正立面体现的是法兰西帝政风格，建筑后墙外的街巷则充斥着各路中餐的气息与广告。再前行几百米，烤羊肉串的味道扑鼻而来。

无论是熏熏然，还是笃悠悠，你在广东路上随处逗留，都可以大快朵颐。从高雅米氏西餐厅的精致法餐，到寻常小馆的维吾尔族风味，再到传统老字号的上海本帮特色，一路走来，食欲处处开。

　　信步在广东路上，置身于陌生行人中，但凡对历史有所了解，映入眼帘的便是强烈的古今对比。往昔只有高居京城贵为帝王才享用得到的佳肴珍馐，近几十年来早已进入了寻常百姓的消费世界。东南西北各大菜系现如今遍地开花、竞相争艳，早已不再高不可攀。无论是拥趸最多的川菜，还是以清雅矜贵著称的粤菜，只需轻点几下鼠标，各色中餐菜谱招之即来，任我在自家的德国整体厨房里随心所欲地大显身手。欧式菜肴、非洲风味、亚洲特色、北美快餐、南美烤肉……中外餐饮齐聚沪上，当初想必"只应天上有"的美食享受如今业已悄然"降临在人间"，上海成为美食天堂，这是 20 年前我于此留学时无论如何也想象不到的事情。

　　近年来兴起的餐饮店鳞次栉比，力求迎合千百万食客的一切需求。走着走着，我蓦然停步，一处风格特异的店面跃入眼帘：显现 20 世纪 90 年代烙印的混凝土大楼外立面上突兀地装嵌着古色古香的木柱、木飞檐，正门上方高悬一块黑底金字的醒目招牌，上书"德兴馆"，寓"惟德乃兴"之意。招牌之下横挂一方长匾，同样黑底金字，透露出饭店的历史渊源："百年老店创建于一八七八年光绪年间。"老店原身早已踪影全无，唯有那高挑的飞檐依稀保留着最初的模样。进得门来，迎面就是点餐柜台，惜字如金的收银员向我现身说法，分文必清在这里就是一种美德。我点好餐，他唱票收款："十九块五。"半块钱也不含糊可是上海独有的地方特色。在很多外地人的心目中，上海人就是这般锱铢必较处世小气，而在上海人根深蒂固的观念里，在钱的问题上就该毫厘不爽计算分明。收银员毫不厌烦地等着，直到我好一阵摸索，终于掏出一枚五角硬币，付讫。点餐时我请收银员推荐德兴馆的招牌面，在我的再三咨询下，他才勉为其难地开了尊口："熏鱼焖肉虾仁三鲜面！"

传统老店是回望中国餐饮业往昔岁月的一个窗口。德兴馆的格局一如当年鼎盛时期的模样，根据食客的消费档次一分为二：一楼快餐，二楼点菜。四四方方的八仙桌每边可坐两人，八人团团围坐，暗合道教八仙聚合相依之意。古韵十足的中式方桌饰以红白相间的格纹台布，搭配得不伦不类，似乎期冀中国古式餐桌的气质与德国黑森州乡间餐厅的氛围相得益彰，进而营造出东西合璧的韵味。

在帝制时代，堂皇出入酒楼饭庄者，莫不是特权阶层，即使仅有底楼堂吃之资。时至今日，饭店大门向所有人敞开，生活在 21 世纪的上海人没谁付不起德兴馆的一碗面钱。适合普通百姓消费的一楼大堂人头攒动，基本上吃好就走，几乎不长坐闲聊。老年食客明显居多，付起款来总是小心翼翼、慢慢吞吞，硬币一枚一枚地出手，自然是半块钱也不含糊。

大堂后侧是开放式厨房，本该匿迹的油渍污垢现身在明火炉灶及层层竹屉上方的墙面上。十九块五，工薪价位配底楼餐位。三鲜面的味道果然不失所望，德兴馆的服务却有所欠缺，冷冰冰干巴巴，似乎还停留在 20 世纪 80—90 年代。尝尝面汤，口味略甜，加少许酱油，调和后恰到好处。慢炖细熬的鸡汤鲜香打底，味料十足的熏鱼、焖肉和虾仁鲜上加鲜，口感十分丰富。

三荤荟萃的这碗面被命名为"三鲜面"。"三鲜"组合在中国东部地区深受欢迎，冠名因食材不同而有所差异，传统上比较有名的是"地三鲜""树三鲜"和"水三鲜"，分别由三种蔬菜、水果及水产品组合而成。许多饭店也会根据自家厨师的喜好来定义三鲜菜肴。我的面碗里有鱼有肉有虾，故名三鲜，恰合"鲜"的字义——"鲜"字从鱼从羊，古今有不少人把"鲜"理解为鱼羊同烹（或鱼肉同烹），其味鲜美无比。西方人在饮食上侧重于二分法思维方式，或鱼或肉，二者绝不混在一起入菜。中国人则致力于在对立中求统一，合而烹之，以求奇鲜。这个中滋味，可从一碗三鲜面中略见一斑。一顿快餐吃出这么多名堂来，倒与咖啡占卜（源于土耳其人或希腊人用杯底残剩的咖啡渣占卜未来运程）颇有些异曲同工之趣，快速满足辘辘饥肠的初衷反而退居其次了。邻桌食客早已换过三五拨，我还在那里细品慢尝思绪翩跹。汤鲜料实，那面条本身又如何呢？碗中的面条与意大利实心长面形似而质异，意大利面以硬质粗粒的杜兰小麦为原料，中国面条常用粉则来自质地较软的小麦品种。与意面相比，东方面条普遍偏软，无须久煮，从劲道十足到软烂无骨的火候把握至关重要，要求厨师当机立断。我运道不错，面条及时出锅，口感刚刚好。

在德兴馆里，我点了第二瓶三得利啤酒，一边小酌，一边细致观察。三得利作为上海家喻户晓的啤酒品牌，在当地市场十分畅销。啤酒越来越受中国消费者的欢迎，近些年来，中国已然超越美国，成为世界上最大的啤酒生产国和消费国。把酒观人，大有收获。食客进进出出，在我的视野里留下了各自独特的印迹。坐在对桌的是位瘦骨嶙峋的老人，短鼻梁上架着一副过于宽大的眼镜，抖抖索索地凑着面钱。旁若无人的是位浓妆女人，端着一副德高望重的模样，顶着一头高耸造作的红棕假发，聒噪地对着手机喋喋不休。身着黑色皮夹克的是位宝马车主，腰间晃着彰显身份的宝马智能遥控钥匙，颈间闪着金灿灿的项链，带家人举步直奔二楼。

时针已经指向下午5:30。按照很多中国人的生物钟,晚餐时间已到,二楼也逐渐热闹起来。大约一个世纪以前,光顾二楼的还都是花得起雪花银的大爷,使用成串笨重铜钱的小民只配在底楼吃吃简餐。楼层布局反映阶层地位,二楼另设雅间,可为贵客提供更私密的用餐环境。早在20世纪初期至中期,声誉日隆的德兴馆就吸引了许多名人雅士慕名而来,武有开国元帅朱德(1886—1976),文有文坛巨匠鲁迅(1881—1936),都曾到此品尝。德兴焖蹄和清炒鳝糊等招牌菜广受赞誉,经久不衰,获奖证书挂满了店墙。德兴大面也是本店一绝,虽获奖略少,但人气一直很旺。

若想了解上海人以及上海菜的基本特征,到德兴馆就是来对了地方。上海人把本地风味称为"本帮菜"。对于土生土长的上海人而言,本帮菜的内涵不言而喻。德兴馆最早的一代店主姓万,万老板在黄浦江畔扩展经营,为德兴馆定下了深受苏州饮食影响的"本帮"基调。德兴大面咸中带甜,甜中蕴鲜,与苏州汤面一脉相承。松鼠鳜鱼、德兴焖蹄、酱炖焖肉、清炒鳝糊……德兴馆的招牌菜大多都是苏州经典美食。"上海以前隶属于江苏省",看我一副刨根问底的模样,年轻的服务员也乐得告知一二。自60多年前升为直辖市以来,上海相对于"外地"总有一种莫名的自我优越感。但若追本溯源,上海则离不开"外地"的滋养。通过对"本帮菜"的探寻,便可窥一斑而见全豹:没有苏帮风味的影响,就没有本帮风味的形成;没有"外地"因素的融入,就没有海派文化的发祥。

德兴名菜并非人见人爱。一群德国游客被导游带进门来,初见之下,老店本色给他们的感受却绝不是赏心悦目。"不!我不!我不要吃活着的动物!"惊声大叫的是位金发碧眼的美女。她转眼瞥见陈列在冷菜柜台上的泡椒凤爪，越发花容失色："太恐怖了！我可不要在这儿吃！"男同伴们有心劝她留下来尝尝，见她执意不肯，也只得一同离去。这也难怪。进得门来，先入眼帘的便是前厅的水族箱，鲤鱼游弋，鳗鱼蠕行，这样的视觉体验足以引发关于中国人无所不食的种种联想，就算盘中餐非猫非狗，仅凭鸡爪这样的奇葩食物，就不难让初来乍到的欧洲游客望而却步。有位英国商人就曾对我私下嘀咕，称之为"可怕的食物"。

三鲜面

　　置身于上海老城区，与摩天大厦遥遥相对。长长细细的面条配以鱼肉双全的汤料，留存无几的老建筑依傍窄窄仄仄的旧里弄，两相呼应，恰如其分。老街老房老不过老食谱，中国人可是很早就发明了面条。

食材（两人份）：

　　细长面条 500 克

　　五花肉 100 克

　　熏鱼 200 克（熏制鳟鱼亦可）

　　虾仁 150 克

　　胡萝卜 1 根

　　竹笋 100 克

　　鸡汤 1 升

　　盐 2 茶匙

　　淡色酱油 2 汤匙

做法：

1. 三鲜备用：将鱼切块，大小适口；将猪肉用沸水焯过，切成薄厚适中的长方片；将虾仁洗净沥干。

2. 蔬菜待命：将胡萝卜和竹笋切成小薄片。

3. 浇头出世：将鱼块、肉片、虾仁、胡萝卜片和笋片一起入锅，大油旺火煎炒 3 分钟，做成三鲜浇头。

4. 鸡汤回锅：将预先炖好的鸡汤入锅煮沸，加入盐和酱油调味。

5. 面条登场：将面条与浇头倒入鸡汤中，略煮即可，切忌烂熟。

6. 大功告成：将三鲜面出锅，分盛两碗，趁热享用。吃面喝汤，吸啜出声也无妨。

不吃不相识

　　上海虹口老城区总是很喧闹。走街串巷收售旧货的铃铛声、人车争道此起彼伏的喇叭声、卖菜买菜讨价还价的聒噪声……众声嘈杂，不绝于耳。9月的早晨很热，9月的早市很热闹，除了各种各样的临时商贩，流动早点摊也出现在街头巷尾，烙饼、煎饼、汤面、炒面、米粥、馒头……品种繁多，不胜枚举。在这条小街上，9点之前可以设摊开张，9点之后必须收摊走人。9点一到，城管准来。城管一来，摊贩就撤。流动早点摊来也神速，去也神速，一转眼消失殆尽，只留下油烟尘垢随街头的嘈杂声一道消散在老树老房的上空。这样的早晨有声有味，我饶有兴致地步入其中。

　　走过新开的美容店，美容店的姑娘们在店门口排列成队，随着嘻哈乐曲的动感节奏集体起舞；走过熟悉的锁匠铺，老锁匠精于修锁配钥匙，曾替我上门开锁，看到我后不动声色地点头致意；走过常去的按摩店，按摩师傅小王每周二为我推拿背部，他的推拿可以让我好些天不必担心腰酸背痛的问题；走过曾经的日侨区，日侨聚居区的动荡历史充满了仇恨与伤害以及尚未达成的宽恕；走过逼仄的老弄堂，蜗居其间的大多是上了年纪的上海人，或手不离报，拿着放大镜寻章逐句，或不吝以乐飨邻，任由重温老上海黄金年代的爵士乐曲在耳边大声回荡。我还一脚跨过当年美日在沪势力范围的分界线：1848年以来，苏州河北岸虹口地段被划归美租界；1937年之后，苏州河以北地区成为日军控制的势力范围。时过境迁，这一切都已成为历史。再一抬眸，大陆新邨（Continental Terrace）蓦然出现在面前。这群带有法式风情的新式里弄住宅兴建于20世纪20年代末，鲁迅先生在此处寓所度过了他生命中的最后3年。鲁迅故居芳邻在侧，不远处是以鲁迅命名的大公园，斜对面是以点心闻名的小吃店。

店小名气大，万寿斋门前又排起了长龙。挤进店来的食客吃着碗里、望着笼里，低眉笑对盘中餐，俯首甘为垂涎汉。与文豪故居为邻的万寿斋是沪上深藏不露的小吃名店——浦江两岸万千美食中地地道道的上海小风味。

想吃就行动，向着目标前进。我一步一步地好不容易排到前头，顺势打量一二。收银、跑堂、分餐、掌厨，店员们各司其职，在锅头、案头忙来忙去。案头上的肉馅、菜馅堆积如小山，特别引人注目。店员们肩负重任，他们要在几分钟内完成由生到熟的过程，并保证食品和服务不负老食客的期望、不负万寿斋的声誉、不负高挂在厨房入口处的刻有"上海市烹饪协会"字样的灿灿生辉的铜匾。把生料做成熟食，把生客变成熟人，设法满足每位客人的口味，确保满意度，赢得回头客。万寿斋的存活与成功全靠食客口碑和网络好评。一回生，二回熟，给客人以亲切感受对评价好坏至关重要，小吃品种及用餐环境并不能为万寿斋加分多少。

终于轮到我了。来到挤满人的柜台前，我付了钱，从女收银员那里接过号牌，转手递给笑嘻嘻的服务员小陆。"老样子？""老样子！"小陆一问我一答。还能有什么比"老样子"更合我意呢？"老样子"再好不过：用竹屉蒸出来的热气腾腾鲜肉小笼包！简单、美好，一如年轻的小陆姑娘，对待客人总是那么殷勤周到。此时刚好有一空位，我便在那塑料餐凳上坐了下来。

"我可以坐在您旁边吗？"我微微诧异地抬起头来，出现在面前的是位老先生，头上斜戴一顶贝雷帽。"当然！"我欣然点头。他没有瞅见空位就一屁股坐下来，而是先和邻座打招呼，这种风度在这里并不常见。我跟他原本不认识，按中国人的说法彼此互为"生人"。"您常来这家吃？"面前的生人问我。"嗯。"我应声回答。"这里的小笼包比城隍庙的味道好！"老人家打开了话匣，他是退休教授，搞文学的，就住在大陆新邨对面。自报完家门又补上一句："鲁迅邻居，哈哈！"

"这么好的小笼包应该申请专利，至少应该像北京烤鸭一样打开国际知名度。"老教授忍不住表达着自己的建议。趁着候餐时间，我俩闲谈起来，还未上桌的小笼包就成了共同话题。吃和说都是口腔运动，动口吃，开口聊，吃着聊着人就由生变熟了。这种从口头得来的感受也算得上是种"口感"吧。好饭不怕晚，等等又何妨？更何况是等——让我的新熟人一直赞不绝口的——"全上海乃至全江南最好吃的小笼包"！几与小笼包齐名的是汤美馅香的三鲜馄饨。馄饨在港粤叫作"云吞"，由于早期侨居海外的华人大多来自香港，馄饨随之走向世界，遂被外国人按粤语读音称为"wantan"或"wonton"。用鲜肉、虾仁和香菇做馅的三鲜馄饨是万寿斋的第二块招牌，远近闻名，十分畅销。无论是小笼包还是馄饨，想到即将体验的美食享受，我不禁垂涎欲滴。

蓦然间，几屉小笼热气腾腾地出现在面前，竹味清沁，馅香诱人。在店内霓虹灯光的映衬下，竹屉上的小笼包皮薄而透亮，色白而润泽，褶细而均匀，口凹而小巧。细密的小褶在顶端聚拢收口，香味随汤汁从凹口处微微溢出。万寿斋的小笼包一两六个，我点了三两，头一两解馋，后二两管饱。老教授比我内敛三分，只点了二两。在老教授身上，体现出矜持含蓄的海派腔调，也体现出"要想身体好，饭吃七分饱"的金科玉律。因为贪恋美食，我总是难以遵守这一养生之道。筷子举起来，包子夹起来，香醋蘸起来，开吃预备三步走就是这么简单。蘸什么醋是有讲究的，以上海米醋或镇江香醋为宜，前者清淡，后者浓郁。蘸辣椒酱完全是外行的吃法，老一辈的上海食客可不会让辛辣味道破坏了小笼包原有的鲜香。

蘸好醋之后就是关键的第四步：美味品起来！老教授和我垂涎以待的时刻到来了。在动口开吃之前，还有个重要技巧要掌握。"轻轻咬破皮，慢慢吸汤汁，小笼包的精髓就在汤汁里！"美食家面对面地言传身教。就在舌尖轻触的这一时刻，触觉对小笼包的第一次亲密体验悄然发生。

论起对汤汁的注重，全世界或许唯有法餐能与中餐一较高下。美食的精髓在于汤汁，汤汁的品味在于吮啜，那么这精髓的吸取就多少需要些冒险精神和牺牲精神。我一口咬下去，扑哧一声，小笼包的"精髓"差点儿烫伤我的嘴巴，还喷溅了我一身。狼狈又有何妨？没人介意我的窘相，连老教授都不以为意。老教授更乐意就小笼包的面皮和馅料进行探讨："面皮一定要韧、薄、滑、暄。肉馅忌干涩，讲究汤汁饱满、肉质嫩润、口感鲜甜、余味绵延。"行家讲解就是头头是道，听起来颇有几分品葡萄酒的感觉。

老先生继续滔滔不绝："我爱吃小笼包，从小就爱吃。只是在那些特殊年月里，我根本吃不到小笼包，更不可能和外国友人大谈特谈小笼包。"他称赞中国取得的进步，也为当今世界变化太快而感到不适应。他充满激情地谈鲁迅、谈林语堂、谈 20 世纪

20至30年代的中国文学。"那个年代思想活跃，名家辈出，文坛交流充满激烈碰撞。有多少文人名士住到这里来，只为了能与鲁迅这位大批评家离得近些，哪怕只是短期为邻。"老教授指了指鲁迅故居所在的小巷继续说道，"瞿秋白，那个为政治理想献出生命的年轻人，就曾住在这小巷后头。茅盾，后来担任了新中国的文化部长，当年和鲁迅是同住大陆新邨的邻居。"说到这里，老教授对我发出了邀请："马可，有空到我家来坐坐，我就住在鲁迅故居对面。"

此前，我也向老教授说了说我在上海的部分经历，说了说外国人在中国生活的苦与乐。短短一席谈，以香喷喷的小笼包开场，以近可为邻的文化名人收尾。不吃不聊不相识，这段关系是吃出来的，一顿早餐吃下来，我和老教授由生人变成了熟人。

家庭关系在中国极其重要。无论是父母与子女之间，还是夫妻及兄弟姐妹之间，基于血缘或婚姻而形成的关系贯穿整个人生历程。在男权主宰下的古代中国，母亲与子女之间的关系尽管重要却鲜有提及。母亲一天天用乳汁哺育子女，子女一口口从乳汁中汲取营养，母亲与子女之间的关系自哺乳之初就天然产生，因哺乳之恩而日益牢固。除了母婴之间与生俱来的血脉纽带外，在父子/女、夫妻、兄弟姐妹之间，供养在其相互关系中也始终起着重要作用。喂食就是表达喜爱之情的一种方式。在我和老教授聊着闲天由生变熟的过程中，邻座的年轻妈妈就在一小口一小口地喂宝宝吃小笼包，很像一只鸟妈妈，衔食而喂子。

在中国，喂食是仍被认可的表示喜爱的一种方式，尽管反哺旧习正随着时间的推移渐渐消淡。在深受儒家文化影响的中国古代社会，孝道被视为基本道德规范，以文图传世的通俗读物《二十四孝》宣扬的就是儒家孝道思想。善事父母为孝。人之行，孝莫大焉。孝之大，莫过于在危难之时以受之父母的血肉之躯来报答父母的养育之恩。"……爷娘生病，做儿子的须割下一片肉来，煮熟了请他吃，才算好人……"在中国第一部白话文小说《狂人日记》里，鲁迅借"狂人"之口引述了"割股疗亲"的典故，抨击了封建家族制度和礼教吃人的本质。骇人听闻的故事源自活生生的社会现实。百行孝为先，在牺牲自己捍卫孝道方面，女性远胜于男性。对于中国古代女性而言，"孝顺"具有"事父母"和"事公婆"的双重含义，成为女性一生的为妇之道。慕尼黑大学亚洲研究所汉学系的贺东劢教授（Thomas O. Höllmann）对这一现象进行了探讨，他在《睡莲与醉鸡——中国饮食文化史》（*Schlafender Lotus, trunkenes Huhn: Kulturgeschichte der chinesischen Küche*）一书中指出，不少愚男愚女对儒家孝道教义过分按照字面意思生搬硬套，以致为践行孝道而不惜自戕的传说故事在中国历史上层出不穷。

与愚孝观念的遗毒余烈相比，相对无害的祭奉是延续至今的习俗。以往家家户户都会设置神龛，以酒食果品供奉先人，保证逝者在另一个世界也享用得到好吃好喝。"事父母"已跨越生死两界。如此俗规现在已日渐淡化，如今只有在清明时节才旧习重现。陈规渐逝而成语长存，"斗酒只鸡"一词典出曹操《祀故太尉桥玄文》，指以菲薄祭品悼念亡友，可见中国古代对祭奠的重视。

同灶共食意味着同家共户。不是一家人，不进一家门；不吃一锅饭，不是一家人。这是中国古今奉行的社会信条。古往今来，共食关系都是维系家庭的纽带。君主与臣民之间的关系同样如此。中国历代都倡导"天下一家"的政治理念。"家国一体"，从字面上看，汉语中的"国家"就是由"国""家"二字组合而成。"家国同构"，国君乃天下臣民的一家之长，秉承"以孝治天下"的治国方略，历来倡导尊老养老，赐珍馐佳肴以敬老飨老的记载不绝于史。

在君主与臣民的关系中，也不乏极端史例乃至吃人惨剧，"易牙烹子"便是其中著名一例。据《管子·小称》："夫易牙以调和事公，公曰'惟蒸婴儿之未尝'，于是蒸其首子而献之公。"易牙是春秋时期齐国名厨，因善于调味而得宠于齐桓公（公元前685—前643年在位）。享遍天下美食的齐桓公因唯独未尝人肉之味而偶露憾色，易牙便烹其子以献，取媚于君。家国理念下"人相食"的故事屡屡听闻，似一条红线，贯穿于中国数千年饮食文化史。

非亲非故则属"生人"，不具有食（sì）与被食（sì）的关系，还没熟到同桌吃饭的程度。不相稔熟，互无交情，挤地铁时碰碰撞撞根本无所谓，迎面相遇不打招呼也不失仪。中西有别，在基督教影响下的西方社会，陌生人偶然照面也会自然而然地点头微笑。在中国，陌生之辈纯属熟人圈子以外的生物，一不沾亲、二不带故、三不相干、四不在乎。

血缘关系是天生的，非天生的人际关系是可以"吃"出来的。著名学者易中天教授就曾一语中的——中国人的社会关系是吃出来的。如易中天在《吃出来的血缘》一文中所言："中国人很看重人际关系，而人与人的关系中，最可靠的又是'血缘'。所以，中国人在处理人际关系时，总是要想方设法把非血缘关系转化为血缘关系。"易中天诠释道："吃同一食物的人可以被看作是有血缘关系的，因为食物是生命之源。吃了同一食物，就有了同一生命来源，岂能不是兄弟？"亲疏远近在于"共食"与否，共食之谊为打造人脉关系奠定了基础。"关系"在中国语境中词浅意深，在其他语言里根本找不到完全相应的对等词，于是便直接以拼音形式走向世界，汉语外来词"guanxi"已被西方主流词典收录。德语中有一个专门的词来代指所谓的"关系"：Vitamin B（维生素

B）。B 是 Beziehung（关系）一词的首字母。在中国，"关系"的内涵和重要性远非"维生素"可比。中国社会一向看重关系，关系是通往成功的金钥匙。人脉关系的拓展经营离不开吃喝应酬，同桌同食可以带来同源同脉的情分。有过从形变到质变的共同经历，"生人"也就吃成了"熟人"。

在《论肚子》一文中，林语堂自有妙论："一餐美食的效力之大，并非仅仅维持几小时，而是长达几星期，甚至延续数月之久。若要我们写篇书评去批驳某书，而该书作者恰好在三四个月前请我们美餐了一顿，那我们下笔前就难免犹豫再三。正因为如此，对于洞悉人性的中国人来说，解决纷争的理想场所是饭桌而不是公堂。在中国人的饭桌上，不仅能够调停解决已有争端，而且可以预防或阻止未来分歧。中国人经常同餐共宴，借此博好感积人缘。事实上，饭局是仕途上步步登高不可或缺的阶石。倘若有好事者留心统计，便不难从中发现，一个人的宴客次数与其升迁速度显然成正比。"

在饭桌上建立并不断维系的关系不仅可以长久持续，而且对个人的职业发展大有裨益。只是这种吃出来的关系尚无深度可言。要发展真正的友谊，尤其是德国式友谊，光靠饭桌上的情感联络是远远不够的。中西皆然，只有在惺惺相惜、志趣相投、至诚相待的基础上，才能建立起真正的友谊。无此基础，彼此的关系也只能停留在"酒肉朋友"的层面上。建立关系离了吃喝应酬是行不通的，而深化关系光靠吃喝应酬也是行不通的。

在万寿斋小吃店里，因三五竹屉热腾腾的小笼包结缘，我和老教授从生人吃成了熟人，一段新关系就此建成。"有朋自远方来，不亦乐乎？"临别时，老教授恰到好处地引用了孔夫子的名言，让彼此的共食之缘多了几重分量。小笼包最初并非诞生于上海，而是自周边地区传到沪上。有食自远方来，不亦乐乎！从人生地不熟到人熟地不生，小笼包被外地人带到上海，几经融合，外地人落地生根成为上海人，小笼包推陈出新成为上海特产。小笼包的身世变迁不失为一个绝好的例证：正是伴随着外来移民的不断涌入，上海才不断焕发出无穷活力和多姿风采。时值19世纪，小笼包随黄明贤走出南翔老家来到上海，在城隍庙旁及西藏路上黄家师徒所开的小吃店里改良亮相，以其汁浓味厚的独特口感很快名满全城。众同行纷纷效仿，令脍炙人口的小笼包久盛不衰。后来者虽多，但论品味正宗，老城厢的南翔馒头店和山阴路上的万寿斋还是数一数二。通过黄明贤"重馅薄皮、以大改小"的成功改良，南翔小笼包从厚大质朴变身为薄小玲珑，小身量藏大味道，细薄其外而丰厚其中，略含阴阳合一之道、相得益彰之感。

跟老教授在斜对面的小巷口道别后，我不由得心有所问，不知这万寿斋还能有几多寿。在这家传统小吃店的周围，新开张的快餐店竞相涌现，主要客源是午餐时间不宽裕的年轻上班族，大多经营用油多、用料差、用时短的中式简餐。中国人的生活方式近十年来发生了急剧变化。今后的一切也会继续与时俱变。有朝一日，若这条小巷消失，小巷所承载的老店老铺、原汁原味也将随之流逝。流逝进程已然开始，很多老居民业已乔迁新居，很多老弄堂被新小区挤得面目全非。几百米之外便已高楼林立，那是现代都市人的典型居家之所。现代都市人多半时间不在家，而是散落于浦东浦西、城南城北的某幢摩天办公楼，过着与电脑屏幕相看两不厌的日子。

我毫无兴致去几百米之外的水泥森林中漫步，于是向北折返。走不多远左拐，便从早高峰拥挤喧闹的路况中脱身而出，过一道嵌有厚重石框的乌漆铁门，我一脚踏进了上海特有的石库门里弄。

进得门来，长长的两栋老式三层联排房屋夹道而立，十三幢一列左右排开，幢幢相连，开间窄仄，约建于 1930 年或其后不久，当属年过八旬的上海老建筑。青灰外墙幽幽长长，围成一道屏障。铜绿锈迹斑斑驳驳，泛出岁月的光泽。石雕纹饰繁复交错，散发着丝丝缕缕 20 世纪 20 年代欧洲大陆的建筑风格与时代气息。中西合璧是石库门里弄住宅最典型的特征。源自西方的青春艺术风格和艺术装饰风格在当年的上海滩一度风行，那段时期的石库门建筑既深受西风影响，又承袭了江南民居的传统特色，实现了西式联排别墅和中式合院布局的巧妙组合，形成了别具一格的海派建筑风情。

举目所见，十三幢联排房屋并肩而立，十三樘厚重石框箍乌漆木门均衡有致地撑出门脸，十三道门楣石匾上端正古朴地嵌刻着四字题额，如"礼耕义种"或"知足常乐"，寄托着弄堂人家的为家之道和睦邻理念，传承了儒家思想所蕴含的精神财富。

在我四下观察的时候，耳边传来"嗒嗒嗒"的一阵声响，节奏均匀而短促。我循声来到第九幢跟前，透过缝隙望向厚实木门后的狭小天井，只见两把菜刀上下翻飞，干脆利落地剁出一连串顿音，一刀在剁鲜肉，一刀在剁小葱。顺着迎面投来的错愕目光，我的视线落在一位老太太身上，她手持双刀，对着砧板左右开弓。发觉门外有人观瞧，她手下动作一顿，旋即相视了然，一边继续开剁，一边微笑着向我示意，打了个"无他，但做饭尔"的招呼。

小笼包子

浓情厚意小笼包

　　轻轻咬破皮，慢慢吸汤汁，微微闭眼帘，细细品滋味，在小笼包鲜甜口感带来的无尽退思中，仿佛置身于喧闹的上海，所闻所见亦远亦近，走街串巷收售旧货的铃铛声、卖菜买菜讨价还价的聒噪声、烤羊肉串嗞嗞作响的铁皮炉、蒸小笼包热气腾腾的层层竹屉……

食材（两屉用量）：

　　小竹笼 2—4 屉（若在国外，小竹笼一般在亚洲超市有售）

　　面粉 200 克

　　水适量

　　瘦猪肉馅 500 克

　　鸡汤 1 杯（以现炖鸡汤为佳）

　　食用油、盐、糖、蒜末和姜末（依个人口味而定）

做法：

　　1. 和：将面粉加适量温水和匀，边揉边撒少许面粉和食用油，直至面团光滑细腻有劲道。

　　2. 拌：在肉馅中加入新鲜鸡汤、盐、糖、蒜末、姜末，反复搅拌均匀。馅料调和越充分，小笼包的汤汁就越有味。

3. 包：将揪好的面剂揉圆摁扁，擀成中间略厚的圆薄面皮，舀一茶匙馅料放到面皮中央，顺面皮边缘依次推捏，捏出至少 14 个精巧匀称的细褶，最后在顶端聚合收拢，捏成迷你火山口形状。捏褶过程最见功夫，手艺好全靠熟能生巧。

4. 蒸：将小笼包放入笼屉（根据笼屉大小，可分两屉每屉放 16 个，或分四屉每屉放 8 个），然后将笼屉上下叠摆好放置在盛有水的蒸锅上方，大火蒸 5 分钟，待汤汁从顶端凹口微微溢出，小笼包刚好蒸熟。

5. 品：包子好吃不在褶上，关键在此一举！轻轻咬破皮，慢慢吸汤汁，小笼包的精髓就在汤汁里！除了直接上口，借助吸管也是个好吃法。

敝陋其外，锦绣其中

市中心往北 15 公里以外的城区又是另一番天地：工厂林立，尘土飞扬，货车川流不息，隆隆噪音喧嚣在紧邻长江入海口的集装箱码头上。这样偏陋的地方，游客自然不会问津。

故人具鸡黍，邀我至他家。我搭乘出租车，驶上盘旋北去的高架路，与一座座工厂和住宅小区擦肩而过。目之所及，尽是由钢筋混凝土筑就的灰冷色调。越往北去，沿途建筑越是蒙尘积垢。灰沉沉的人造景象笼罩在灰蒙蒙的天空下，一派灰头土脸，没有哪个导游热衷于把游客带到这里来一睹大上海的风采。

七拐八转，出租车终于在一座 20 世纪 80 年代建成的住宅小区前停了下来。付钱下车，朋友家就在几步之遥。我一步一留神地躲避着路面上的湿滑油污，经过一座公交车站，穿过一道铁栅旋转门，进到小区院内。小区的建筑风格极其统一，外观千篇一律，格局整齐划一。栋与栋之间有狭窄的绿化带，几株发育不良的棕榈树点缀其间，灰头土脸地昭示着，阁下并非置身于北京，也未远赴新西伯利亚，而是依旧在北纬 30° 附近徘徊。

"马可！欢迎光临！"周老五的儿子早早地迎候在楼门口，有朋自远方来的愉悦瞬间洋溢在光线暗淡的水泥方匣中。老五家在三楼，我随小周踏着光秃秃的水泥台阶，拾级而上。黑黢黢的楼道中弥散着昏黄的白炽灯光，灰乎乎的墙壁上盖印着名目繁多的黑字小广告。广告上的电话号码十分醒目，替下岗失业者和外来务工人员招揽活计：钻洞、装修、木工……零工杂活儿，一应俱全。

置身于昏暗灰沉的楼道中，我仿佛回到了久违的留学时代，回到了20年前的中国。当年的居住条件十分简陋，大多数人蜗居在单位分配的公房里，公共楼道的处境更是无人关心。睹此思彼，眼前不由得浮现出我当年在南京的第一个住处：寝室面积何其小？16平方米大不了；走廊灯泡谁来换？长年不亮没人管。

"哐里哐啷、哐里哐啷"，一阵熟悉的锅铲碰撞声从朋友家的铁门背后传了出来。在厨房里忙乎的是老三还是老五呢？铁门一开，谜底大白。老五伸出双臂迎上前来，紧紧握住我的右手，用力摇晃了好几下，好客之情溢于言表："欢迎欢迎！快请进！"

"请坐！快请坐！"老五的妻子贵珍热情地坚持让我坐在正对厨房的餐桌上首，享受主宾待遇。"马可稍坐！饭菜马上就好！"老三在厨房里一面大声地打招呼，一面"哐里哐啷、哐里哐啷"地继续奏响锅铲交响曲。其他四位客人及家眷已入席落座，大圆桌把一室空间占了个满满当当，再容不下其他，再不需要其他，有餐如此，夫复何求？圆台面上琳琅满目，数十冷盘已然列阵迎宾。饭菜足够丰盛了，这老三还要忙活啥？

餐桌上的色彩丰富与背景中的灰沉单调形成鲜明对比。水泥灰墙之后居然掩藏了这么个缤纷世界！芹菜拌香干——淡绿清新，白灼基围虾——橘红透亮，麻油拌竹笋——淡金丰润，本地三黄鸡——鹅黄细腻。三黄鸡可是中华名鸡，因"羽黄、喙黄、爪黄"而得名，全身皮色微微透黄，一看就很正宗。目光刚从三黄鸡的身上移开，就被同桌亮相的其他美味吸引。花雕醉河虾、薄片卤猪舌、上海大红肠、蒜泥拌黄瓜、香菜花生米、蜜汁香酥鸭、手撕酱茄子——各色凉菜争鲜斗艳地围成一圈，令人目不暇接。

凉菜的配色可谓别出心裁：芹菜的淡绿与豆干的奶白相互衬托，香菜的翠绿点缀在油炸花生的赭红之间，辣椒的火红打破了卤肉的酱褐，鲜虾的橘红丰盈悦目，茄子的亮紫更是为满桌色泽锦上添彩。同宗不同貌，欧洲的茄子色深、形圆、瓤松，江南的茄子色亮、形长、瓤紧。整盘茄条柔嫩舒展，伴一点姜蒜，浸润在淡淡米醋之中。茄条之侧，河虾醉卧。满碗河虾醉态十足，熏熏然微微跃动。活鲜生吃在中餐里并不多见，醉虾当属其一，是一道以鲜取胜的上海风味。显而易见，琳琅满目的冷盘不过是个序曲，即将上桌的热菜才是真正的重头戏。我食欲大振，兴致勃勃地拭目以待。

老五似乎窥见了我的心理活动。尽管冷盘确已丰盛，他还是按照中国的老礼客气道："没什么菜啊，多多包涵！"我回以微笑，亲耳听到以往只在文学作品里接触过的传统客套话，真是一种享受。

未经餐前酒开胃，也无茶水、咖啡或烈酒开场，而是直奔饭菜主题。餐前饮似有误时之嫌。如此丰盛的冷盘早已恭候多时，更为诱人的热菜旋即登台亮相，增加餐前饮环节，就得延缓美食享受，实在看不出意义何在。就中餐而言，饮品仅为佐餐之用，充其量发挥个举杯开餐的作用，不可能在餐前独挑大梁。老五给我斟了满满一杯"石库门上海老酒"，频频致意，殷勤劝饮。"来来来！""欢迎欢迎！""干杯干杯！"席间洋溢着老友欢聚的喜悦。黄酒与雪利酒在口感上颇为相似，入喉柔和温润，均属15度左右的低度佳酿。我了解老五的酒量，一瓶黄酒对他来说根本不在话下。我得轻啜慢喝，否则免不了豪饮一场。自从贵珍多年前帮忙照看我儿子以来，我们两家一直都很熟络，时不时地聚聚餐、叙叙旧，早已吃出了交情。"马可，多吃点儿，别客气！"在贵珍的热情相让之下，我食欲大动，连连举箸，鲜虾、竹笋、黄瓜、茄子、豆腐……无一不鲜美，无一不可口。

黄酒下肚豪气生。我把筷子伸向了堪称鲜中之鲜的醉虾，刚才还跃跃欲动的河虾现已酩酊大醉，浑不觉大劫当前。我小心翼翼地开咬，感受到酒气熏熏的河虾在我的舌齿间临终一颤，仅此而已，除了黄酒加生姜的余味和去壳好麻烦的体验，这道菜并未令我怦然心动。"来来来！"老五盛情布菜，一下子把三只醉虾夹进我的盘子里。我却之不恭，食之不喜，索性任其醉卧盘中，随即将筷子伸向绿生生、油亮亮的香菜花生米。

举箸换盏之间，老三把几道热菜先后端上桌来。老五的这位兄长是专业厨师，曾在酒店业供职多年。老三烧的菜道道诱人。酒香草头青翠欲滴，袅袅地散发出淡淡的黄酒醇香。石锅炖鸡汤色清润，鸡酥笋嫩香菇鲜。清蒸鲈鱼色相俱佳，一鱼横卧长盘，葱丝散撒柠檬围边。桌小盘多，一层放不下，二层架起来，鱼盘居高临下，被几个冷盘空架其上。出门行车有高架路，进门用餐有"高架盘"，桌况与路况相仿，或多或少地从侧面体现了上海的市情市貌。

老五冲老三点了下头，转身走向四平方米左右的窄小厨房。兄弟俩换班，老三来吃饭，老五去大显身手。老五是位充满激情的新菜开发者。老五新创菜的味道一向都不错。本该垂涎以待的我可惜已成强弩之末，馋心有余而食力不足，于是便婉言劝阻："老五，下次再尝你的手艺吧！我太饱了，实在吃不动了，真不是跟你客气！""这可不成，马可！"老五从厨房里探出半个头来，断然否决。一劝无效，再劝很容易被误会为不给面子，我还是客随主便吧。老五的手艺从未令我失望过，他不但长于此道，而且常年不辍。每次见面，他都会露上一手，烧一道最近开发的新菜来款待我。正如布里亚-萨瓦兰所言："与发现一个新天体相比，发现一道新菜肴更能为人类带来幸福体验。"新天体的发现离不开复杂仪器和长期研究，新菜肴的发现则所需寥寥。有灶、有火、有刀、有案，老五就能施展开来。装备简单易得，手法至关重要，火候拿捏是关键中的关键。老五对火力大小和时间长短的把握自是恰到好处，对菜刀和案板的使用更是得心应手。老五的刀工可谓炉火纯青，拍蒜瓣、剔骨头、切豆腐、剁葱段……一刀多用，游刃有余。菜刀是老五最得力的烹饪工具，或切或片，或剁或劈，或拍或剐，集各种功用于一刀之上，御各种食材于一刀之下。

中国有句老话叫作"说得好不如做得好"。创新者大多信奉此理，自我标榜一般非其所乐为。中国的烹饪创新者大多不擅宣讲。对饮食文化大谈特谈乃是欧洲同行及时尚杂志的专长。即便著书立说，中国美食名家的笔墨也往往侧重于食谱推荐和烹饪指南。清代诗人袁枚（1716—1798）便是一例。这位随园主人著有《随园食单》，详细记述了300多种南北菜点，并在"须知单"和"戒单"中提出了细实详严的操作要求和注意事项。大多知名厨师来自市井乡间，无数不知名的厨艺创新产生于百姓灶头。古今中餐，多少广受欢迎的名菜佳肴都是在偶然的情况下诞生于乡野人家的简陋厨房中。新菜创始人总能头一个品尝到刚问世的美味，得此口福自然喜不自禁。周氏创新的进展显然十分顺利，厨房里传出了愉快的歌声，老五居然还来了一段咏叹调。

桌上美味络绎不绝，吃了这盘尝那盘。西餐有严格的上餐顺序，先上前菜，再上主菜，接着上甜点，最后上咖啡或茶，须得撤了这一道，再上下一道。中餐则不然，所有菜点可以同桌亮相，上这一盘的同时就为下一盘留好了位置。食在眼前，享在当下。燃气嘶嘶、灶火啪啪的微响过后，耳边传来了熟悉的刀案敲击声，"哨哨哨"的旋律明快而欢跃，恰似一首灶王曲在厨房里回荡。千百年来，灶王主司饮食，受一家香火，保一家康泰，察一家善恶，奏一家功过。每逢腊月二十三，灶王上天述职，向玉帝禀报人间善恶，功多者天降福寿，过多者天降灾殃。厨房多善行，灶王保平安。下厨是积善之举，老五和老三功莫大焉。

餐桌上渐渐热闹起来，大家开始相互敬酒。酒过三巡，杯中水位怎么不见下降呢？自己的酒杯何时又被斟满，我竟浑然未觉。"干杯！"老三兴致勃勃地向我举杯致意。一饮过后，老三变戏法般拿出一把胡琴。席间顿时响起了热烈的掌声。"来一个！来一个！"贵珍督促着自己的大伯哥。于是间弓动弦鸣，老三的青春岁月随音乐悠悠流淌：传世经典《牡丹亭》片段、20 世纪 50—60 年代脍炙人口的苏联革命歌曲、30—40 年代流行一时的上海老歌——曲曲动情，都是老三青年时代喜爱并谙习的音乐。

老三和老五令这灰头土脸的水泥建筑焕然一新。美味佳肴拉开了赏心悦目的序幕，二胡悠扬掀起了境随心转的高潮，陋室刹那变舞台，我闭目遐思，脑海中浮现出一位正值芳华的上海名媛，一袭旗袍衬出仪态万千。那是上海文坛奇女子——张爱玲（1920—1995）。在其最负盛名的代表作《倾城之恋》中，张爱玲让二胡幽叹之声贯穿始末，"胡琴咿咿呀呀拉着"，诉说着城中人孤寂苍凉的心境。与小说中把胡琴"拉过来又拉过去"的白四爷相比，老三是幸福的。老三不会有"弦断有谁听"的落寞，老三的琴声有人在用心倾听。

老五在厨房里相和以歌。压轴菜登场的时刻终于来临，热气腾腾、香味飘飘、嗞嗞作响、噗噗冒泡的好大一个砂锅降临在餐桌正中央。二胡声戛然而止，恭候新菜的精彩亮相。凝神细闻，一股浓郁香辛的味道扑鼻而来。与传统的上海风味迥然不同，老五的推陈出新肯定受到了川菜的启发。"本人新创的羊肉砂锅！"老五不无得意地介绍，"文火慢炖4小时，五香麻辣两全其美！"为了这道羊肉砂锅，老五花了整整一周的心血，一次次尝试，一次次改良，终于调制出最佳口味。老五造就了这道菜，此刻的他不再是一名提前离岗的退休工人，而是一位烹饪创新者。

那晚聚会在过饮过食的状态下进入尾声。老五握着我的手久久不放，再三惜别。儒家之风使然。有朋自远方来，自然置酒菜盛情款待，老五忙了个不亦乐乎，老友吃了个不亦乐乎亦喝了个不亦乐乎。古今相合，中外相通，老五并不知布里亚-萨瓦兰何许人也，而老五的行为却正合布里亚-萨瓦兰所提出的原则："让客人乘兴而来并尽兴而归，方为待客之道。"

天下没有不散的筵席，惜别终须别。面对老五的盛情厚意，我再三道谢，好不容易辞身而出，在众人的目送下，醉步蹒跚地上了路旁待客的出租车。

周老五的羊肉砂锅

那晚我在多年故交老五家做客。那晚过街走巷，邂逅了大小餐馆和排档，领略了老楼展新颜的变化。从灰头土脸到容光焕发，正是喜爱并擅长厨艺的居民让楼房有了充满活力的容颜。

老五向我传授了羊肉砂锅的做法：

别问我用量多少之类的问题，一切全凭感觉。我烧菜喜欢跟着直觉走，从来不用量杯什么的。这道菜用料不复杂，羊肉、清水、酱油、大葱、生姜、绍兴黄酒、八角、小茴香、花椒、辣椒、糖、盐各适量，味精可加可不加。

羊肉要冷水下锅，煮去浮沫和膻味，漂净后切成小块，入锅加清水开炖，依个人口味加适量酱油，放入葱段和姜片，加黄酒、八角、小茴香、花椒、辣椒，盖锅文火慢炖两小时，炖至羊肉酥烂，加盐加糖加味精，调味提鲜后就大功告成了。这道菜做法简单，不妨试试看！

咏螃蟹

　　暮色已沉，墙的灰渐渐隐入了夜的黑。房屋的剪影越来越柔和，白昼的喧嚣次第平息。

　　我决定步行几公里回家，权当在夜色中徜徉。虹口区位于苏州河北岸，过桥即到。我上的这座桥建于1927年，南北桥堍坡度较陡，离苏州河与黄浦江的交汇处不远。

　　爬坡不易，拉车爬坡更不易。看到有人拉着货物一步一费劲地往前走，我很想助他一臂之力，却被他忙不迭地谢绝了。一连串的"不用不用不用"引起了路人的注意。有人善意地笑起来，有人向我竖起了大拇指。外国人帮中国人推板儿车，这一幕既有趣又难得。一位推自行车上桥的中年人跟我攀起话来：

　　"我们小时候也经常哼哧哼哧地帮人推车！"

　　"是吗？"

　　"20世纪60年代初期那阵子，人人争着学雷锋。看到有人拉板儿车上桥，我们就过去帮忙推一把！"

　　分道之前，这位路友伸臂一指："喏，前面就是乍浦路，美食一条街！嗯，怎么说呢，也是娱乐一条街！"说罢，他冲我语带双关地笑了笑，随即消失在来来往往的人群中。

灰灰窄窄的乍浦路上挤满了林林总总的酒店餐馆，炫亮闪烁的霓虹店招牌高低错落地争鲜斗艳。夜色朦胧，华彩迷离，散发着宛如香港般灯红酒绿的气息。狭道不得暇，汽车单车助动车，车车闹猛；人声铃声喇叭声，声声喧杂。街上华灯溢彩，店里荧光辉映，斑斓的光色令鳞次栉比的酒楼门脸显得富丽堂皇。酒楼前厅的水族箱里，喷涌的氧气泡滚动如珠，戏珠的群鱼扭动着肥美的身姿，游来游去地等候着食客的莅临。

秋风凉，蟹脚黄。吃螃蟹的季节又到了。成千上万的饕餮客顷刻间就会纷纷出动，去寻访申城最好吃的横行介士。乍浦路上的酒楼餐馆早已亮出牌幌：螃蟹已到，欢迎品尝。

吃螃蟹在上海乃至江南地区堪比年中盛事。品蟹成了享乐的象征，每年都会吸引数不胜数的港台食客慕名而来。

早在350多年前，江南人李渔在撰写《闲情偶寄》时就对螃蟹津津乐道："予于饮食之美，无一物不能言之，且无一物不穷其想象，竭其幽渺而言之；独于蟹螯一物，心能嗜之，口能甘之，无论终身一日皆不能忘之，至其可嗜可甘与不可忘之故，则绝口不能形容之。"

时至18世纪中叶，不朽巨著《红楼梦》问世。江南有无蟹不成秋的说法，与江南有不解之缘的《红楼梦》自然少不了吃螃蟹的情节（见第三十八回"林潇湘魁夺菊花诗，薛蘅芜讽和螃蟹咏"），少不了咏螃蟹的诗篇：

铁甲长戈死未忘，堆盘色相喜先尝。

螯封嫩玉双双满，壳凸红脂块块香。

多肉更怜卿八足，助情谁劝我千觞。

对兹佳品酬佳节，桂拂清风菊带霜。

这首诗出自林黛玉的手笔，不愧为耐人寻味的咏蟹佳作。

痴迷红楼黛玉者古今无数。可惜李渔不识黛玉。李渔辞世于康熙十九年（1680年），《红楼梦》基本成书于乾隆二十四年（1759年）。若时光倒流，李渔定会神往黛玉执螯咏蟹的才情，私心里将黛玉喻为"蟹媛""蟹卿""蟹佳人""蟹才女"也未可知。嗜蟹成痴的李渔乐于以蟹赐名，菊香蟹肥的季节被他称为"蟹秋"，料理螃蟹的婢女被他唤作"蟹奴"。在《闲情偶寄》中，李渔对"螃蟹那些事儿"津津乐道，但对"良辰美蟹与谁共"却只字未提。诸般风月，尽被李渔写进了《肉蒲团》。《肉蒲团》堪称中国第一淫书，字里行间充溢着广博见闻和亲身阅历，因香艳露骨而被列为禁书。李渔是彻底的享乐主义者，对感官快乐的追求贯穿了他的一生。

吃螃蟹或可带来极大的感官享受。螃蟹外壳坚硬却内里细嫩，想要吃到深藏壳内的美味，少不了费心竭力的一番探索与征服。藏而不露才够味，得之不易才带劲。若非掰剥啃吮劳人烦，哪来鲜香肥嫩解人馋？德国人喜欢攻克复杂的技术难题，一旦较起真来，往往浑然忘我而怠慢口腹。中国人更乐意在美食享受上花工夫，执螯把酒，夫复何求！技术难题合该被忘到九霄云外。面对"铁甲长戈死未忘"的挑战和"螯封嫩玉双双满""壳凸红脂块块香"的诱惑，怎不令人全心全力地投入其中。利齿对坚甲的博弈未尝不是一种乐趣。边对蟹螯、蟹腿、蟹壳掰剥啃吮，边品蟹肉、蟹黄、蟹膏的鲜香肥嫩，这其中的滋味自是让人乐此不疲。时至今日，妙龄女子仪态万千地执螯品蟹，仍会给人以优雅甚而风情的感觉。吃螃蟹讲究雌雄配对，以求阴阳平衡、和合如意。在汉语中，"蟹"与"谐"谐音，螃蟹由此被赋予了"和谐"的美好寓意。

比起康熙名士与红楼才女的文人蟹趣来，上海的乍浦路尽管没那么诗情画意，但也不乏饮食之乐和男女之欢。在这条美食街上，三步一间发廊，五步一家会所，招揽着前来寻欢作乐的过客。靓妆女子早已准备就绪，以暴露装配高跟鞋的造型，恭候着款爷的光临，期盼着财神的眷顾。如果财运不错，除了能让自己丰衣足食，还能接济偏远老家的亲人，甚至设蟹宴飨亲友也不成问题。

螃蟹不仅能够带来独特的感官体验，而且具有特定的保健功效，融怡情、悦性、养身为一体。若食用得当，蟹肉和蟹甲均有一定的食疗药用功效，能起到活血化瘀、消肿止痛、强筋健骨、祛冻消痔的调理作用。中国的食疗文化源远流长，其内容之丰富、应用之广泛远非西方医学所能企及。

求诊于中医，饮食宜忌往往是诊疗的首要话题。求诊于西医，饮食宜忌若非提不可也大多一带而过。中国人自古注重"药食同源"的养生之道，并推崇"五行"之说。五行学说认为，木、火、土、金、水是构成天下万物的基本物质元素，宇宙间各种物质都可以按照这五种基本元素的属性来归类，五行之间存在着相生相克的关系。饮食世界亦遵循五行规律，食分"五味"，五味配五行：酸味食物（番茄、柠檬、山楂）属木；苦味食物（苦瓜、芝麻菜、抱子甘蓝）属火；甘味食物（红薯、土豆、南瓜）属土；辛味食物（辣椒、洋葱、韭菜）属金；咸味食物（鱼、虾、蟹、蚌）属水。

如何运用五行养生之道进行调理呢？寒者热之，热者寒之。阳虚寒盛者宜吃祛寒补气的温热性食物，阴虚热盛者宜吃清火润燥的凉寒性食物。据此，食分"五性"，五性配五行：温属木、热属火、平属土、凉属金、寒属水。依照五味、五性、五行划分法，螃蟹应归为五行属水的咸味寒性食物。

螃蟹性寒，阳虚寒盛者不宜多吃。又到了蟹秋，最难抵蟹诱，蟹痴们一不留神就会贪食过度。在乍浦路上，我看到不少尝鲜客循蟹香而来，虽不再年轻，但兴致盎然。中医养生理论认为，对追求感官享受者而言，到了这把年纪，嗜蟹应节制。倘若身受前列腺疾病的困扰，更不宜食蟹过多，以免病情加重。若想食色两不误，就得食之有度。即便力有不逮，也可从布里亚 - 萨瓦兰的这段话中得到宽解："饮宴之乐人人可享，不分老幼，不分贵贱，无关国别，无关时代。当其他享乐离我们远去，还有饮宴之乐给我们慰藉。"

林黛玉的蟹之乐

从性热味浓的羊肉砂锅到性寒味淡的清蒸螃蟹，上海就是这样充满了强烈反差，就是这样呈现出多重棱面。从粗朴到雅致，菜肴口味的跳转让人体验到城市风貌的剧变。从中国菜的千滋百味中，或可领略到中国的千姿百态。

说到品蟹，不得不推荐一下清煮螃蟹的做法。蟹味之美在于鲜，故以鲜活湖蟹（当心蟹螯钳人）为佳，冷冻海蟹次之。

食材：

    活蟹 1 对

    清水 1 锅

    生姜 1 块

    镇江香醋 1 碟

    浅色酱油 2 碟

    白糖 4 汤匙

    细姜丝若干

做法：

    1. 清水入锅，上灶加热。

    2. 姜块入锅，大火烧沸。

    3. 螃蟹入锅，与姜共煮。约 20 分钟即可。

    4. 螃蟹出锅，盛盘上桌。

    5. 蘸料熬浓，盛碟待用。熬制蘸料宜用小锅小火，将香醋、酱油、白糖和姜丝一同入锅，慢熬约20分钟即可。

6. 风雅品蟹，秀色可餐。品蟹之人若如林黛玉般仪态优雅，那就再妙不过了。素纤手慢折蟹腿，细竹筷轻挑蟹肉，兰花指巧执蟹螯，美食共佳人同赏，岂不令人心动？

北京 BEIJING

西山 WEST=BERGE

月坛 MOND=ALTAR

烤鸭 Pekingente

N 北

W 西

S 南

DER ZWEITE GANG

黄瓜 Gurken

地坛 ERDALTAR 坛

NO

蒲饼 Teig= fladen

二环 2. RING

故宫 KAISER= PALAST

日坛 SONNEN= ALTAR

O 东

天安门 长安大街

An - Avenue Tian'An Men

天坛 HIMMELS= ALTAR

甜面酱 Süße Bohnenpaste

编注：图片中为"烹饪与政策"，后文中为贴近原意

译为"烹饪与政治"。

二道风味

北京：烹饪与政治

上得宫廷下得市井的老北京风味

D312动车与日本新干线大同小异，从上海开往北京南站，以每小时约120公里的速度，一路向北风驰电掣，把一片片田野风光和工业景象甩在身后，全程约1450公里，夕发朝至，差不多12个钟头，足够睡个舒服觉。中国幅员辽阔，长途旅行难免舟车劳顿，比起又旧又慢的老式列车来，动车组带来的是便捷舒适的出行体验。尽管京沪之间每小时都有航班，但乘动车比乘飞机更合我意。往返机场太费周章，安检过程太麻烦，机舱逼仄闷人，与"飞"俱来的不便之处多少有些败兴。

一夜过后，我食欲大开，饥馋挠心。动车组票价不含早餐。人在旅途，常常食不对味，无论是铁路餐，还是飞机餐，都令人兴味索然。

北京南站的餐饮亦乏善可陈。扩建一新的南站宛如机场一般气势宏伟。钢结构与玻璃幕墙构建出敞亮壮观的候车大厅。举目四望，顿时食兴大减。大厅两侧入驻了几家餐饮店，有肯德基、麦当劳，以及星巴克之类的美式咖啡屋，有经营法式长棍和羊角面包的烘焙连锁店，就是没有让游客体验老北京早餐文化的餐馆，没有让游客感受"北京欢迎你"的风味。

没看到供应北京风味的餐饮店，却领略了颇具北京特色的制服秀。身着制服的工作人员面无表情地坚守岗位，安检勤务、车站民警、地方武警、铁路特警……在这座状如飞碟的现代化客运火车站里，每个角落都尽在监控警戒之中。京畿重地，安全怎容忽视？以美国为榜样，反恐防恐的相关措施自当强化和完善。

带着十足的安全感和十足的饥饿感，我离开了北京南站，乘上一辆出租车，报出目的地："鼓楼。"司机点点头，京味儿十足地随口咕哝了一句，开车走人。京沪口语给人的感觉很是不同。上海人说起话来像开连珠炮，巧舌翻飞，叽里呱啦的上海方言足以让沪外来客无所适从。北京人说话则慢条斯理，发音比较含糊，比如眼前的这位首都的哥，一口京腔，听上去总像是含着东西在说话。

语言的差异体现着饮食文化的差异。到了鼓楼，一定能吃到具有老北京特色的早餐吧！我自然而然地想到了老李。老李是我的老朋友，南人北漂，烧得一手好菜，每次我到北京，都会受到他的热情款待。在这位南方人看来，北京的日常饭菜简直可以用"惨不忍食"来形容。执此观点，不是偏见太深，就是失望太甚。老李呀老李，我这就打电话给你。

不约而来，不知老李在不在。运气不错，老李接了我的电话。听了我的打算，他的反应不无同情："老北京风味早餐？去鼓楼？你肯定？那儿可真没什么好吃的！""噢？"我想问个所以然，老李却回答得很简略："你吃过就知道了！"他这么一说，反而更吊起了我的胃口。见我力邀，老李不再推辞："那我只好舍胃陪君子喽！待会儿鼓楼见！"至于去鼓楼的哪家店，老李显然胸有成竹，"你让司机听电话，我把具体地址告诉他！"我听从老李的吩咐，赶紧把手机递上前去。"知道知道，好好好。"司机咕哝着应声，还不失时机地打了几个嗝，前脚递还手机，后脚驱车驶入车流中。

随着司机嗝起话落，我无可避免地受到了蒜香迎面的礼遇，北京人爱吃蒜的印象不期而获。

北京交通以"首堵"著称。早高峰时段尚未过去，连绵车流在环环相套的公路上滞缓行进。车随路转，景随目换：造型怪异的玻璃幕墙钢结构建筑一座接一座、跨国公司的巨型户外广告牌一块接一块、苏联风格的老式多层板楼一排接一排……路堵心堵，驱车在前的马路新手尤其添堵，司机忍不住骂骂咧咧，脱口而出的北京土话拖腔滑调，听上去跟得克萨斯口音一个味儿，与这宽阔绵延的沥青路还挺般配。路上车流滚滚，时滞时畅；腹内饥肠辘辘，时鸣时寂。我忍着饥馋，隔窗而望，感受着京沪两城的迥然不同。北京城的规划布局具有宫城居中、层层拱卫、中轴对称、方正规则的特点，处处体现皇权至上。"择中立宫"是中国历代帝王规划都城时所遵循的原则。"中"为至尊之位，至尊之位自当为真龙天子所居，正所谓"王者平居中央，制御四方"（语出《白虎通义》）。北京城以紫禁城为中心，街道大多正南正北或正东正西，棋盘式布局四四方方，既容易辨别方向，又便于安置居民。时过境迁，如今的北京城规模空前，条条环形路应运而生，把原本横平竖直的格局交织成方圆贯通的路网。此时此刻，本人乘坐的出租车就行驶在北京的二环路上。

一路上毫无古都风貌可言。直至拐出环路，眼前才出现了一座气势巍峨而面目沧桑的古建筑——鼓楼。

行至鼓楼脚下，出租车缓缓停在路边。司机伸手一指："到了！"顺目望去，只见一溜店铺临街而立，灰砖青瓦，古朴平实。店不在大，有客则灵，毗邻街角的那家店食客爆满，进进出出的尽是京城街坊，门头匾额十分醒目，粗毫重笔地上书"姚记炒肝店"五个大字，就连笔画线条也给人以北京比上海"宽"的感觉。

炒肝？老北京风味？大清早吃猪内脏？我的胃不禁忐忑起来。结账下车，老李已在路边等我。"欢迎来到老北京！"老李一脸坏笑，"希望你的肚子乘兴而来、满意而归！""我可是空腹以待、大肚能容！"我诙谐应答，"不过，本大肚能不能容得下炒肝，我还真不知道！""谁让你对老北京早餐文化感兴趣！"老李幸灾乐祸地调侃我。

店内排起了长龙，从门口一直排到取餐窗口。盘盘碗碗之间，食客们吃得津津有味、啧啧有声。老李指给我看："盘里的是炒肝，讲究的是肝香肠肥、酱汁浓郁、入口不腻；碗里的是卤煮火烧，也属于老北京经典小吃。""卤煮火烧？这又是什么稀罕吃食？"见我不明就里，老李解释道："主料是猪肠和猪肺。北京人就好这一口，早餐吃杂碎不足为怪。""啊哈！"我一边观察一边暗暗对比起来。牲畜杂碎在德中两国的境遇冷热分明，当今德国人对牲畜杂碎普遍排斥，我的父辈祖辈曾习以为常的"酸味腰花"和"香煎猪肝配洋葱圈"现已乏人问津；当今北京人对牲畜杂碎仍热情不减，姚记炒肝店的传统小吃也不乏 10 岁上下的小拥趸。

从某种意义上说，中国人是真正的杂食动物，凡可食之物一概不弃，对全身是宝的猪更是物尽其用。猪心、猪肝、猪肾、猪肺、猪脑、猪肠……这些令大多数欧洲人光是想想就不免起鸡皮疙瘩的杂碎，花样迭出地丰富着中国人的餐桌。在北京人的饮食世界里，好吃才是硬道理，食物"出身"根本无关紧要，微含毒素亦可忽略不计。健康我所欲也，口福亦我所欲也，二者不可兼得，舍健康而取口福者也。在美食所含成分有可能危害健康的情况下，宁冒三分险，但解一口馋。如此取舍，自是引发出"鼓楼一拐弯儿，排队吃炒肝儿"的场景，导致了欧洲牲畜杂碎对华出口供不应求的局面。欧洲舍之，中国取之，彼之弃料，我之佳肴，人类的全球化行为避免了此类资源的浪费。

老李去排队，见刚好有一餐台空出来，便示意我赶快去占位。食客络绎不绝，一座难求，谁不眼疾腿快，谁就得站着等或站着吃。

我够快够利落，一脚迈到小到不能再小的空餐台边，刚占好两个座位，就有一位大姐同台落了座，我好奇她吃什么早点，就和她攀谈起来。

"包子和卤煮。"大姐热情地跟我聊，"您尝过吗？"

"我的朋友还在排队。我待会儿就尝尝看。"

大姐顺着眼前的盘碗展开了话题："这老北京风味呀，看似简单，其实不然。北京数百年来贵为国都，天子与庶民同城而居。许多深受百姓喜爱的菜肴大有来历，有的最早诞生于名门贵邸，有的甚至起源于宫廷御膳。如果皇帝们不允许宫廷菜流入民间，如果达官贵人们不热衷于官府菜的推陈出新，说不定我们这个国家早已不复存在，最起码我们的历史很可能就是另外一副模样。"

听了这番话，我不由得好奇心大增："您是专业美食记者吗？""是的。"大姐答道，"我为一家大型杂志社撰稿，介绍北京饮食文化。"

正说话间，老李圆满完成排队采买任务，把一碗炒肝和一碗卤煮齐齐摆到我的面前。碗里满满当当，芡汁浓稠滑亮，老城小店的霓虹灯光倒映其上……目之所见，令我有所迟疑。有那么一瞬间，我突然怀念起香香浓浓的卡布奇诺和酥酥脆脆的小面包来。

"您不妨尝尝看，感受一下老北京的味道！"大姐见我不动筷子，便出言相劝，并跟老李寒暄起来，"我和您的外国朋友刚才聊了一会儿。您是这儿的常客？""不是，我对老北京风味可不感兴趣。""您是南方人吧！"大姐笑着对老李说，"听您口音就知道！"

我举箸向碗，左尝尝炒肝，右尝尝卤煮，前者蒜味浓重，后者口感偏酸，与热气腾腾的包子一起入肚，倒也别有一番滋味。与上海小笼包比起来，老北京包子更大更圆更厚实。"味道如何？"美食专家实时采访。"包子很好吃！"我实话实说，"至于炒肝和卤煮嘛……不大吃得惯，还得适应适应。""哈哈哈！"看到我一副"舍身求法"的神情，大姐忍俊不禁。

"您先前要讲什么故事来着？"

见我饶有兴致，大姐回到先前的话题上："就从包子讲起吧！按我们北京人的说法，有馅儿的叫包子，没馅儿的叫馒头。二位听说过馒头代替人头的故事吗？"我摇头作答，老李微笑示意。大姐继而问我："那您知道诸葛亮吗？""知道。"我脱口而出，"诸葛亮是中国历史上大名鼎鼎的军事家和战略家，东汉末年及三国时期的风云人物，现代动漫里的超级英雄。"大姐点头称许，对我娓娓道来："相传公元 225 年，诸葛亮领兵南征，七擒七纵蛮部首领孟获，平定了南蛮叛乱。大军班师回朝，行至泸水，忽然阴云蔽日，狂风骤起，巨浪滔天，似有孤魂怨鬼哭嚎不已，人马无不惊惧，根本无法渡江。诸葛亮询问孟获，孟获进言，说是猖神作怪，按照蛮地活人杀祭的土俗，须用七七四十九颗人头投水献祭，方可风平浪静。七为吉数，七七相乘可谓吉上加吉，以四十九条人命祭祀，必能逢凶化吉。

"诸葛亮不免沉吟，两军交战死伤难免，如今战事已平定，岂可妄杀一人？不祭不行，不祭人头行不行呢？诸葛亮急中生智，当即下令火速备厨，宰牛杀马剁肉馅儿，和面揉剂擀面皮儿，以面包肉，塑成人头模样，用以祭江。当夜于泸水岸边大设香案，诸葛亮亲临献祭。祭品尽数沉入水中，江面顿时云开雾散。在一片风平浪静中，诸葛亮率大军顺顺当当地渡江而去。

"因是蛮人之头的替代品，诸葛亮的这项发明最早被称为'蛮头'。随着时间的推移，'蛮头'在全国各地流传开来，由祭祀用品渐渐演变为日常食品，'蛮头'之称也慢慢被'馒头'所取代。"

"中国的神灵还是很好骗的嘛！"我一边打趣一边问，"诸葛亮的杰作莫非就是包子的前身？"大姐点点头。我追根问底："可是这叫包子，那叫馒头，分明不是一回事儿嘛！"老李被我逗乐了："亏你还是从上海来的！上海人把有馅儿的也叫馒头，跟诸葛亮时代的叫法一模一样。包子和馒头之分，只在北方地区才有。'包子'一词最早出现于 11 世纪的宋代，比'馒头'的问世要晚好几百年呢。相对于南方人而言，北方人对面食更为挑剔讲究，如果他们对米食也这么上心的话，那北京的饭菜就会好吃多了。"

听了诸葛亮以假乱真祭泸水的故事，才知道发明馒头的初衷是出于政治目的。北京不愧为政治中心，老百姓的早餐桌上就已飘散着政治气息。自问世之日起，诸葛亮的"蛮头"做法很快广为流传，并且历久弥新，逐渐成为跨越时代、跨越地域、跨越民族的美食纽带。无论韩国的 mandu，抑或日本的 manju，还是中西亚地区的 manti，据说无不起源于诸葛亮发明的 mantou。游牧于中亚的突厥人尤其对之偏爱有加。随着突厥人的推陈出新和迁徙流转，manti 家族不断开枝散叶——从中国的西北边陲，经茫茫草原，至小亚细亚半岛，其盛行范围直抵欧洲边缘。

中欧的面食爱好者不难发现，当地的面包团子与中国的包子及馒头亦有异曲同工之处。虽无确凿证据来证明，但会不会存在这样的可能性：在入侵德意志民族神圣罗马帝国的过程中，奥斯曼人把 manti 的做法从中亚带到了巴伐利亚或奥地利？可以肯定的是，蒸制面点在巴伐利亚历史上首次被提及是在 1811 年，而奥斯曼帝国的扩张战争自 16 世纪起就令欧洲陷入紧张不安。

姚记炒肝店的老北京早餐风味独特。幸得包子助味，我好歹吃掉半碗卤煮。老李一脸同情地看着我举筷自虐，一直按捺着没发表意见。健谈的大姐早已吃喝完毕，兴致勃勃地继续开讲："说起这卤煮来，也有一段有趣的故事，跟乾隆皇帝有关，估计很对您朋友的胃口。"

"噢？"我津津有味地听着。

"关于卤煮的来历，坊间有多种传闻，很难加以考证，二位不妨姑且听听。"大姐绘声绘色地讲起来，"乾隆1736年登基，1795年禅位，君临天下60年，对江南一往情深。话说1780年间，乾隆五下江南，再度下榻陈元龙府邸。江南好，美味旧曾谙，乾隆食兴大发，巴不得迎驾仪式快快结束，好让他尽早重温江南佳肴的味道。陈府家厨张东官揣度皇帝的口味，怀着十二万分小心，押上身家性命，使出拿手绝活，以五花肉加八味中药香料为食材，文火慢炖出汤肉交融的一道菜。张东官本是姑苏人氏，取'苏厨制造'之意，就把这道菜称为'苏造肉'，把那炖肉之汤称为'苏造汤'。乾隆一尝，龙颜大悦。那肉叫个酥嫩！那汤叫个醇香！如此美味，若不能随时得享，岂非憾事？乾隆馋心萌动，遂命张东官随驾入京。踏入御厨生涯后，张东官不负圣意，深得乾隆赏识。随着厨艺及菜品的日臻完善，张东官及其苏造肉和苏造汤声名远扬，在京城久盛不衰。"

讲到这里，大姐特意顿了顿，笑着对老李说："您瞧，就连堂堂紫禁城的清廷御膳，也离不开江南好味道吧？"

"那是当然！"老李听这话最顺耳。

大姐顺着前文讲下去："后来张东官的独家秘方遭人剽窃，苏造肉的做法从宫廷流入市井，被同行纷纷效仿。"话音未落，手机骤响，大姐接听了来电，应了句"我马上过来"，当即起身告辞："不好意思，我得走了，临时有点急事。"

"太遗憾了！"我意犹未尽，"真想听听张氏秘方的后续故事啊！"

"那您今晚6点到东华门夜市来逛逛吧！"大姐建议道，"咱们一边品尝北京小吃，一边继续聊故事！"

说话间，大姐已闪身离去。美食记者一席谈不期而起，倏忽而落。"东华门夜市？那可是个游客爆满的地方！"老李一副劝君三思的语气。

"有故事可听，何乐而不为！"我兴致益然。

当晚6点，我准时来到东华门夜市口。夜市很热闹，摊点挤挤挨挨，吆喝声起起落落，各地风味林林总总，东瞅瞅西尝尝的游客熙熙攘攘，虽说是天天开张的常规夜市，但那股子红火劲儿，竟与一年一度的传统庙会不相上下。

正自左顾右盼，忽听身后传来招呼声，回身一瞧，便见大姐笑意盈面。看到我如约而来，大姐很是高兴。"咱们逛逛吃吃聊聊，感受一下北京的夜市情调！"我垂涎于香气扑鼻的羊肉串，大姐则对卤煮兴致不减。"不知道这里的味道如何？"品尝之后，大姐不禁摇头："毕竟是做游客生意的，这家卤煮不是很正宗。"

羊肉串的味道倒是很不错。我一边大快朵颐，一边侧耳倾听。"东华门原是紫禁城东门，进进出出的人非富即贵，既出手阔绰，又热衷于美食享受。机灵人从中嗅到了商机，把张东官的独家秘方剽窃出宫，在东华门外大起炉灶，专卖赫赫有名的'苏造肉'，很快就把生意做得风生水起。

"初入市井的苏造肉不失宫廷身价，因选料考究而价格不菲，达官贵人吃得起，平民百姓可不敢问津。随着时间的推移，清皇室由盛而衰，好这口儿的吃主大多家道中落，苏造肉的境遇也发生了变化。子承父业的陈玉田顺势而为，巧妙地把苏造肉生意做出了新名堂。在随父学艺的过程中，陈玉田屡屡见到囊中羞涩的寻常百姓眼巴巴地望肉兴叹，便想琢磨出一个两全其美的食谱来，既能让穷人吃得起，又能助父亲拓宽财路。功夫不负有心人，陈玉田最终想到一个换肉不换汤的做法。他采用价格低廉的猪头肉和猪肠来代替精选五花肉，用苏造汤精心烹制，既大大降低了成本，又尽可能地保持了原汁原味。

"陈玉田的创新大获成功，'卤煮小肠'应运而生。宣武门外，陈家铺子前总是排着长队。巍峨的宣武门位于内城和外城的交界处，内城是权贵地界，外城是平民聚居区。清朝当权者下台后，民国新贵纷纷涌入，成为卤煮小肠的新主顾。卤煮小肠味美价廉，吸引了来自不同社会阶层的食客，无论是名流贵胄还是市井百姓，无论是京城交际花还是隔壁王大爷，都对卤煮小肠百吃不厌。陈玉田精益求精，陈家铺子的生意越来越火，卤煮小肠的味道越来越好，'小肠陈'的名号也越来越响。

"新中国成立后，'小肠陈'依然久盛不衰。一到傍晚，食客们就纷纷拎锅带盆地前来排队。陈家铺子最初只做晚间生意，后来发展到早晚都营业，以满足食客需求。

"时至今日，'小肠陈'已成为著名的中华老字号，成为北京餐饮文化中不可或缺的一分子。'小肠陈'曾一度面临后继无人的窘境，为了使卤煮手艺不致失传，为了使百年品牌长盛不衰，陈玉田日复一日地坚持亲自上灶，直到78岁才告老退隐。

"'小肠陈'卤煮誉满京城，吸引了数不清的名人政要慕名来尝，京剧大师梅兰芳（1894—1961）就是当年的一大拥趸。曲终戏散，梅先生总喜欢来上一碗香喷喷的卤煮，热热乎乎下肚，那真是解饥解馋又解乏。就冲为一代宗师滋身怡神这一条，卤煮对梨园业界的贡献不可谓不大。'小肠陈'卤煮在饮食口味上拉近了宫廷与市井之间的距离，因其雅俗共赏而历久弥香。改革开放后，老字号的振兴发展得到政府的鼓励支持，陈秀芳从父亲陈玉田手中接过衣钵，成为'小肠陈'新一代的掌门人。在她的出色经营下，老品牌不断焕发新活力，百年字号'小肠陈'如今已发展成为在京城拥有 10 家分店的连锁餐饮企业。"

卤煮的故事讲到这里就结束了。我们一路上津津有味地边吃边聊，尝尝山东大煎饼，品品武汉热干面，啃啃内蒙古羊肉串，不知不觉就逛到了东华门夜市的另一头，大姐告辞离去，我心满意足地向老李家进发。

我借宿在老李家。在去往老李家的路上，我一直回味着陈玉田的故事。历经了千百年风云变迁，尽管中国民主政治仍处于探索建设阶段，但有了美食趣味这条牢固的纽带，贫富贵贱之间的沟壑就不那么难以弥合。民间佳肴传入宫廷，宫廷御膳流落民间，在这传承与流转之中，美食趣味成功地架起了各阶层融汇互通的桥梁。从某种意义上说，美食能够承载生活趣味，能够维系社会和谐，能够促进政通人和。

京酱肉丝

纽伦堡肉肠、法兰克福肉肠、卡塞尔熏腌肉、科尼斯堡肉丸……盘点这些具有地域特色的德国风味，可见德国人对猪肉情有独钟。论起对猪肉的热衷来，中国人亦毫不逊色，北京人则更胜一筹。在物资紧缺的那些年月，开荤成了奢望。北京人但凡能打牙祭，必定非猪肉莫选。京酱肉丝——这道老北京家常菜很快让我在北京找到了家的感觉。

食材：

微冻里脊或新鲜瘦猪肉 250 克

京葱 1 棵

甜面酱 4 汤匙

黄酒或雪利酒 1 汤匙

盐 1 茶匙

糖 2 汤匙

淀粉 2 茶匙

鸡蛋 1 只

生姜 2 片或日本调味姜汁 2 汤匙

做法：

1. 切肉丝全看刀下功夫：我选择对微冻里脊下刀，三下五除二，均匀细致的肉丝（5 厘米长短、1/4 厘米粗细）就切好了。

2. 如何让肉丝口感滑嫩呢？关键是给肉丝上浆：以淀粉和蛋清细拌慢腌，令肉丝充分浸润。

3. 切葱丝考察的也是刀工，我分三步走：先切出长约5厘米的葱段，再将葱段横剖为二，最后顺长切成细丝。

4. 葱姜汁的调制不可或缺。方法一：将葱姜切成碎末，入碗后加适量清水，任其混合成汁。方法二：葱末入碗，加入适量姜汁，勾兑少许清水以调味。

5. 炒肉丝讲究的是火候。起油锅，大火爆炒3分钟，待肉丝紧致泛白后出锅。

6. 酱汁不炒不香。底油加热，甜面酱入锅，加葱姜汁翻炒，至酱汁浓酽。

7. 肉酱合一才入味。下肉丝，混同酱汁仔细翻炒，炒出酱不离肉的浓情厚味。

8. 点睛之笔留给葱丝。将酱香浓郁的肉丝盛盘，撒葱丝点翠——京酱肉丝，散发着"北京欢迎你"的醇厚味道，赏心悦胃。

烤小馒头

我来到中国北方。在北方，小麦才是主角，大米只是配角。在北方，我冷落了糯米糕，爱上了小馒头。口感微甜的小馒头，佐以格调清新的香草酱，不失为一道绝佳甜点，再配上浓郁诱人的热咖啡，那真是"入口留醇香，回味悠远长"。泸水岸边，不香不甜的原始大"蛮头"就足以让神灵满意；北京城内，又香又甜的现代小馒头又叫世人如何不动心？

食材：

小麦面粉 500 克

干酵母 15 克

糖 1 汤匙

盐少许

温水 120 毫升

冷水 250 毫升

竹蒸笼 2 屉

油少许（以备烤时之用）

香草酱

做法：

1. "发"出好面质：采用老法发面，用料简单，操作容易。将面粉与盐糖混合，倒入用温水化开的酵母，搅拌均匀，加冷水揉成面团，静置 4 小时，待其充分发酵。

2.“揉”出好坯形：将发好的面团揉匀揉透，先揉成光滑匀称的长条，再切成 3 厘米宽窄的馍坯。

3.“蒸”出好品相：在蒸笼底部放置专用垫纸，分两屉放入馍坯，冷水上锅，大火旺蒸 10 分钟，关火虚蒸 5 分钟，暄软香甜的小馒头就可以新鲜出笼了。

4.“烤”出好口感：倘若对外脆内暄的口感情有独钟，那就不妨让小馒头再经受一道“烤”验。在平底锅内倒入少许底油，放入刚出笼的小馒头，小火慢烤，至表面金黄焦脆，让人看着眼馋闻着垂涎。

5.“配”出好滋味：烤过的小馒头外脆内暄，蘸食的香草酱柔滑醇郁，味道如此之好，无论是配咖啡还是配清茶，都堪比锦上添花。

　　顺藤摸瓜，我打算循着中国美食政治这条线索探寻下去。为此，我需要先去寻古访今。乘地铁大约半小时，出北京大学站步行几分钟，我来到规模宏大的畅春园。

　　畅春园历史悠久，启建于康熙二十三年（1684年），是清代第一座"避喧听政"的皇家园林，位于今北京大学西侧。此刻正值午餐时间，几位大学生靠在低矮的石墙上，漫不经心地吞咽着某品牌的干炸肉丸。随风吹来的是印刷过的皱巴巴的废旧纸张。顺耳听到的是从隔壁中学传出的朗朗的英语诵读声。耳闻目见，让人丝毫感觉不到，这里曾是康熙皇帝常年居住的离宫，这里曾举办过中国历史上最堂皇丰盛的御宴。

　　康熙生于顺治十一年三月十八日（1654年5月4日），崩于康熙六十一年十一月十三日（1722年12月20日），在位时间逾61年（1662—1722）。自畅春园落成之后，康熙平均每年近一半时间在园内养颐理政，畅春园俨然成为康熙朝中后期非正式的权力中心。比起庄严肃穆的紫禁城来，康熙更乐意居住在清幽秀丽的畅春园。

　　时值康熙五十二年（1713年），皇帝的六十寿诞即将来临，盛大的万寿庆典正在精心准备中。

宫廷上下一派热火朝天。康熙爷凡事要求完美，他老人家的花甲之庆自是不比寻常，他老人家钦令的满汉盛宴自是极尽隆重、极尽丰奢、极尽精美。

御厨们更是忙得不亦乐乎，历时 3 天的筵席可不是小菜一碟，更何况还是老者云集的千人大宴！圣上有谕，凡直省现任、致仕官员以及士庶名人，年 65 岁以上者皆入宴。奉诏与宴者须得具备"双高"资格：除了社会地位高，还得年纪高。在深受儒家思想影响的中国，尊老之风自古以来就备受推崇。

外地耆宿纷纷赴京，舟马劳顿自不必说。为赴天子之宴飨，远在 6000 里外的西北老翁不辞骑行数月的辛苦，尚在任上的文武老臣忙不迭把公事暂交属下打理。

朝里朝外紧锣密鼓地张罗开来。礼部传达圣谕，凡年纪在 10 岁以上、20 岁以下的皇子皇孙，均须为与宴的老人执爵敬酒，借此以示皇恩并宣扬孝道。长幼有序，以老为尊，"孝"是儒家伦理思想的核心。儒家思想认为，天下之本在国，国之本在家。社会秩序的稳定基于家庭秩序的稳定，家庭秩序以孝为本。以孝立身理家则家安，以孝治国安邦则天下安。

根据出席者的品级高低，定下来哪位皇子皇孙为哪位与宴老人执爵敬酒，然后由执事太监一一通知。礼部还特别指出："今岁恭遇万寿六旬大庆，非寻常可比。"京城官员自月初起就身着朝服，以表恭祝。非比寻常的还有专门搭建的喜庆彩棚，长达 20 里，从京城西垣北侧的西直门一直延伸到城郊离宫畅春园。

到了寿辰当日，康熙亲临畅春园宴飨众老，即席赋《千叟宴》诗一首。因诗得名，此宴被后人称为"千叟宴"。宴会盛况空前，前来为皇帝贺寿的耆宿不止千人。据传，与宴者共计 4240 人，以汉族大臣名士居多，六旬老者 1846 人，七旬老者 1823 人，八旬老者 538 人，九旬老者 33 人。

宴桌的安排亦严格按照等级次序。皇帝宴桌居正中主位，臣下宴桌分列东西两侧，800 张宴桌依次排开，与宴者品级越高，桌位离天子宝座越近。筵席准备就绪，摆置着锦食美器的宴桌——覆以红绸宴幕，众人皆按序就位，满怀期待地恭候圣驾莅临。在中和韶乐声中，康熙步出暖轿，威仪万端地入殿升座。继而乐声渐止，满堂肃穆，掌管赞相礼仪的鸿胪寺卿出班唱仪。

随着赞唱导引，众人鹭行鹤步，向皇帝行三跪九叩之礼，礼毕平身。再随着赞唱导引，众人各归各席，向皇帝行一跪一叩之礼，礼毕就座。全场庄严恭敬，纵有美味万千，并无妄动毫分。

面对白发苍眉的能臣贤士，回顾功业赫赫的过往生涯，康熙感慨万千："览自秦汉以下，称帝者一百九十有三，享祚绵长，无如朕之久者。"追昔抚今，幸得在座诸老的辅佐拥戴，才有这太平盛世，才有这享祚绵长，才有这子孙满堂。康熙当场特谕，待开宴后，皇子皇孙将为众老敬酒奉食，众老不必拘礼起立，以示皇恩厚泽及敬老心意。

伴随着丹陛清乐的奏响，御茶房总领向皇帝进茶。在等级森严的大清王朝，茶在宫廷礼仪乃至政治生活中扮演着重要角色。满汉习俗有别，为清朝宫宴开场的是汉人尚不习惯的奶茶。皇帝饮毕，赐王公士庶共饮。众人饮毕，叩拜行礼，以谢赐茶之恩。"就位进茶"仪式到此结束。

接下来进行"展揭宴幕"。御膳房总领和御前太监躬身上前，在皇帝尊享的金龙大宴桌上，用皇帝专用的里外黄釉龙纹瓷器，为皇帝敬献色彩纷呈的珍馐美馔。无论是器具规格，还是菜肴品数，处处体现着"皇权至上"的伦理思想和"尊卑有别"的等级观念。按照定制，上百道谷肉蔬果奶类美食呈现在皇帝的大宴桌上，煎炒烹炸具备，冷热荤素齐全，山珍海味不胜枚举。与传统汉宴不同，在清宫筵席上，除了南北佳肴外，满族人喜爱的传统奶食亦不可或缺。此时此刻，当为久候良多的众宴桌"揭盖头"了。千百宴幕旋即齐刷刷地展揭开来，众人顿感琳琅满目、香味扑鼻。

若以为宴幕一揭便可大快朵颐，那就大错特错了。按照满族习俗与清廷仪礼，没有经过"奉觞上寿"这一重要环节，就不能正式开席。金樽斟满御酒，康熙举杯，一一敬向品级与年纪最高的几位老者，以示尊宠。

为体现皇家对孝道极大重视，各皇子皇孙谨遵康熙谕令，恭恭敬敬地来到众老桌前，举案奉食，执爵敬酒。直到此刻，才算正式开席，进入"进馔赏赐"仪程。侍者为各桌上膳，群臣众老开始进馔。推杯换盏之间，还有明快喜庆的宫廷歌舞助兴——口福、眼福、耳福，多福齐饱；滋味、韵味、意味，回味无穷——整个宫宴，呈现出一派皇恩盛隆的景象。类似于欧洲早期的戏剧表演，清廷筵宴乐舞融进了地方戏曲和民族歌舞的诸多元素，风格欢快热烈，令人耳目应接不暇。

忽而歌休舞止，宴会进入尾声。鸿胪寺卿再次出班唱仪，引导众老向皇帝行一跪三叩之礼。4000多人呼啦啦拜倒在地一连三叩首，这谢主隆恩的场面实在蔚为壮观。拜谢礼毕，中和韶乐再起，康熙摆驾回宫，千人大宴戛然而止。时至今日，尽管帝王时代早已一去不复返，可宴会的蓦然结束在中国依旧屡见不鲜。

康熙的花甲之庆盛况空前。寿辰当日，康熙首开"千叟宴"先河；隔日，康熙重设盛宴，与八旗老叟同堂共庆；再一日，康熙三度大摆筵席，专门宴请八旗老妇。后两次宴请同样彰显"敬老"与"孝治"之风，但却更多地折射出满人当权的清朝实质。康熙的三场寿宴共计有 7000 多人出席，虽未达到法兰西第三共和国总统埃米尔·卢贝（Émile Loubet）在 1900 年巴黎世博会期间大宴群臣时多达 21000 位宾客的规模，但康熙借万寿节之际以礼仪与美食为纽带来增强国家凝聚力的创举，确属千古佳话。康熙之所以这么做，并非为了借此一宴扬名天下。作为疆域纵跨蒙古草原和南海诸岛的中国最高统治者，康熙根本无此必要。

以食为天，有食乃安

　　我离开畅春园，返回地铁站。应朋友之邀，我去他家吃饺子。大约 25 分钟后，地铁到达木樨地站。重访故地，思绪翩跹。15 年前，初次来华的我曾在此处小住。回想当年，我在南京留学，有幸于北京拜访了身为摄影师兼作家的叶华（1911—2001）女士。叶华又名耶娃·萧（Eva Siao），出生于德国布雷斯劳（今波兰弗罗茨瓦夫）的一个犹太家庭，从幼年时收到由哥哥假充"中国皇帝"给她写的"求婚信"，青年时在苏联与中国著名革命家兼诗人萧三（1896—1983）坠入爱河，直至追随萧三在中国度过 50 余载风雨春秋，叶华的一生与中国结下了不解之缘，令人思之感喟。

　　走出地铁站，目之所及，处处弥漫着钢筋水泥的气息。向左望去，高架路段车行不畅，地面交通更加拥堵，绵延无尽头的汽车长龙朝着天安门和故宫方向蜗行牛步。回首右顾，那座建于 20 世纪 80 年代的苏式板楼依稀还是旧日模样。萧三是毛泽东的同学兼战友，故于 1983 年。作为萧三夫人，叶华生前就住在复兴门外大街 22 号 3 号楼。萧三夫妇育有三子，自叶华于 2001 年以 90 高龄离世后，次子维佳就长居此处。应维佳的邀请，我来与他共进午餐。"维佳"是俄名汉译。在萧家三兄弟当中，有两人的名字来自俄语。当年的中国处处以苏联老大哥为榜样，俄名中用的现象并不少见。

复兴门外大街的今昔变化并不大。在日新月异的中国，时光似乎停驻在此处。若说有明显差别，那就是车多为患，停在楼前的汽车比以往至少多出 3 倍。进得楼来，恍如重回 20 世纪 80 年代，居然还有上了年纪的女导乘为我开动电梯，一如当年那样。当年的电梯导乘员是不可或缺的岗位，多由北京退休女司机来担任。来到 14 层，维佳早已迎候在布满灰尘的走廊里。多年不见，如今的他已然年过花甲。

"欢迎光临！"维佳把我迎进家。多么熟悉的地方！在那宽敞的客厅里，在那满室书香里，我曾多少次与叶华同餐共叙，聆听她的人生经历！维佳请我到餐桌旁落座，维佳的妻女与我热情寒暄。我们聊起了过去，聊起了饺子。热气腾腾的三大盘饺子摆在面前，香味袅袅的五六道家常菜错落其间。说是随意简单，维佳还是准备了这么丰盛的午餐。无酒不成宴，为我们助兴的是充满回忆的大瓶燕京啤酒。不变的 640 毫升棕色啤酒瓶，不变的燕京味道，让人重温 15 年前与叶华对酒畅谈的美好时刻。宾主言欢，聊到"畅春园"和"千叟宴"，聊到康熙皇帝的后世子孙，维佳略有沉吟："你知道末代皇帝溥仪曾接受过我母亲的采访和摄影吗？"见我点头，维佳说了句"稍等"，便起身去了隔壁房间。

趁着维佳离席的间隙，我品尝起北京手工水饺的味道来。猪肉白菜馅的饺子那叫一个好吃！软韧细薄的饺子皮儿，鲜嫩多汁的饺子馅儿，大小适中，入口生香。若说美中不足，就是少了镇江香醋。镇江香醋是我妻子老家的特产，比北京本地醋的口感更为醇香，北方水饺蘸江南香醋无疑是绝配！

在我这个德国人心目中，饺子在中国就像咖喱香肠在德国一样广受欢迎。中国饺子花样繁多，蒸煮煎烤口味齐全，因而民间有"好吃不如饺子"的说法。提到饺子，就不能不提东北。东北饺子素来美名远扬，堪称中国之最。京城以北，长城以外，白山黑水之间的广袤沃土是大清王朝的发祥地，是末代皇帝的故里，也是优质面食的主产区。东北与俄罗斯一衣带水，东北饺子与俄罗斯饺子之间似乎不无渊源。也许正是经由这方带有西伯利亚凛冽之气的土地，中西方饮食文化的交融得以蓬勃发展。

维佳回到餐桌边，给我看一张黑白老照片。该照片摄于1961年，我曾在叶华摄影集里看到过。照片上的爱新觉罗·溥仪已然年过半百，一身朴素的中山装，一副纯粹的平民模样。身为平民的末代皇帝微笑着坐在简单的藤椅上，一脸满足的神情。他身形单薄，给人以"消瘦不胜衣"之感。

看着泛黄的老照片，维佳讲述起溥仪的陈年往事："清朝时期，皇帝每天用两次正餐，分别称为'早膳'和'晚膳'。早膳一般在早上6点到8点之间进行，晚膳一般在中午12点至下午2点之间进行。帝王生活穷奢极侈，别看宣统皇帝当年只是个5岁的毛娃娃，他的一顿正餐可也极尽排场，各色佳肴不下30道，铺张浪费得令人咋舌。作为紫禁城的实际掌权者，慈禧太后及其后来人隆裕太后的御膳规格更是有过之而无不及，无论是早膳还是晚膳，都是由108道菜品组成的满汉全席。如此算来，妇孺三人一顿餐，按例呈奉的菜肴竟达250道左右。如此挥霍无度，只为了充分显示天子的尊严和体面。"讲到这里，维佳稍作停顿，蘸着醋汁吃了两个饺子。

"这可是举世无双啊！"我联想到欧洲的历史，"罗马皇帝尼禄（37—68）够奢靡吧，尼禄的豪华早宴也不过50道菜！""比起御膳排场来，中国皇帝绝对是世界冠军。"维佳继续开讲，"据溥仪所言，虽说食前方丈，但这些备候良久的排场菜早已过了火候，大多中看不中吃，不过用来走走形式。被立为幼帝后，溥仪实际享用的是太后或太妃们选送的御膳。太后及太妃宫中各设膳房，用的都是顶级厨师，选送来的菜肴鲜美可口，每餐总有20来样。天天如此铺张，月月耗费惊人。在《我的前半生》一书中，溥仪列举了当年膳食的开销与分例。仅幼帝一人，每月就要消耗800多斤肉和240只鸡鸭"。我粗略地算了算，"一个5岁幼童的每月用肉量还真是可观啊！竟然相当于卢贝总统在巴黎世博会期间大宴21000余位宾客时总用肉量的七分之一！好吧，小皇帝尚未成人，长身体需要多吃肉，这样也勉强说得通。只是耗费与收效显然不成正比，尽管有这么多肉打底子，可溥仪的身子骨并未长得多壮硕。"我的目光再次落在那张老照片上，落在那个清瘦的身影上。

维佳接过话头："溥仪曾多次对我母亲说，作为普通人，他感到很幸福。"在中国，无论是早年的食前方丈，还是后来的食不果腹，溥仪都有着至深至切的体会，从一个极端到另一个极端，体现了在中国"民以食为天"的双重含义：一方面，人们将"食"作为生活的最高追求和享受，因而有"王天下者食天下"之说；另一方面，人们将"食"作为生活的最低需求和负累，天上不会掉馅饼，对吃饱肚子的向往生生不息。

美美地吃了一顿饺子，我告辞而去，一路上回味着中国末代皇帝的故事。没有什么比一个"食"字在其生活中的角色变化更能直观地说明溥仪这一生跌宕沉浮的政治命运。

第二天晚上，我约了一位来北京游访的德国朋友去"开洋荤"。他曾听我讲起过清廷御宴之奢华，对宫廷盛宴上的美味佳肴颇感兴趣，很想品味一番，便好奇地问我，在清朝结束近百年之后，被推崇为中华饮食集大成者的满汉全席，对于寻常百姓来说，是否不再可望而不可即，是否吃得起就能吃得着。

网上有则促销信息非常诱人：满汉全席三日宴只需每位300欧元（约合2248元人民币）！价格很给力，但考虑到区区二人"食"力有限，店家很活络地向我们推荐了满汉全席"精缩版"，每人付45欧元（约合337元人民币）就能豪享14道宫廷御膳，真是划算。这家店名叫"翠园满汉全席餐厅"，位于王府井大街的翠花胡同深处。

秋阳西下，所剩无几的老北京胡同笼罩在暮色中。漫步其间，不多时便见大红灯笼映照下的高门深院端立在眼前。翠园，我们来了。跨进门槛，不见迎驾之礼，不见帝王之隆，无精打采的服务员确认过预订信息后为我们头前带路，经过无华无彩的内院，步入装潢过时的包房。包房不小，足以容纳10人用餐，内设舒适沙发和独立洗手间，可为来宾提供多种便利。只可惜昔日风光不复存在，在最受追捧的京城餐厅中，翠园已然不在其列。翠园从内到外散发着败落的气息，虽嫌过气，但也无妨，我们原本就是来品味昔日韶光的。

翠园当晚冷冷清清，貌似只有我俩光临。朋友投来意味深长的目光，我依然期待不虚此行。翠园的菜单一点儿也不考究，廉价的粉色纸张，低劣的印刷质量，推介皇家享受的宣传品居然毫无皇家质感，不免令人心中打鼓。一分价钱一分货，对如此价位的皇家享受总不能太过奢求。既来之，则享之。在点酒水时，我们选择了与正宗满汉全席纯属风马牛不相及的啤酒。按时间推算，啤酒进入中国较晚，应与历代执政的清帝不曾有过渊源。啤酒在中国的发展历程始于20世纪初。1900年，俄国移民在哈尔滨开办了中国第一家啤酒厂。1903年，德国人在其租界成立了日耳曼啤酒公司青岛股份公司。对照来看，啤酒兴起之时正是清朝垂亡之际。出生于 1906 年的末代皇帝年仅 6 岁就被迫逊位，而早逝于 1908 年的光绪皇帝也从未真正把持过朝政大权。

"我们可以把今天的晚餐跟 1894 年的慈禧寿宴对比一下。"我一边提议，一边掏出摘录来的万寿宴食谱念了起来："丽人献茗：庐山云雾；干果四品：奶白枣宝、双色软糖、糖炒大扁、可可桃仁……"再看今晚的菜单，相对应的字样是"香茗"和"干果二品"，干巴巴的腔调，缺少了那份诱人的韵味，跟遍布周边的混凝土楼宇道路倒也气质般配。我叹了口气，不再埋怨翠园什么。说话间工夫，服务员陆续上菜。开餐茶和干果的味道果真干巴巴的，毫无独到之处。

接下来的"鹿血炖鱼翅"会不会给我们带来惊喜呢？在中餐里，血豆腐常常用来切块煲汤，吃起来别有一番风味。鹿血难得，鱼翅珍贵，如此炖品如何不令人期待！朋友同样闻之垂涎："这才叫宫廷大菜嘛！"

见他兴致盎然，我心下轻松了不少。来这里毕竟是我的主意，我还跟他打了包票，说这 45 欧元肯定花得值。鹿血炖鱼翅的味道确实很不错，用料上是否鱼目混珠我可就说不准了。就算用鸭血冒充鹿血、以粉丝替代鱼翅，一般人也不见得吃得出来。鸭血粉丝汤在北京随处可见，同样是这般酸辣味道，花不了 2 欧元就能买一碗。不管怎么说，这道鹿血炖鱼翅的品相还挺好，黄釉描金的彩瓷汤盅也挺讲究。看到这款汤盅，不得不联想到精美考究的慈禧万寿用瓷。为庆祝慈禧太后的 60 大寿，清政府下令特制的万寿用瓷竟多达 29170 件。

比起翠园的"鹿血炖鱼翅"来，慈禧寿宴上的"长春鹿鞭汤"更为名贵。根据中医饮食保健理论，鹿鞭具有壮阳活血的养生功效，对慈禧太后这样的迟暮女人也有补益。能献飨于慈禧寿宴上的鹿鞭自是非同一般，唯有 16 叉角雄鹿的珍罕才配得起 60 岁高龄凤体的尊贵。至于去势后的雄鹿命运如何、能否如紫禁城中千百太监那样因去势而得势，那就不得而知了。

如果用料上没有鱼目混珠的话，单凭这道"鹿血炖鱼翅"，我们也算多少体验到了皇家享受。鹿血也是宫廷推崇的天然滋补品，在伟哥尚未问世的年代里，大清帝王多靠饮食鹿血来壮阳益精，以便在佳丽如云的后宫大展雄风。在偌大的紫禁城中，为数众多的除了妇孺就是太监，有能力行周公之礼的只有皇帝和少数皇室子孙。还记得在畅春园首开千叟宴的康熙皇帝吗？这位千古一帝在性能力方面亦是超群绝伦。康熙在位时，钦立皇后 3 位，册封嫔妃好几打，生育子女 55 人，当真是花繁果茂。

中国人口激增是否直接或间接与清朝皇帝有关，并无确切的说法。事实上，在鹿血大行其道的清朝，中国历史上出现了史无前例的人口高峰期。在康乾盛世，疆域扩张，耕地增加，农业进步，粮食丰产。当上亿子民在田间地头辛勤耕作之时，谁知道一国之君在皇宫深院做些什么。在清帝避暑听政的圆明园里，可是养了数以百计的梅花鹿呢。

品过"鹿血炖鱼翅"，后续几道菜很快上桌，大多温温吞吞，回炉加热的嫌疑很大，令人联想到末代皇帝御膳桌上走过场的排场菜。我们不是皇帝，我们这顿宫廷大餐得自掏腰包，我们可不想尝都不尝就把所谓的满汉名菜原封不动地撤下去。浅尝即知，"宫门献鱼"鲜味不足，十有八九是用购自隔壁超市的冷冻鲈鱼加工的。菜过五味，"双珍配鹿肉"终于让我心头一悦。"承德原本邻近满族聚居地，承德的避暑山庄曾是清朝皇帝的夏宫。我们老板是承德人，这些野味就是他在避暑山庄养殖的。"上菜的小姑娘一再说明，"真是地道的满族宫廷菜，保证您过口不忘。"既如此说，那就动筷子吧，宫廷鹿肉的味道还是很有诱惑力的。

康熙大摆千叟宴时，皇家饲养、御厨特制的鹿肉就是席间珍品，难得此等口福，众老叟亦吃得不亦乐乎。在今晚的翠园中，有待我们品尝的是"双珍扒鹿肉"，依菜单来看，是用海参和驼蹄加以点缀提鲜。想当年在天子盛宴上，驼蹄显然不是最受青睐的珍馐。一路风尘的沙漠之舟、千里远行的负重之躯、万般磨砺的跋涉之足……如此而来，驼蹄的诱人指数自然逊色不少。果不其然，今晚为我们献身的骆驼就似乎历尽了古丝绸之路的种种艰辛，其蹄筋老韧淡寡，吃起来味同嚼蜡，倒是恰好验证了我的猜想，在康熙他老人家的帝宴上，是不会出现驼蹄扒鹿肉的。相比之下，海参与鹿肉则堪比"门当户对"，被视为皇宫盛宴上不可或缺的珍稀海味。普天之下，莫非王土；普天之下的山珍海味，莫非帝王的盘中餐。天子坐拥江山，帝宴理所当然要包揽海陆奇鲜。山珍，帝所欲也；海味，亦帝所欲也。二者必须得兼，尽管农耕文化比海洋文化在中国更源远流长。

海参、驼蹄和鱼肚属于与道家理念颇有关联的中华美食。三者本身近乎"无味"，颇具道家的"无为"之风。正因其无色、无嗅、无味，方得以在浩瀚无际的中华饮食文化长河中自领无尽风骚，为豪席尊宴增色添彩。其大而无穷的魅力就在于其淡而无味的特性——在《淡之颂：论中国思想与美学》(*Über das Fade - eine Eloge. Zu Denken und Ästhetik in China*)一书中，法国汉学家及哲学家弗朗索瓦·于连(François Jullien, 1951—)就曾对中国古典美学的总体特征做出如此解读。想想中国水墨画的意境，就不难对此加以理解。

"五色令人目盲""五味令人口爽"，对缤纷色彩和浓重调味早已习以为常的当代人往往很难理解并欣赏道家对无色无味的推崇。

要领略几近透明的水蜗牛的至纯味道，要体验略呈奶白的驼蹄的柔韧口感，要鉴赏通体嫩滑的海参的清鲜多汁，不够敏感可不成。

"淡"作何解？"淡"有何益？高雅宴席以"淡"为贵为哪般？不妨从德国大文豪歌德（Johann Wolfgang von Goethe, 1749—1832）的颜色理论出发，顺着这一思路来略作一番探究。中餐五彩缤纷，味淡者多呈无色或白色。在歌德的见解中，"淡到极致遂无色，色近至素始为白"。[1]歌德之言，道出了"淡"的大雅无华，其珍罕可贵，耐人寻味。物理学研究证明，光谱中所有可见光混合可得白光，白色是光谱中全部色彩的总和。白色含百色，无色胜有色——理出同辙，论及食物的营养价值，"大味至淡""无色可调百色，无味可融百味"的说法历来备受重视。通过透明玻璃，一簇白光可折射出七彩光芒，万般色彩亦可蕴藏于无色之中。在《经由中国——从外部反思欧洲》（*Der Umweg über China – Ein Ortswechsel des Denkens*）一书中，弗朗索瓦·于连阐述了如下观点："'淡'之感知，人皆有之。浓淡稍变，遂可感焉。在中国，'淡'意味着大道至简，既是百味之基，又是百味之合。'淡'是所有品味的根本，蕴万象于无华，因无华而致远，因致远而恒久。"[2]

溯本追源，于连之说可在道家鼻祖老子的《道德经》中找到理论根据。"道可道，非常道。名可名，非常名。无名天地之始……"《道德经》的开篇名句诠释了"淡"的潜质：于无味无华之中，蕴含着无名无状、无定无限的潜在能量。无所谓是海参还

【1】参见《歌德文集》（*Johann Wolfgang von Goethe*）汉堡版14卷本第13卷"自然科学卷（一）"第439页。

【2】参见《经由中国——从外部反思欧洲》（*Der Umweg über China – Ein Ortswechsel des Denkens*）第50页，2002年于柏林出版。

是驼蹄又或是鱼鳔，珍罕不在其名，而在其"淡"。一切存在的本源混沌淡渺，"淡"之所在必然蕴藏着一切潜质、能量、可能性及精妙品味。

海参之类并非只是以稀为贵，而是因"淡"而弥珍。食者之所以倍加青睐，更多的是垂涎并期冀于其无限口味中所包含的无尽底蕴：补气活血、健体养颜、延年益寿、滋阴壮阳、固本培元……对养生怡神以及谈情说爱甚至治国安邦都大有补益。中国的古老哲学补充了歌德的见解，从无机物到有机体，充分诠释了"淡"的潜质。一般情况下，在中国权贵大快朵颐的盛宴上，精烹细饪的海参是不会遭受冷遇的。冷落了海参，冷落了蕴藏其间的大有若无的滋补潜质，岂不令人引以为憾？

听我讲述了有关驼蹄和海参的一番理论后，朋友连连点头，但却很快见异思迁，舍"淡"而求"浓"，把筷子伸向了下一道"满汉孔雀肉"。或许是因为厨师对珍禽大菜的考究做法力不从心，这菜名缺乏创意，多少给人以含糊其辞的感觉。笼统地冠以"满汉"二字，若是为了掩饰这道菜在烹饪上无法极尽精微的话，那也算名如其愿了。细品慢尝之下，腻有余而淡不足，其口感还是有所欠缺的。

"我们老板在承德有农庄，孔雀也是在承德的农庄里饲养的。"服务员一再强调自家孔雀的"正统"出身，却对"孔雀是怎样养成的"以及"这道菜是怎样做成的"一问三不知。或许这道菜真不是挂孔雀卖家鸡、李代桃僵？想着那美丽而骄傲的大鸟无声无息地为美食艺术光荣献身于电炸锅中，我的恻隐之心不免油然而生。

被誉为"百鸟之王"的孔雀以开屏而惊艳于世，也因宫廷盛宴而备受瞩目。在慈禧太后的 60 寿宴上，最后一道告别香茗"茉莉雀舌毫"就不由得让人联想到孔雀之舌的鲜灵。此茶条索紧秀，锋毫显著，不是雀舌而胜似雀舌。若不是非同一般的形美味醇，又如何入得了老佛爷她老人家的法眼？除了能带来足以惹人垂涎的联想效果外，孔雀之舌素来就是深受欢迎的宫廷小吃。

因了这满汉全席，我们跟原本八竿子打不着的慈禧老佛爷扯上了关系，可这"精缩版"的宫廷御膳与"甲午版"的太后寿宴实在无法同日而语。昔日皇家独享，今朝百姓共尝，只是这珍馐美馔的品质到底今非昔比。风采难再，除了厨师手艺欠佳、商家利字当头外，食谱语焉不详也是原因之一。中国食谱往往不作精准详细的烹饪说明。或许是"精缩版"商业味道太浓吧，14道宫廷御膳逐一品过，并未真正领略到皇家美食的独特魅力。

不顾战局危急，不顾百姓困苦，慈禧太后的花甲寿庆成了清政府在甲午年间的头等大事。盛大无比的庆典活动奢耗空前，为满足一己之私而置国运于不顾，饱受世人诟病。"普天同庆，万寿无疆；三军败绩，割地求和。"中日甲午战争（1894—1895）以清军惨败而告终，致使中国从此走向更深重的灾难。清室生活的奢靡无度令人瞠目结舌，作为这段历史的见证人，美国画家卡尔（Katharine Carl）曾如此评论："视万寿庆典高于国家兴亡，这样的王朝注定要走向穷途末路。"[3]

大清王朝何以由盛而衰直至土崩瓦解？历经康乾盛世，中国于17—18世纪期间从地区大国发展成为世界大国，实现了多民族大一统的鼎盛局面。康熙治下的丰功伟业在乾隆治下更创辉煌。乾隆（1736—1795年在位）继承并发扬了祖父康熙（1662—1722年在位）和父亲雍正（1723—1735年在位）的内外政策，进一步

【3】参见《慈禧与中国现代化》（*Cixi and the Modernization of China*），作者 Zhan Zhang，载于 www.ccsenet.org/ass，2010年9月30日。

加强了中央集权统治。至 18 世纪中叶，大清疆域空前辽阔，远非今日的中国版图可比。与此同时，偌大一国的军政大权完全集中在皇帝手中，从而使君主专制制度达到顶峰。在德国哲学家谢林（Friedrich Wilhelm Joseph von Schelling，1775—1854）看来，中国天子秉承天意主宰天下，以另一种方式体现了西方神权政治的核心原则。在《中国——神话哲学》（China - Philosophie der Mythologie）一文中，谢林写道："君权天授。中国天子既是世俗主宰，又是神权象征。中国古人自认为居天下之中，中国乃宇宙中心，中央帝国的天子具有主宰一切的至高无上的权力。"[4]中国政教分离，中国天子拥有其他君主难以企及的不受神权制衡的绝对权力。

上天之子非上天之神，中国皇帝亦是尘世中人。富丽堂皇的物质享受最能体现天子之尊。清朝时期，中国最终形成了多民族大帝国的鼎盛格局。比起明朝的汉族皇帝来，清朝统治者更重视对内对外彰显其泱泱大国的繁荣昌盛、赫赫天子的无上尊崇。热衷于大摆筵席便属其列。

清宫筵宴名目繁多，以满汉全席最负盛名。满汉全席始于康熙，旨在彰显国家昌盛、国力富足、皇威宏远，以此体现满汉一家亲的盛世景象。

由康熙御笔赐名的满汉全席其实脱胎于源自扬州的官场菜。当年的扬州是富冠全国的盐运中心，达官巨贾以豪宴礼尚往来，奢靡成风，集满汉饮食精华于一席的官场菜在扬州大行其道。盐业贸易繁荣发展，不仅为扬州带来了巨大财富，而且为清廷丰盈

【4】参见《德国思想家论中国》（Deutsche Denker über China）第 201 页，Adrian Hsia 编，1985 年出版。

了国库。扬州风尚传入宫廷，以扬州官场菜为雏形的满汉全席在京城日臻完善。

康雍乾三朝长治久安，盛世局面绵延百余年，"中央帝国"盛名远扬，为 18 世纪的欧洲名流所津津乐道。德国思想家莱布尼茨（Gottfried Wilhelm Leibniz，1646—1716）就对中国文化怀有浓厚兴趣。从这个"财富和人口增长最迅猛[5]"的东方文明古国中，莱布尼茨不仅期冀汲取精神上的启迪，而且希望获得物质上的助益。康雍乾时期，中国的农业科技水平在世界上遥遥领先，集约化程度和农作物产量均高出欧洲数倍。在欧洲因粮食供给不足而饱受困扰之际，中国的农业经济则空前繁荣。公私仓廪俱丰实，粮食供给绰绰有余，除了满足日常所需外，农民手中尚有余粮近三成，余粮交易为朝廷带来丰厚的税收。中国农业经济的富足令包括莱布尼茨在内的欧洲人赞叹不已，他们纷纷把目光投向东方，频频与入华耶稣会士等"中国通"鱼雁传书，对中国的经济成就进行深入探讨。欧洲政治家及思想家求知心切，渴盼揭开中国在农作物种植方面的奥秘，并了解其"在农耕及园艺领域所采用的人工及经济辅助手段"[6]，以期分享中国的知识与技术，从而惠及欧洲。中国的生活方式及种植技术在海外大为走俏。中国的内贸市场及运输体系亦得到长足发展，保障了物资供应的四通八达。

只有在富足通达的前提条件下，当年的"泱泱大国之煌煌盛宴"才能成为现实。开宴香茗是南方优选的上好清茶，开胃小吃

【5】参见谢和耐（Jacques Gernet，1921—）所著《中国的世界：中国通史》（*Die chinesische Welt: die Geschichte Chinas von denAnfängen bis zur Jetztzeit*）第 406 页。

【6】参见莱布尼茨（Gottfried Wilhelm Leibniz，1646—1716）所著《致闵明我神父的两封书简》（*Zwei Briefe an Claudio Filippo Grimaldi*），收录于《德国思想家论中国》（*Deutsche Denker über China*），Adrian Hsia 编，1985 年出版。

是南北进献的坚果蜜饯、江南特有的辛香卤味、清宫御制的精致糕点，开席美酒是黔疆精酿的贵州茅台，开怀大餐是关北塞外的牛羊鹿肉、水乡泽国的江河湖鲜、各品各色的名禽贵兽、各方各路的山珍海味……最起码 108 道菜式的满汉全席兼容并蓄，体现了中国人生哲学观的基本理念——和为贵。

"礼之用，和为贵"出自《论语·学而》，是儒家倡导的道德实践原则。礼的应用，贵在和谐。儒家认为，"太和"是宇宙间万事万物相互关系的最高境界，包含人与自然之间的"天人和谐"、人与人之间的"人伦和谐"以及肉体与精神之间的"身心和谐"。满汉全席集三重和谐于一宴，体现了康乾盛世的太和景象。天顺人和，荤素协调的万千美味来源于大自然的滋养与馈赠；天泽物阜，南北并蓄的八方珍馐得益于农耕经济与牧猎经济的融合与繁荣。直到 18 世纪末，满汉全席才变了味，全无"天人和谐"的深刻内涵，成了清廷不顾国道中落而一味追求奢华的排场之举。

"人伦和谐"的体现，尽在满汉全席的礼仪规程中。人伦，指人与人之间的道德关系和行为准则，特指封建礼教所规定的君臣、父子、夫妇、兄弟、朋友及各种尊卑长幼之间的等级关系。所谓"君君、臣臣、父父、子子"，只有各安其位、各得其宜，才能和睦相安、和谐发展。君尊于上，臣恭于下；礼敬贤长，友善同侪；举止有序，行礼如仪。从头至尾，由内而外，满汉全席在仪节上无处不体现"以礼致和"的儒家理念。

对于清廷宫宴的繁文缛节，德国思想家康德（Immanuel Kant，1724—1804）曾不无嘲讽地描述道："筵席上，一人击节示意，众人闻之而动，或齐齐举箸就餐，或齐齐举杯饮酒。该举杯时就得举杯，即使不喝也得做个样子。客随主动，何时开吃开喝，何时停筷停杯，主人都会有所手势。"【7】康德出生于东普鲁士首府哥尼斯堡（Königsberg，现俄罗斯加里宁格勒），终生未离故里。大哲人的这番见闻不知是从哪里读到或听来的，十有八九是乾隆时期宫宴仪节的大致写照。

"身心和谐"亦寓于其中。食物之间相互调和，从而保持人体阴阳平衡。满汉全席一应俱全，酸、甘、苦、辛、咸……既合五味相宜之理，又不失大味至淡之道，从配置到色泽极具和谐之美，令人赏心悦目、健体开胃、怡情养性。

东西南北中，各路美食汇集于满汉全席。108道菜式五五对开，南菜54道，北菜54道。满汉全席自问世以来，最初以江南名馔为重，后来不断吸收各路珍馐，逐渐形成兼容并蓄的格局，反映了中华饮食的丰富多彩以及中国农业的雄厚实力，呈现了地区多样性及政治大一统的局面。

满汉全席起码得具备108道菜式，如此规定，是为哪般？除了政治缘故外，宗教象征意义也是一个重要因素。佛教中的108有其特定的象征意义。佛教，尤其是藏传佛教，在清朝享有很高的地位。皇帝礼重佛教，亲躬佛事。在极其讲究象征意义的皇宫中，佛教元素随处可见。

在距离北京不远的五台山上，我偶遇一位和尚。他向我阐释了佛教中108所含的意义。我俩一僧一俗，立于荒寂的禅院中，谈论着宇宙苍生。在他的理解中，108象征着人的感知世界。佛教认为，人有"眼"（视根）、"耳"（听根）、"鼻"（嗅根）、"舌"（味根）、"身"（触根）、"意"（念虑之根）六根，即六

————————
【7】参见康德《中国（口授记录）》（China. Diktattext.），收录于《德国思想家论中国》（Deutsche Denker über China），Adrian Hsia 编，1985 年出版。

种感觉器官或认识能力。六根各有"好"（好感）、"恶"（恶感）、"平"（非好非恶）三种感受，每一感受又分"染"（杂染）、"净"（清净）两种境界，再复以"过去""现在""未来"三世轮回，$6 \times 3 \times 2 \times 3 = 108$，意味深长的数字，蕴含着耐人寻味的感知世界。

清代宫廷深受佛教影响，因而在满汉全席上亦不乏佛教元素，108就是其一，象征着人间所有感知的总和。皇帝是真命天子下凡尘，作为天下第一宴的满汉全席非108道菜式不足以体现天下第一人的无上至尊。

晾　肉

　　冬日街头，举目四望。阳台边缘，腊肠悬荡。晾衣绳上，腌肉轻晃。各种腊味在寒风的吹拂中迎接着正月新春的到来，彰示着"冬腊风腌，蓄以御冬"的民间习俗。清代帝王素喜腊味，献飨于御前的宫廷晾肉可非寻常之物。宫廷晾肉的用料极为考究，首选以珍取胜的新鲜鹿肉，退而求其次则选以稀为贵的野猪肉，用普通猪肉制成的家常腊肉可登不了皇室的大雅之堂。宫廷晾肉，听起来如此高端大气上档次的老北京冬令佳品，实在是引人垂涎……

食材：

　　精瘦野猪肉或鹿肉（普通猪肉等而次之）1 千克

　　油面筋或水面筋 500 克（若在国外，亚洲超市有售）

　　油 150 毫升

　　酱油 100 毫升

　　糖 150 克

　　黄酒 10 毫升

　　葱 50 克

　　姜 50 克

　　自制浓鸡汤 1 杯

做法：

　　1. 将鲜肉切成长条薄片，用刀背将两面拍平拍松，直至片如纸薄，吊在室外吹晾，待彻底风干后取下，用温水仔细洗去灰尘。

2. 将面筋及葱姜洗净控干，葱切段儿、姜切片儿、面筋切小块儿。

3. 将铁锅上灶，倒入足量油，旺火烧至锅冒青烟（为安全起见，最好备有家用灭火器，以免一失火成千古恨），放入面筋，煎至焦黄后立即关火冷却。

4. 将面筋盛出，空锅加水，旺火烧开，放入风干肉条，文火慢炖一小时左右，捞出肉条，浸入冷水，撇净浮沫。

5. 将锅重置旺火上，倒少许油将葱姜煸出香味，加糖、酱油、黄酒、浓鸡汁略熬成汤，放入面筋和肉条，文火再炖一小时。

6. 将锅中物盛出，冷却后精心摆盘。精美的小瓷碟中，汤汁浓郁任君蘸；别致的小餐架上，肉条轻悬诱君尝。既冠以"宫廷"之名，岂可失皇家风范？这晾肉大餐必得要食之可口、视之悦目！

烤鸭政治

"鸭好，一切都好"（Ente gut, alles gut.），这句话脱胎于德国谚语"结局好，一切都好"（Ende gut, alles gut.），出自德国著名漫画家威廉·布什（Wilhelm Busch, 1832—1908）的配诗连环画《马克斯和莫里茨》（*Max und Moritz*）。巧得很，德国经典童书中的诙谐语恰好道出了中国政治策略中的大妙招。无论在民主进程中，还是在外交舞台上，香喷喷的烤鸭可是别有一功。贵为国宝级菜肴的北京烤鸭并非高不可攀，无论在帝都何处，均可不期而遇。北京烤鸭名高价不高，大小餐馆皆有售，花上几欧元就能饱餐一顿，是现如今贫富咸宜的中华美食。

"贫富咸宜"却非历来如此，吃口酥脆的烤鸭最初可是天子专享的御食。明朝初期，当庞大的御厨班子想方设法为万岁爷烹制美味烤鸭时，广大的黎民百姓食能果腹就谢天谢地了。明朝皇帝的御厨班子一扩再扩，到嘉靖年间（1522—1566）竟多达 4100 人之众[1]。烤鸭的宫廷秘方也一传再传，除御厨外旁人不得觊觎。在

【1】参见《往古的滋味——中国饮食的历史与文化》第 13 页，王仁湘著，2006 年于济南出版。

紫禁城的大红宫墙之外，虽说早在 1416 年（明朝永乐十四年）就有"便宜坊"挂牌开业，以经营焖炉烤鸭而闻名，但问津者非富即贵，直到进入 19 世纪，烤鸭仍为权贵人士所专享。此味只应宫中有，民间能得几回闻。不仅是烤鸭，当年有许多美食都是普通百姓可望而不可即的。凡属宫廷秘方，一律严禁外传，否则严惩不贷。

颠覆性的变化发生在 1864 年（清朝同治三年）。有位名叫杨全仁的生意人，在这一年创建了"全聚德"烤鸭店，从此打破了便宜坊一店独秀、权贵者寡头独享的局面。不满于老字号的垄断地位，更不满足于焖炉烤鸭的一成不变，杨全仁想让深藏宫中的皇家工艺惠及更多民众。烤鸭秘技得之不易，杨全仁巧妙地运用了以经济利益疏通政治渠道的成功经验，用心结交，重金礼聘，终于请到一位曾在御膳房当差的名厨出山，从此掌握了宫廷挂炉烤鸭的独特工艺。入聘之后，老师傅对现有技术加以改进，把原来的烤炉改为炉身高大、炉膛深广的挂炉，不仅可以左几只右几只地一炉同烤，而且还能出一只续一只地一炉连烤，极大地提高了出产率，为烤鸭行业带来了重大变革。饱满红润的外观，酥脆香嫩的口感，眼看着一只只烤鸭新鲜出炉，杨全仁踌躇满志。

紫禁城前门是全聚德的发祥地。前门原本有家铺子，名叫"德聚全"，取"以德聚全"之意。杨全仁将之盘下后，反其序而名之，立新字号为"全聚德"，意在"聚拢德行"，体现了他的经商之道。不管老字号新字号，聚拢德行就是好字号；不管黑猫白猫，捉到老鼠就是好猫。杨全仁的想法与邓小平的名言理出同辙。时隔百年，开启中国经济腾飞的"白猫黑猫论"生动地道出了杨全仁的商道真谛。

杨全仁立新字号为"全聚德"，也暗含"全仁之字号，聚德以生财"的意思，标榜自己重视商德，诚信经营。从某种程度上讲，杨全仁的创业史演绎了一出中国版的"美国梦"。本着让宫廷烤鸭走入民间的创业初衷，杨全仁遵循"民以食为天"的信念，雄心勃勃地要让天子之食为万民所享。官绅自不必说，商贾也可品味，虽说乡野小农还只能望鸭兴叹，但城镇富户却从此大可畅啖。杨全仁引领的变革在商业上获得了巨大成功。时至今日，全聚德已发展成为久负盛誉的集团公司，不仅在国内约 50 座城市开枝散叶，而且还进军美国市场，把中华老字号的金字招牌挂到了大洋彼岸。

在北京的全聚德老店，我对烤鸭制售现状有了具体直观的印象。"一鸭三吃"最受食客欢迎。第一吃为鸭皮包饼：夹起酥脆的烤鸭皮，包以薄韧的荷叶饼，配上鲜嫩的黄瓜丝，蘸着浓郁的甜面酱，慢裹细尝，满口生香。第二吃为鸭肉炒菜：香嫩嫩的鸭肉与脆生生的芹菜炒在一起，味道相当不错。第三吃为鸭架煲汤：为一席菜压轴的总是热气腾腾的鸭架汤，清而不淡，香而不腻，让本已九分饱的食客喝个十分满足。烤鸭半只起售，两人点半只足矣。另半只自有用武之地，全聚德菜单上少说也有 10 多道各色鸭膳，足够尽献其身了。

言归此时，烤鸭师傅正在炉前大显身手，长杆递入挑出，功夫十分了得。"烤鸭味道好，全聚德自有一套。别的不说，每一道工序都很有讲究。烫皮很重要——褪净后要沸水冲烫，冲烫后要静置沥干；吹气要适度——不宜多不宜少，吹到皮肉分离刚刚好；打糖靠细致——用麦芽糖水反复浇淋、均匀上色，才能烤出微甜的酥脆口感、诱人的枣红色泽；灌水得巧妙——要想外脆里嫩，就得留住水分，往鸭坯里灌水可是关键技巧；晾坯须充分——鸭坯入炉前，还要在阴凉通风处晾上几小时，晾透再烤更到味。"

"鸭子的产地是哪里？"见我愿闻其详，一旁的店长接了话茬："大约在 14 世纪明朝初年，御厨在宫中研制烤鸭，最初用的是南京湖鸭。南京水多，是鸭子的理想栖息地。"店长这话可不假，让我随即回忆起当年留学之地的街头一景，金陵城里，三轮车上，扁嘴平足君成群结队，一路嘎嘎地招摇过市……尽管以盛产烤鸭著称的是北京，但素有"鸭都"之誉的却是南京。店长继续介绍："很久以来，全聚德就在北京近郊建有自家的养鸭基地。经过长年累月的改良进化，'北京鸭'渐成名贵鸭种，被视为烤鸭原料的不二之选。全聚德拥有多家定点养殖场，场主知道烤鸭原料的重要性。好养出好鸭，北京鸭要养 60 天左右才好，前 45 天自由取食，后 15 天人工填喂，通过这种方法养殖，才能产出优等北京鸭，使其皮质、肉质、脂质等样样达到最佳指标。"

在全聚德创始人杨全仁的努力下，北京烤鸭从宫廷走入民间，并在政治舞台上大显身手。1971 年 7 月 9 日，作为美国总统理查德·尼克松的特使，时任国家安全事务助理的亨利·基辛格秘密访华，旨在促成中美关系改善及中美关系正常化，对圆满复命所抱希望并不大。7 月 10 日上午，会谈气氛很是紧张，双方基于各自立场一直僵持不下。周恩来坚定地指出，台湾是中国领土不可分割的一部分。基辛格则坚持美国所持的观点，对中方主张一再反驳。眼看时已近午，会谈就要陷入僵局，周恩来当即话锋一转，巧妙地缓和了紧张气氛："我们不如先吃饭吧，烤鸭要凉了。"

周恩来请基辛格在人民大会堂里吃北京烤鸭。基辛格饶有兴致。"三巡五味"的台湾问题实在不易消化，来点儿别具风味的北京烤鸭正中下怀。周恩来不愧是机智绝伦的外交家。基辛格自当客随主便。宾主入席后，周恩来一脸和蔼，亲自为基辛格把片好的鸭肉夹到荷叶饼上。吃着酥脆鲜嫩、风味独特的北京烤鸭，喝着甘洌醇厚、后劲悠长的贵州茅台，绷紧的神经进一步得以舒缓，和谐的氛围渐渐晕散开来。和谐之道，历来是中国政治家惯用的王牌。周恩来深谙此道，以国酒茅台配北京烤鸭来触动美国密使的味蕾，以和谐之味触发和谐之感，打开了以和制胜的局面。在一席和气中，双方约定下午继续会谈。从当日午后到次日，双方又进行了多轮谈判，虽非一谈即合，但也最终达成一致。1971年7月11日，基辛格功成而返。在此之后，中美双方发表联合公报，尼克松总统1972年2月访问中国，中国与西方国家建立外交关系，中国实行对外开放。这一系列成就的取得，得感谢北京烤鸭当年在人民大会堂立下的汗马功劳吧？

中国力图以文化软实力来提升国际影响力，最早运用的几大法宝里就有北京烤鸭。20世纪70年代，软实力策略在国际政治舞台上崭露头角。最初之年，打破中美关系坚冰的乒乓外交轰动一时，拉近宾主距离的美食外交亦可圈可点。在外交场上，"吃烤鸭"与"喝茅台"的重要性不亚于"打乒乓"或"打舌战"，合而致用，效莫大焉。善用其妙者非周恩来莫属。"烤鸭外交""茅台外交"和"乒乓外交"尽显新中国外交第一人的智慧与风采，被民间合称为"周总理的三大外交策略"。到中国来，无论是从事商务活动，还是进行政治谈判，都不妨从中借鉴一二，循而行之者不在少数。话说基辛格卸任之后，再度访华时还专门去全聚德品尝北京烤鸭，可见"烤鸭外交"给他留下了怎样的美好回忆。

北京烤鸭还激发了中国民间的民主活力。众口难调，各有所好，不可不严肃。众说纷纭，各抒己见，无法再噤声。有国菜之誉的北京烤鸭成为吸引各地网民公开大讨论的一大聚焦点。在北京的一家网吧里，我亲眼见识了网民们就烤鸭话题畅所欲言。网上的争论热火朝天，单单一家烤鸭店引发的网评就接近700条，贬多褒少，说什么的都有。大致浏览下来，"好吃吗——还不错"之类的平和交流寥寥无几，夹枪带棒的帖子比比皆是。有人开帖点评："这里的烤鸭嘛，我只能说呵呵，希望今年有所改进吧。口感还是肥腻了些，不知道是不是跟品种有关。鸭肉片得过厚，感觉刀工很一般。其他菜品也没啥可惊艳的。"些许肥腻，对于视氛围重于味道的外国食客来说，貌似不成问题。有人随即调侃："国际友人就好这一口。古朴的四合院，颓旧的老房子，优越的中心地段，随处可见的小蝇小强……坐人力三轮车可直达店外，游游老北京胡同，尝尝肥美烤鸭……如果咱是老外的话，咱也喜欢来这里逛吃逛吃。可惜咱不是啊咱不是……"有人接茬上帖："说到氛围，有种回到20世纪90年代初的感觉，老老的、旧旧的，既是店面特色，也是招牌卖点。服务谈不上，自家院子改建的家庭餐馆，不是讲究格调的那种。""得了吧！"有人愤而吐槽，"什么服务谈不上，根本就是服务差到家。一个钟头之内就惊动了两回警察，也真够无语的。先是跟客人上演全武行，后又闹了出顺手牵羊，顺的还是小朋友的套头衫。着实道德沦陷啊！当时在店里用餐的还有不少外国人，他们把整场好戏看了个正着。真真让中国人颜面无存啊！""今天正好去了这家店，还行啊，根本没有楼上说得那么糟糕嘛！"有人出言反驳，"好久没吃烤鸭了，今天来打打牙祭，味道真心不错。赞一个！"接下来还有600多条评论，网民们你一言我一语，争论得兴致盎然。在中国餐饮文化中，"烹""品""评"缺一不可，对餐品及就餐环境的评论亦是三大组成部分之一。对于"烤鸭话题引网民热议"这一社会现象，林语堂早有注解："能让中国人严肃对待的，既不是宗教，也不是学识，而是吃。"写进《吾国与吾民》中的这句话，亦反衬出"鸭好，一切都好"言之有理。

人民三锅

巧妇难为无锅之炊。锅是孕育美味的"宝葫芦"。石锅、陶锅、瓷锅、铜锅、钢锅、玻璃锅……味从锅中出，无锅不成味，莫说是烹饪离不开锅，就连酿酒也离不开锅。中国最早的锅是用黏土烧制的陶器，多为三足，称为"鬲"和"鼎"，用于蒸煮或烹炒，宜小火慢烹，以达到充分入味而不焦糊的效果。最早的炊具问世后，最早的菜式也就诞生了。上古之时，人们把可食之物合而烹之，不拘谷蔬荤素，煮成浓稠一锅，于是就有了"羹"。古老的"羹"字历久弥新，一直传承至今。羹，似汤而非汤，跟德国的传统菜式"一锅烩"（Eintopf）有的一拼。锅与火完美结合，煲出万千汤羹粥菜，滋滋味味无穷匮也。

夜色渐浓，凉意袭人。我和老李在胡同里转悠，想找个地方美餐一顿，热热乎乎地吃他个不亦快哉。北方寒来早，京城10月已冷感十足，夜间气温降到了10℃以下。

临近一个交叉巷口，迎面飘来袅袅热气。有戏！过去看看！我三步并作两步，头前探路。胡同一侧的道牙边上，清一色的老式铜火锅挤挤挨挨，堆放的阵仗蔚为壮观。火锅不少，店却不大，总共就四五张桌子，充其量不过20个餐位，几乎爆满，只剩一张两人桌刚好还空着。"怎样？"我征求老李的意见。"棒极了！"老李爱吃涮羊肉，老北京火锅正合他的心意。

推开吱呀作响、漆得油绿的木门，我们踏入热气弥漫的火锅店。每张餐桌上都有一个铜火锅，锅内嗞嗞有声、咕嘟冒泡，锅边盘碟环绕、荤素相配。薄嫩的羊肉卷，新鲜的香菜、青菜、白菜，各色各味的蘸料，看着就馋人。店里众声喧杂，高门大嗓此起彼伏，已经面红耳赤的几位老兄更是你吆我喝，显然是那些个"红标绿瓶"为他们助了兴。"二锅头！"老李的言语中流露出些许不屑，"地道的北京低档白酒。""二锅头？"好稀罕的酒名，总不会是"二锅出一头"的意思吧？我意兴大发："今儿就喝它了！"闻听此言，老李冲我耸了耸肩，夹带着几分"后悔别怨我"的神情。

落座后，老李点单。啤酒4瓶、二锅头1瓶、羊肉卷4盘、白菜1盘、茼蒿1盘、香菜1盘、粉条1盘、蘸料若干、芝麻烧饼1份，完全是老北京家常火锅的必点"标配"。茼蒿又名菊花菜，入口鲜辛，既有蒿之清气，又有菊之甘香。芝麻烧饼是老北京传统小吃，带着刚出炉的热乎劲儿，酥脆香软，配涮羊肉再好不过。餐饮之外，周边的氛围也充满了京味儿。矮矮旧旧的烟囱砖房，松松垮垮的绿漆木门，厚厚沉沉的挡风胶帘，晃晃悠悠的简陋桌凳，喧喧闹闹的就餐环境，处处散发着老北京胡同小馆的市井气息。

店老板矮矮壮壮，见我们点得很在行，满意地咕哝着前去下单，一转眼就消失在被酒箱垛子遮掩殆尽的挂帘后。热烘烘的人体、热腾腾的火锅、热熏熏的香烟，店小热量足，无须外力本已足够温暖，然却过犹不及，贯前通后的暖气管持续不断地散热增温，让人感到"热"不可支。于此寒凉季节，往常的我在上海冷得哆嗦，此刻的我在北京热得出汗。一条以秦岭—淮河分界的供暖线，划出了南冷而北热的体感温差。店里闷热难耐，满满地充斥着羊膻味和烟酒气，空气一片浑浊。食客们有些吃不消，时不时地开门通风，以免因缺氧而虚脱。

"北京的空气！"老李无可奈何地耸耸肩，以示对我的回应。羊肉的味道直入鼻息，更加证实了北京与蒙古地区或南西伯利亚地区在饮食上有着极其深厚的渊源。

说到北京的招牌美食，名列榜首的非烤鸭莫属，位居第二的就是涮羊肉。烤鸭源自南方的鱼米之乡，涮羊肉则诞生于北方的茫茫草原。在今蒙古国境内，考古学家意外发现了一处创作于 10 世纪的壁画，所描绘的正是契丹人吃涮羊肉的场景。画面上，契丹骑士正在享用美酒佳肴，以筷夹肉，伸进沸腾的汤锅中烫涮。契丹是中国古代北方草原民族中的一支，于唐末建立了辉煌一时的大辽王朝，曾雄霸中国半壁江山。辽实行五京制，以幽州（今北京西南）为陪都南京。涮羊肉自辽以来就深深扎根于燕蓟之地并广为普及，后随蒙古铁骑南下更是传遍中原。因了这历史渊源，老北京涮羊肉也常被称作"蒙古火锅"。

说曹操，曹操到。蒙古火锅甫一驾临，便在我和老李之间升腾起诱人的香气。店老板往锅底添了几块通红的木炭，令火势更旺。紫铜火锅散发着独特的东方韵味，殷红的羊肉、嫩绿的蔬菜与乳白的粉条展现出赏心悦目的色彩魅力，为简陋的胡同小馆带来几分美感。"香！"老李三下五除二便消灭了半盘羊肉，"动筷动筷，别客气！"

在老李的感染下，我也开始大快朵颐。羊肉嫩得很，红白相间，纹理细腻，涮几秒即可下肚。蘸料别有风味，醇厚的麻酱调以鲜辛的韭花，撒上翠绿的小葱，拌入青嫩的香菜，相配相融，诱人垂涎。一涮一蘸之间，滋滋然美味横生，妙趣延绵。香！比烤鸭还香！我吃得津津有味，巧涮烫、少蘸酱、细品尝，让羊鲜味满口生香。非一般的口福，偶得于令讲究者望而却步的环境中。形简、质朴、味美，没有任何虚有其表的浮华，我喜欢的中国原本如此。人逢美食须尽欢，莫使金樽空对月。我兴致勃勃地端起酒杯，大大地喝了一口。好辣！老李为我点的是56度的精品二锅头！就着热腾腾的火锅，喝着火辣辣的二锅头，这相得益彰的热辣劲儿还真够味儿。高度白酒点火就着，若是锅底的木炭烧完了，这瓶二锅头都可以用来做替代燃料了。喉间火烧火燎，我赶紧涮了茼蒿来解辣。茼蒿入锅即熟，不宜久涮，以免破坏其营养成分及口感。对于茼蒿的偏好，据说亦是南北有别。直率粗犷的北方人多喜食其茎，含蓄细腻的南方人多喜食其叶。

涮着蘸着，吃着聊着，我俩也渐渐地融入烟气缭绕、众声嘈杂的氛围中。

木门一开，有客进来。

"哎哟，胡书记！"店老板一路迎上前去，热情的招呼声引得众人纷纷注目。

"欸，叫我老胡嘛！小张！"胡书记随和地应答着，带着3个随行人员来到窗边落了座。窗玻璃蒙着一层雾气，将窗外的世界模模糊糊地隔离开来。窗内，胡书记一如众人，就着热腾腾的火锅，喝着火辣辣的二锅头，毫无违和感地融入烟气缭绕、众声嘈杂的氛围中。

有道是"一杯二锅头，呛得眼泪流"。大名鼎鼎的京酒为啥叫"二锅头"呢？老李无法为我答疑，便请教店老板。店老板一听就乐了："这还不简单！因其酿造工艺而得名的呗！每烧一锅酒，先流出的酒比后流出的酒浓度高，这好理解哇？"我俩连忙点头，做心领神会状。"好！"店老板继续讲解，"最初流出的酒叫'锅头'，因为是从冷却器'天锅'中流出的'头酒'。'锅头'浓度最高，是本锅烧酒的精华。弄明白什么是'锅头'，就不难理解'二锅头'是怎么来的了。"面对虚心的听者，店老板也乐得好好说道说道，"按照工艺流程，原料一般要经过5天发酵才能出窖上锅，第一次上锅烧出的'锅头'浓度最高。"

话说半截，自窗边传来了胡书记的呼唤："小张！再来4盘羊肉、1瓶红星！""这就来！老胡！"店老板高吆着回应了一声，顺着话茬替我扫盲："'红星'是最有名的二锅头品牌。""劣质酒品牌。"老李随口接道。这话显然不中听，店老板不由得正色道："别这么说，老兄！'锅头'醇的很，怎么可能是劣质酒呢？那是咱北京本地'伏特加'！明白？"老李点点头，当即默不作声了。店老板接回上文："按照工艺流程，头锅出酒后，要将原料出锅，加拌少量新料和酵母，发酵5天后再次出窖上锅。原料经第二次上锅烧出的'锅头'酒质最纯正，由此得名'二锅头'。不是什么烧酒都可以叫'二锅头'的！怎么样？两位要不要再来一瓶？本店友情赠送！"

我俩热情洋溢地谢绝了。我已熏熏然不胜酒力。

"汤好了！"老李关照我，"尝尝看，这汤味道怎么样！"我照样学样，跟老李一起品起汤来。满锅汤微微沸腾，集聚了羊肉与蔬菜的汁液精华，过口留香，鲜美之极！汤之鲜源于羊之鲜。据店老板说，羊肉是直接从内蒙古驱车数小时运来的。羊肉鲜而不膻，印证了店老板所言非虚。羊鲜则汤鲜，一锅清汤寡水因而鲜成一道美味。满堂食客似乎皆有同感。在享用过羊肉、蔬菜、粉条和二锅头之后，无论是胡书记，还是小职工，无不津津有味地品尝起滋味悠长的热汤来。一锅鲜汤成为涮羊肉大餐的尾声与高潮。此刻的我深有体会，北京饮食文化的深厚魅力，既非展露于辉煌宫殿，也非体现于时尚餐厅，而是隐藏于老城深处。老城深处，传承着纯粹地道的风味，汇聚着热诚豪爽的酒友。相对而言，中国的北方是个偏重感性的世界。烧酒够甘洌、蔬菜够清新、羊肉够鲜美、感觉够爽，万事好商量。当历史古都脱去国际化的外壳，当人们走进老城胡同去感触其内在灵魂时，北京是如此的富有魅力。

人民三锅

皇帝有风干鹿肉，百姓有"人民三锅"。火锅 + 二锅头，那可是北京人民的心头好。在这家 30 平方米大小的火锅店里，我熏熏然乐在其中。飘散着尘灰的煤炉与烟筒，堆叠成垛的燕京啤酒箱，漆刷成下绿上白的墙面，无不浸满了老北京特有的气息。于我而言，在这寒凉季节，走进残留无几的胡同，推开吱呀作响的木门，步入原生原味的小馆，享受火锅 + 二锅头的好滋味，实在是一桩赏心乐事。

食材（4 人份）：

老北京胡同小馆的布置（可在老式建筑的简陋小屋中摆上旧木桌凳以营造氛围）

火锅（木炭铜火锅最佳，电火锅或欧式火锅亦可）

薄而不散的羊肉片 1 千克（速冻羊肉卷或现切羊肉片均可）

白菜

粉条

豆腐

自选蔬菜

高度二锅头

中国啤酒（青岛或燕京）

麻酱及浅色酱油

韭花及香菜

做法：

1. 上火锅：将火锅请上桌，安置在正当中。

2. 上涮料：将白菜、豆腐、羊肉片等各色涮料切好摆盘，众星捧月般环列于火锅周围。

3. 上蘸料：将麻酱略加清水和酱油细细调匀，分盛于各碗，撒上切碎的韭花和香菜。

4. 开煮：将锅中加水，撒入少量盐。点燃木炭（或启动电火锅开关），烧至水沸。

5. 开涮：与三位好友围锅而坐，各动其筷，各涮所爱（羊肉片入锅即熟，不宜久煮）。

6. 开蘸：涮好出锅，边蘸边食，入口生香。

7. 开饮：热腾腾的涮火锅就该配火辣辣的二锅头！感情深，一口闷。爽口的啤酒不过瘾，辣口的高粱酒才够味儿！随着"干杯"声声，人人酒酣兴浓。且醉今宵，待来日回味方长。

长眠于商丘的厨祖贤相

离京赴豫，火车一路南下，挺进中原。几千年前，夏禹分天下为九州，河南一带古属"豫州"，因处九州之中，又称"中州"。从"中州"到"中国"，中原大地开启了中华民族的文明之源。此行目的地是商丘，知者寥寥，却是中华文明的重要发祥地。我要去探访一位名人的陵墓，此君由厨入相，被尊为"商元圣"。

火车一路夜行，次晨抵达商丘。我下车出站，刚到站外，就有扑鼻的辣香味儿迎面而来。循味望去，但见一口大铁锅热气腾腾，为自家的流动早点摊招揽着生意。三五食客围摊而坐，人手一大碗，稀里哗啦地喝着浓稠的热汤。

"这是啥？"

"胡辣汤！"

"辣吗？"

"有点儿辣。来碗尝尝？胡辣汤可是本地最吃香的早点！"

我入乡随俗，点了一碗胡辣汤。北方口味普遍偏重，京味儿卤煮是浓稠一大碗，豫味儿胡辣汤也是浓稠一大碗，配上包子或烧饼，就是当地人百吃不厌的香热早餐。胡辣汤入口酸辣浓郁，让我联想起在欧美中餐馆所尝酸辣汤的味道。彼此口感如出一辙，不禁引人猜想：作为洋化中餐的招牌菜，海外酸辣汤的始祖或许就是河南胡辣汤，其发祥地说不准就是中国北方的某个街头。

乡间总是如此，早餐一概速战速决。在一片哧噜吧嗒的响声中，汤汤水水，饼饼馍馍，全被三下五除二地吞咽下肚。摊儿小人气旺，前客刚走，后客即来。趁着此起彼坐的间隙，我向摊主大姐打听如何前往一代名厨的陵墓。"厨子？陵墓？"摊主大姐一脸迷茫，仿佛一下子回不过味儿来，区区一个掌勺的，竟然得以建陵立碑？这似乎令她感到有些匪夷所思。我提示道："墓主人叫伊尹，很有名的！"她摇摇头，压根儿就没听说过这么个厨子。欲待再问，邻座大叔插话道："去伊尹墓？简单！到街对过乘公交1路就行！"他指了指车站所在的方向，"先乘公交1路到运输公司，再乘从商丘开往营廓的专线小巴，中途在伊尹墓下车。门票好像是两块钱。"我道了谢，秉承当地人的风格，一副要事在身、时不我待的匆忙模样，三口两口吃喝完毕，三下两下付款走人，三步两步登车启程，不消多时就顺利地中途换乘了。

小巴载得满满当当。我坐在当中的板凳加座上，前簇后拥的全是当地老乡，他们直勾勾地盯着我瞧。到此一游的外国人显然属于稀有动物。驶出几站后，小巴蓦地停在路边。"到了！"司机大哥中气十足地吆喝一声，抬手指向马路对面的祠庙建筑。我连忙道谢，费气拔力地挤过人阵，终于从沙丁鱼罐头般的小巴中跳脱出来。举步向前，伊尹祠，我来也！

伊尹祠正好刚开门。一大早就慕伊而来的访客，舍我其谁。门票价格确为两元。检票进门，轻踱步来细端详。整座祠堂规模不大，原本古迹早已消失殆尽，现存建筑是20世纪80年代重修的，一派明清风格，跟中国的多数寺庙如出一辙。按照一般格局，祠堂在前，墓冢在后，两者应该在同一纵轴线上。我穿庭过院，直奔心之所向。伊尹墓修缮未久，3米高的坟丘被新砌的灰石护墙紧紧圈裹，正前侧竖有一方几近全新的木牌，木牌上写着伊尹的生平简介。

我独自沉浸在伊尹的故事中。古老的传说打破了清晨的静寂，让时光回溯到3600多年前，让伊尹由厨入相的非凡人生徐徐展现。伊尹，夏末商初有莘氏人，出身于厨仆之家，自幼好学上进，深谙烹饪之法，尤乐尧舜之道，虽为奴隶之身，却怀经世之才，贤名远扬，深为商汤所仰慕。据史书记载，商汤以重金求纳伊尹，有莘国君不肯割爱，商汤于是向有莘国君抛出了联姻的橄榄枝，有莘国君求之不得，遂嫁女于商汤，以伊尹为媵臣。如此一嫁一陪，伊尹顺理成章地归了商汤。归商不久，伊尹便崭露头角，非凡的厨艺甚合商汤心意。商汤爱其才志，免其奴隶身份，委以"小臣"之职。在中国历史上，伊尹被奉为"和羹调鼎"的鼻祖。鼎烹万物之香，羹和百味之美，羹是最古老的鼎中佳肴，无论北京卤煮，还是河南胡辣汤，其祖源概出于此。

《吕氏春秋》记载了伊尹以"至味"说汤的故事。一日，君召臣见，伊尹大谈天下至味，商汤闻之兴起，如此臻妙，可否得而享之？"君之国小，不足以具之，为天子然后可具。"伊尹借机向商汤进言，只有坐拥天下，方得尽享美味。天子堪比世间最完美的厨师，具天下之材，知天下之味，识材而善用。就三类动物而言，水族类味腥，食肉类味臊，食草类味膻，若烹调得法，便可"灭腥去臊除膻"，使味道尽善尽美。烹调之道在于用水得当，在于火候把握恰到好处，在于"甘酸苦辛咸"五味和谐。"鼎中之变，精妙微纤"，唯有做到"久而不弊、熟而不烂、甘而不哝、酸而不酷、咸而不减、辛而不烈、淡而不薄、肥而不腻"，才能烹出真正的好羹。天下至美之味林林总总，不胜枚举，皆如龙肝凤髓般珍罕无比，"非先为天子，不可得而具"。然而，"天子不可强为"，必先深明仁义之道。仁义之道在己不在人，行仁义之道者得天下，"天子成则至味具"。

伊尹的一席话激发了商汤的凌云壮志。商汤当即封伊尹为右相，举任以国政。伊尹由厨入相，成为中国历史上有文献记载的第一位宰辅，既善"治大国"，又善"烹小鲜"，更善"治大国若烹小鲜"。伊尹是谏君以仁致和的先驱，早于孔子 1000 多年。伊尹以烹调之道喻治国之道，借"五味调和"的烹饪理念倡导"和谐至上"的济世主张，劝谏商汤行"王道"，以求实现政通人和、天下大治。

政通人和、天下大治是中国人历来的社会理想。伊尹所倡导的治世良方至今仍广受推崇。在古汉语中，"政""治"二字包含"政道"与"治理"两层含义。在欧洲语言中，"政治"一词（德语 Politik、英语 politics、法语 politique）源自古希腊语"城邦（Polis）"，是指城邦中的城邦公民参与统治、管理等各种公共生活行为的总和。西方最早的政治家是自由的城邦公民，而中国最早的政治家却是奴隶出身的厨仆。自伊尹以来，中国杰出的政治家们皆以"和羹调鼎"为己任，力求实现家国天下的长治久安。治平大业容不得肆意而为。个人的权利和意愿往往要为政治稳定而让步。为政若为厨，既讲求五味和谐，过辛过烈自然会被调节。

伊尹倡导的施政之道旨在君民和谐。君民和谐的基础是上下有序、施受有度。身为介于君主与臣民之间的宰相，伊尹为自己定义的使命就是调和上与下、施与受的关系。伊尹的理论毫不过时，对当代中国可持续发展具有借鉴意义。在 21 世纪初期，中国领导人提出了构建和谐社会的理念，以期改变经济与社会发展不平衡的局面。失衡的后果已显苦涩，调和迫在眉睫。

伊尹以烹调之道喻治国之道，商汤听了豁然开朗，遂拜伊尹为相，共谋天子大业。在伊尹的尽心辅佐下，商汤以亳为都城，建立了中国历史上第一个有直接的同时期的文字记载的王朝。商朝以中原一带为主要治理区域，历时长达600多年（约公元前16世纪—前11世纪）。无论是建国之前的伐桀灭夏，还是建国之后的施政安邦，五代商王的基业兴盛无不有赖于伊尹的雄才大略。国家的治理同样离不开和羹调鼎的能力，关键在于恰当地运用国家制度来保持社会的协调运行：既要"五味俱全"不失偏颇，又要"五味调和"取舍有度。只有和谐发展，才能国泰民安。依据传说，伊尹以百岁高龄辞世（另有说法为伊尹活了80多岁），用他的传奇人生为所处时代留下了不可磨灭的印记。

此处是伊尹的长眠之地。终结于此的伊尹时代为后世的发展奠定了基础。随着中国的疆域和人口不断扩增，经国治世远非小菜一碟，和羹调鼎之道历久弥新。作别的目光掠过覆满杂草的坟茔，就在此刻，我切实地感受到，在中国的心腹之地，我触到了中原文明最初的脉搏。

胡辣汤

在知者寥寥的中原一隅，马路早点摊一凳难求，我施展中国式蹲功，端碗在手，吸汤入口，以稀里哗啦的啜啖之声，抵御附近工厂传来的噪音。晨已至，倦意了无存。

食材：

熟羊肉 250 克

面粉 300 克

宽粉皮 150 克

豆腐 50 克

新鲜菠菜 100 克

新鲜海带 30 克

镇江香醋 30 毫升

胡椒粉、八角粉、鲜姜、盐

做法：

1. 将豆腐切成麻将块儿，用花生油或大豆油煸至焦黄。

2. 将熟羊肉切成骰子块儿。

3. 将粉皮洗净泡软，沥水后切成大小适口的长段。

4. 将海带洗净切丝，煮熟后用清水浸泡。

5. 将煸过的豆腐切成细丝。

6. 将菠菜择去黄叶，洗净后切成 2.5 厘米左右的长段。

7. 将鲜姜洗净切末。

8. 将面粉加清水和成软面团，反复加水抓捏，淘洗出面筋，揉匀摊薄。

9. 将锅中倒入两升清水，烧开后依次加入羊肉、羊汤、粉皮、海带、豆腐及盐，旺火煮沸。

10. 将锅中添水止沸，将面筋揪成小片入锅，将面芡调成稀糊匀匀。轻搅慢熬，直至汤汁浓滑。

11. 将汤中撒入胡椒粉和八角粉，搅匀后下菠菜略煮。

12. 将汤中淋入香醋，辣中带酸，完美收官。

青海省
Province Qinghai

Prov. Gansu 甘肃省

北

Ya'An 雅安

西
W

gold sand flux

攀枝花 Panzhihua

S

Autonomes Gebiet
Tibet 西藏自治区

Province Yunnan 云南省

DER DRITTE GANG

Prov. Shānxī 陝西省

Chengdu 成都

...hou 泸州

Yangtse 长江

四川

Sichuan

Provinz

Chongqing 重庆市

...izhou 贵州省

三道风味

四川：麻辣主义

热 辣 的 西 部

　　火车于 7 点 39 分准时启动，披晨戴露地驶往重庆，驶往那座
人口多达 3000 万、面积大于德国巴伐利亚州、距离商丘约 1600
公里的庞然大都市。背向初升的太阳，火车一路西驰。我起得比
太阳还早，天没亮就赶往火车站，"过五关斩六将"，与睡眼惺忪
的检票员逐次打过照面，总算顺利地登上了 K619 次列车的 5 号
车厢。运气真不错，既没误了火车，又买到了硬卧。中国的硬卧
车厢均为开放式结构，每一隔间 6 个铺位，与走廊隔而不闭 。狭
小的空间将来自五湖四海的乘客凑合在一处，共度旅途生活。有
些人受不了这一路上的嘈杂，但凡荷包够鼓，就会选择软卧。软
卧包间有门可关，票价大约贵出一半。我弃"软"投"硬"，一
为省钱，二为聊天。囿身于窄仄的铺位间，旅友们开始自娱自乐：
打牌的打牌，玩电子游戏的玩电子游戏，摆弄智能手机的摆弄智
能手机……放眼整节车厢，捧书阅读的身影寥不可见。中国人向
来爱赌好博，对游戏乐此不疲。早在公元前 3 世纪，中国就曾出
现过彩票雏形，据说秦朝修建长城的部分资金就是靠博戏方式筹
得的。自古而今，游戏是中国文化中从来不曾缺少的部分。如荷
兰哲学家约翰·赫伊津哈（Johan Huizinga，1872—1945）所言，

游戏是遵从一定的规则和原则并有别于"平常生活"且伴有"放松"和"愉悦"的行为。游戏可以使人放松和愉悦，倒也不失为漫漫旅途中的好消遣。

火车载着我的思绪，一路"go west"。近年来，有远见的冒险者纷纷响应时代的号召："到西部去！抓住西部大开发的机遇！西部是投资兴业的热土！"作为中国西部的门户，重庆，这座距离上海 2000 公里的长江上游中心城市，集双重热点于一身。对于企业界来说，市域面积甲天下的重庆是"热力勃发"的投资胜地：新兴的西部市场、低廉的人力成本、拔地而起的摩天大楼、不断延伸的高速公路、增修扩建的机场项目……处处充满商机；对于旅游者来说，巴渝风味久负盛名，重庆是"热辣诱人"的美食之都。掏出与红辣椒同色的新本子，我写下一句随感："Der Westen is(s)t Scharf!"德语中"ist"（是）和"isst"（食）同音不同义，这句话可逐字直译为"西部是（食）辣"，恰好语带双关：辣哉西部！辣在西部！

说到重庆，少不得提及火锅。火锅是重庆的城市名片，重庆是中国的火锅之都。巴地自古夏热冬冷，潮湿难耐的气候环境造就了嗜好麻辣的饮食习惯。酷夏炎炎，多吃麻辣有助于排汗祛暑；严冬冽冽，多吃麻辣有助于除湿驱寒。久而久之，不麻不辣不痛快成了重庆的鲜明个性，又麻又辣又痛快的火锅成了重庆的头道招牌。重庆与四川地缘相近，巴蜀水土共同孕育了举世闻名的川菜。川菜集巴蜀之精粹，红遍大江南北的辣子鸡和麻辣火锅就是源自重庆的川菜名品。重庆原属四川省辖市，1997 年升级为面积堪比奥地利的中央直辖市。行政上虽是川渝分治，文化上却是自古巴蜀不分家。尤其在饮食习俗方面，川渝向来同脉相承：尚滋味、好辛香、嗜麻辣。

如若将德国年轻人称为"愚蠢的一代"[1]，或可将中国年轻人称为"嗜辣的一代"。时下中国"辣"风盛行，年轻人更是无辣不欢。辛辣口味在中国广受欢迎。从年龄分层来看，80后最爱吃辣；从地域分布来看，西部地区最能吃辣。发布于2008年的一项调查报告显示，在来自中国各地的2000名受访者中，偏爱川菜者不下600，偏爱粤菜者不足300，多寡悬殊，辣名远扬的川菜毫无争议地当选为最受欢迎的中国菜系。在最受欢迎的外国菜系中，以辣味见长的韩国菜亦是名列榜首，以563票对330票及237票的明显优势，遥遥领先于日本菜和意大利菜。管中窥豹，足见中国食客对辛辣口味别具厚爱。

　　伴随着西部大开发热潮的兴起，川菜越发名满天下。川菜走红的背后，菜品发明者及潮流引领者功不可没。在他们的带动下，21世纪的中国人对麻辣鲜香的川渝风味趋之若鹜。农家子弟发明了鸡肉新吃法，缔造了川菜新经典；山城妹子从贫家女打拼成"中国火锅皇后"，誓把旗下品牌打造成"火锅麦当劳"；底层青工一手开创具有中国特色的服务型餐饮王国，其经营模式风行全国……一个个成功案例成为践行"中国梦"的典范，让人联想到美国式的发迹梦——只要经过坚持不懈的奋斗，便能获得更好的生活。这些故事深深地吸引了我。西部那么"热"，我要去看看。

　　火车驶过一马平川的中原大地，离河南渐行渐远。在人头攒动的车厢内，一对年轻情侣正以"热辣"的方式，开启长逾28小时的西行之旅。热气腾腾，辣香习习，小两口人手一桶方便面，

————————

【1】参见《愚蠢的一代——我们到底有多笨？》(*Generation Doof - Wie blöd sind wir eigentlich?*)，Stefan Bonner / Anne Weiss 著，2008年科隆出版。作者将成长于数字化时代的德国年轻人称为"愚蠢的一代"。

吃得津津有味。面桶个头不小，外包装图文并茂，红彤彤的辣椒标识格外醒目，偌大的一个"辣"字更是充满了浓重的警示味道。

小两口年纪相仿，看模样不到 25 岁，一个美、一个壮，只是都早早地发了福。两人大快朵颐，不经意间将本应 6 铺共用的临窗小茶桌"占为己有"。小茶桌上满满当当，堆放的全是小两口的旅途给养：薯片、炸鸡翅、巧克力妙芙……拜其所赐，油腻腻、乱糟糟的气味毫不客气地充斥了整个隔间。

中国当代年轻人是吃洋快餐长大的。随着麦当劳和肯德基如雨后春笋般开遍神州大地，偏甜、偏油、偏辣的口味也日渐盛行起来。"人如其食"，此言果然不虚，高糖高脂的饮食模式造就了超重超肥的新生代，派生出层出不穷的"富贵病"。曾几何时，中国街头肥胖者寥寥无几；时至今日，中国街头肥胖者比比皆是。在 21 世纪之初，中国的超重人口已然相当于德国的全部人口。在节奏紧张的现代生活中，不尽合理的营养结构，偏爱快餐的饮食习惯，以车代步的出行方式，都是导致肥胖的罪魁祸首。

说到出行，火车总还是一些人出远门的首选。随着火车在神州大地上走南闯北，诞生于日本的方便面在突飞猛进的中国快餐市场上一路凯旋，获得了巨大的商业成功。在世界快餐业发展史上，东亚的安藤百福（1910—2007，原名吴百福，出生于中国台湾，后加入日籍）于 1958 年始创了"日清"（Nissin）方便面，北美的麦氏兄弟（Richard McDonald，1909—1998；Maurice McDonald，1902—1971）于 1940 年推出了"麦当劳"（McDonald's）汉堡包，二者的市场影响力可堪媲美。在紧张忙碌的工业化时代，方便面和汉堡包的问世大大地解脱了人们对饭桌与餐厅的依赖，让随时随地都可以饱餐一顿的梦想成为现实。正所谓"食足世平"，安藤百福的理念与拿破仑的见解不谋而合，饥饿是引发战争的罪魁祸首，只有食物充足，才有和平降临。基于"被饥饿催生的灵感"，安藤百福发明了冲泡即食的解饥佳品，不仅省时省力，而且便携便运。首款方便面脱胎于日本拉面，日本拉面传自中国。有了这层渊源，方便面热销中国说起来也算是"衣锦还乡"了。

车厢内，那对年轻情侣终于用餐完毕，我借机攀谈起来。他俩都是河南人，这趟出门是去重庆和四川游玩。

"这种方便面对你们来说会不会太辣？"我饶有兴致地问道。

"太辣？"男青年笑而作答，"再辣点儿才好呢！"

"方便面不辣不好吃！"女青年补充道，"我这个人无辣不欢，辣是我的生活必需品！"

"哦？"我好奇心大胜。

"吃辣能让我放松。"

这话听着有意思，我索性问她个究竟："吃辣还有这好处？"

"那当然，一辣解千愁嘛！我们经常约朋友吃火锅，或者下馆子品辣菜。痛痛快快地辣一场，感觉全身心的压力一下子就释放了。"女青年说到此处，男青年有感而发："我们这代人，怎么说呢，压力山大啊！"

纵观中国社会变迁，呈上升趋势的，除了肥胖率，还有压力感。据《北京科技报》报道，中国科学院于2007年公布的一项调查结果显示，在不同年龄段的在职者当中，20—30岁的年轻群体压力最大。这一结果有些出乎意料。按照一般经验，压力感不该是随着年龄的增长而增长吗？年龄越大，工作和家庭的双重责任越重，职场人的身心压力也会跟着水涨船高吧。

"压力山大？"我顺势问道，"为什么这么说呢？"

"工作生活两不易呀！"见我洗耳恭听，男青年也乐得一吐为快，"在我们公司里，一天工作 10 小时是家常便饭。活多得要命，人忙得要死。老板是香港人，眼中除了业绩还是业绩。职场压力已经够大了，还要被父母催婚。男大当婚，女大当嫁，受传统观念的影响，到了年龄不成家就会被人另眼看待。要结婚就得先买房，钱不够就得靠父母。花父母的钱就得顺父母的意，来自父母的期待也让人倍感压力啊！"

"理解。"

"除此之外，总得有辆车吧？"

"我不需要车。"

"那是因为你是外国人！"男青年耐心地为我解释，"你没这个压力！我们可躲不开！人家都有车，你不买成吗？要买还得买辆体面的！车是身份地位的象征，你明白吧？"我当然明其就理。身为来自汽车王国的德国人，对车的诱惑力还是很难完全免疫的。

"我买了辆帕萨特，车贷还没还完呐！"男青年叹了口气，"压力大啊！里里外外全是压力！这次能到外地玩几天太令人开心了！出门透透气是必需的！"

女青年瞄着我开腔道："辣也意味着性感嘛！不管是辣的味道，还是辣的情调，多让人痴迷呀！吃辣能带来快感，能激发我的情绪，能燃起我的兴致！"话到此处，小两口不无默契地相视一笑。

明智起见，我没再顺茬往下聊。简言之，吃辣有助于愉悦身心，吃辣有助于缓解压力。于是乎，中国人嗜辣成风，压力山大的年轻一代更是以辣为欢。

在中国，都市年轻一族的生活中可谓辣味十足。辣味带来的快感令人在不知不觉中嗜辣成习。每逢周五晚上，各地的泰国餐厅、印度餐厅和墨西哥餐厅都成了职场男女释放压力的好去处。酒至微醺人飘然，辣到劲爽心飞扬。当人体摄入辣椒素的时候，油然而生的是一种烧灼的痛觉。火辣辣的刺激让大脑误以为机体受伤并进而分泌具有止痛作用的内啡肽。内啡肽是一种内成性类吗啡激素，能让人产生欣快感，称之为"人体天然鸦片"也不为过。

小辣椒吃出大名堂，一代伟人毛泽东绝对是此中楷模。据原卫士长李银桥记述，毛泽东嗜辣成瘾，几乎到了无以复加的地步。对于伟大领袖而言，辣椒不仅是餐桌上的心头好，而且是斗争生涯中的得意法宝。"不吃辣椒不革命"，毛泽东因材施策，将佐餐佳品妙用为政治工具。时值1934年，为中国革命胜利奠定坚实基础的万里长征刚刚起步，中华苏维埃共和国主席在党内的领导地位尚未稳固，政敌四伏，毛泽东不吝动用一切手段来克敌制胜。针对李德（Otto Braun，1900—1974，德国人），毛泽东就充分发挥了湘人嗜辣的自身优势，以己之长，攻彼之短。李德是莫斯科派来的共产国际军事顾问，大权在握，对毛泽东多有压制。李德最怕吃的一道菜是油炸辣椒，毛泽东于是借题发挥，推出"辣椒革命论"来挤兑这位"洋钦差"："真正的革命者都爱吃辣椒！谁吃不得辣椒，谁就干不好革命！"[2]革命性被质疑，军事指挥能力也因"第五次反围剿"惨遭失败而饱受诟病，威望江河日下，李德渐渐失去了在党内的领导地位。

15年后，毛泽东的领导地位早已牢不可破。新中国成立前夕，毛泽东在西柏坡接见并宴请了斯大林特使、苏共中央政治局委员米高扬（Artem Ivanovich Mikoyan，1905—1970，俄国人）。原卫士长的李银桥在回忆录中写道："苏联人是很能喝酒的，米高

【2】参见《毛泽东"辣椒革命"论》，载于中国新闻网（http://www.chinanews.com/hb/news/2010/04-29/2255341.shtml）。

扬用玻璃杯喝汾酒像喝凉水一样。"[3] 南方人大多不胜酒力，毛泽东沾酒就脸红。若以喝酒论英雄的话，在座的中国代表谁也不是这个亚美尼亚人的对手。出于强烈的民族自尊心，毛泽东怎么肯任由米高扬自鸣得意。

毛泽东当即使出"杀手锏"，跟米高扬比赛吃辣椒。身为享受"特供"待遇的苏共高官，米高扬对美国进口食品可谓司空见惯[4]，此次访华还带了罐头之类的稀罕物来作秀；作为生活在物资匮乏时代的美食家，米高扬对中国传统菜肴却是慕名已久，表露出乐于学习、希望引进的态度。[5] 据李银桥回忆，米高扬兴致勃勃地吃起了辣椒，不过三两口，就被辣得泪流满面。见米高扬败下阵来，毛泽东开怀大笑，再次用"辣椒革命论"回敬苏联来宾："我们一向认为，越能吃辣的人越具有革命性！吃不得辣的同志，还不是彻底的革命者啊！"一席谈笑间，小辣椒再次派上了大用场。

到了 20 世纪 80 年代，中国经济开始腾飞。创造这一奇迹的邓小平（1904—1997）是四川人，同样以嗜辣著称。时代在发展，人们的饮食口味也在悄然变化。西味东渐，就连崇尚清淡的江南地区也食辣成风。回想 90 年代初，川菜馆和火锅店在南京一带刚刚兴起，我们一伙人坐在小板凳上，感受着露天火锅带来的初体验。红彤彤、油亮亮的一锅底汤，鲜嫩嫩、水灵灵的一桌肉蔬，冰凉凉、苦涩涩的一扎啤酒，一餐下来，麻到舌、辣到胃、爽到心。

【3】参见《走下神坛的毛泽东》，权延赤著，1989 年中外文化出版公司，第 109 页。

【4】参见《斯大林：红色沙皇的宫廷》(*Stalin: The Court of the Red Tsar*)，Simon Sebag Montefiore 著，2004 年 Phoenix 出版社出版，第 192—193 页。

【5】参见《走下神坛的毛泽东》，权延赤著，1989 年中外文化出版公司，第 109 页。

山不在高，有鸡则名

重庆是个独特的城市，坐落于长江和嘉陵江的交汇处，因其风貌瑰丽雄奇，素有"小香港"之称。在这个日益"千城一面"的时代，重庆依然保留着鲜明的个性与风韵，建筑依山错落，道路盘旋起伏，魔幻的立体交通令人叹为观止。

令人叹为观止的还有丰富的山城美味。重庆的饮食也是别具一格。重庆是名副其实的火锅之都，火锅几乎占据了重庆餐饮市场的半壁江山。重庆火锅久盛不衰，被誉为"中国火锅皇后"的何永智（重庆小天鹅集团创始人、重庆火锅协会会长）功不可没。在得以觐见日理万机的皇后陛下之前，我有 3 天时间在这座经济发展比较好的内地城市逗留，足以对蕴藏其中的饮食魅力探寻一番。

要想了解一个城市，最佳途径就是讨教经验老到的出租车司机。无论大城小镇，的哥都是当地的"万事通"。就这一点而言，重庆比京沪在价格上更占优势。等待载客的出租车还真不少，我扬手招了其中一辆，运气真不错，马师傅恰好是一位广闻博知的好向导。

"我带您去南山泉水鸡一条街吧！就在江对岸，距离市区也就几公里。"马师傅建议道。

"就这么说定了！"我很感兴趣，"泉水鸡一条街有什么特色？"

"随点随杀，一鸡多吃，别具风味的农家乐！"马师傅循循道来。多年以前，有位南山村民招待城里来的客人，别出心裁地来了个活鸡现宰现做，用泉水和香辛作料调味，将鸡块煸炸炒煨，创出了香辣鲜酥的"泉水鸡"，从此生意大火，引得周边四邻争相仿效。现如今，越来越多的城里人厌倦了紧张的都市生活，喜欢在闲暇时逃到乡下来游玩。重庆农民老早就嗅到了此间的商机，充分就地取材，开出了一家又一家泉水鸡餐厅，把泉水鸡一条街的名头越做越响。早些年重庆还很穷，就连再普通不过的鸡肉、鱼肉和猪肉也是平常人家难得一见的荤腥。"三大荤"中，鸡的养殖最容易，鸡肉因而成了重庆人餐桌上最喜闻乐见的美味佳肴。重庆群山环绕，几乎每座山都有一道特产名鸡。

村庄鱼塘养出的鱼、农家猪圈养出的猪、乡间地头养出的鸡，乃是中国的三大传统供肉源。在中国，人均鸡肉消费量仅次于猪肉，相当于牛肉的两倍多。鸡肉具有很高的营养价值，其蛋白质含量比牛肉还要更胜一筹。鸡不仅是产肉主力，而且还是下蛋能手，没理由不成为传统农家的养殖首选。[1] 在中国古代，鸡比现在更受青睐，尤其在油水寥寥的农家餐桌上，那绝对是"一鸡当餐，万夫垂涎"啊！想当年，可供打牙祭的品类实在屈指可数，年轻的俄国汉学家阿列克谢耶夫（Vasiliy Mihaylovich Alekseev，1881—1951）就曾在 1907 年 6 月 30 日的旅华日记中发出"鸡肉复鸡肉"[2] 的无奈。一路上打尖，压轴大菜总是鸡，多少有些令

【1】参见《中国食物》(*The Food of China*)，尤金·N. 安德森（Eugene N. Anderson）著，1988 年出版，第 129 页。

【2】参见《1907 年中国纪行》(*China im Jahr 1907*)，阿列克谢耶夫（Vasiliy Mihaylovich Alekseev）著，1989 年莱比锡 / 魏玛出版，第 166 页。

人腻味。腻味归腻味，在别无他选的情况下，无鸡可吃的滋味也不那么适意。

在欧洲，鸡也一向广受欢迎。法国最负盛名的美食家布里亚 - 萨瓦兰[3]对家鸡等禽类就别有好感。对于鹑鸡亚目类动物的存在，这位享乐主义大师从目的论角度予以了阐释："我……深信，整个鹑鸡类家族生来就是为了人类的厨房与宴席而存在的。"德国文豪歌德也非常喜欢吃鸡。他曾在日记中透露，每当翩翩佳人为他解鸡布菜时，他都会兴致勃发。[4]

如此东西逢源的家禽，的确不容错过。此番上山寻鸡，倒是轻车熟路。顺着南山陡壁，出租车一路爬坡而上。就在发动机水箱快要开锅的时候，一幢幢混凝土结构的新农舍跃然于前，"泉水鸡一条街"的招牌赫然在目。

农舍前，男男女女向我们挥摆着手势，争相在道边拦车揽客。"家家都想拉生意。"马师傅冲我笑笑，直接把车开向某个他知我不知的目的地。送客上门，马师傅是不是有回扣好赚，这就不得而知了。片刻之后，车子在一座半新不旧的农舍前停了下来。由于重庆湿气太重，年头未久的建筑竟已颓相毕露。

"这家店的泉水鸡最正宗！"马师傅介绍说。

"那就在这儿吃！您陪我，我请客！"

"不成、不成！"马师傅连连摆手，"您慢用，我等您！"

"那怎么行？"我执意相邀，"一整只鸡我可消灭不掉，您得助我一臂之力！"

【3】出自《味觉生理学》（*Physiologie du Goût*），布里亚 - 萨瓦兰（Jean Anthèlme Brillat-Savarin）著。参见德文译本 *Physiologie des Geschmacks oder Betrachtungen über das höhere Tafelvergnügen*，1979 年法兰克福 / 莱比锡出版，第 35 页。

【4】参见《歌德文集》（*Johann Wolfgang von Goethe*）魏玛版，第 I.5.2 章，第 346 页。

再三推辞之后，食欲战胜了客气，马师傅接受了我的邀请，陪同及点单的任务也就落在了他的身上。

这家店的格局很有意思。依坡叠筑，顺阶通连，厅堂厨苑的分布错落有致，尽显山城风范。我俩踏阶而行，刚步入厨苑区，就被领到了鸡棚前。

"您想要哪种鸡？"耳边传来农家大姐那浓重硬朗的川东口音，"这些是普通鸡，灰羽的是生态鸡，黑白花色的是农家土鸡。"后者最好也最贵。不远千里而来，自然要尝尝农家土鸡的味道。我随意一指，马师傅未持异议，我"钦点"的那只小生灵就被抓出笼外，挣扎又挣扎，扑棱又扑棱，还是被鸡棚大叔利落地捆住双足，挂到了秤杆上。

"两斤半！"鸡棚大叔高门亮嗓地报出分量。整只鸡按斤计价，换算下来将近17欧元（约合人民币127元）。这身价还真不菲，比普通鸡贵出整整一倍！不菲就不菲吧，此番前来本就是"但求最好、不吝最贵"！

"您想咋吃？"这个问题有些复杂，我不知如何作答，便向马师傅投去求助的目光。马师傅很在行："一鸡三吃，微辣口味！"如此足矣，无须再点其他。所谓一鸡三吃，本质上跟北京烤鸭差不多，绝对是物尽其用：将现杀之鸡分而治之，配以香辛调料和新鲜蔬菜，分别烹饪出"泉水鸡"以及"鸡血清汤"与"泡椒炒鸡杂"，三道菜肴一主两辅，口味上各有千秋。

我点了本地啤酒，马师傅很自律地选择喝茶。趁着候餐的空档，马师傅详细地为我讲述起来："这家字号叫'老幺'，是这里最早的泉水鸡店，创始人是普通农民，名叫李仁和。20世纪80年代的时候，李仁和开了间幺店子，供过往于城乡之间的客人随意吃点家常菜。'幺店子'是重庆方言，是'路边小店'的意思。

小店一开好几年，一晃到了90年代初。有一天，李仁和跟朋友打牌消遣，闲聊起鸡的吃法，李仁和突然灵光乍现，动起了新脑筋。调味如打牌，一手牌可打出万般奥妙，一手调料也可烹出万般奥妙。重庆这地方嘛，调料多得是，一定大有玩头。李仁和一时兴起，立马宰了一只土鸡，把厨房里的所有调料全都翻了出来，开始大显身手。土鸡被他剁成小块，辣椒、豆豉等各种佐味品被他调来试去，菜籽油被他用来煎炒烹炸……"说到这里，马师傅稍作停顿，特意跟我解释说，菜籽油在当时是乡下最常见的食用油。我会意地点点头。在我的印象中，那时候的饭菜似乎都是一个味儿，吃啥都少不了菜籽油的扑鼻浓香。马师傅接着讲下去："鸡块被煎得麻辣酥香，再加水炒煨一下想必更有味。加什么水好呢？李仁和自然想到了甘醇的山泉。源自南山的泉水恰好流经此地，配土鸡再合适不过。'泉水鸡'由此得名，重庆也由此成为正宗泉水鸡的独家产地。泉水鸡问世后大受欢迎，慕名上山的食客络绎不绝。2001年，泉水鸡被评为'中国名菜'，跟北京烤鸭属同一个档次。李仁和未曾想到，一时的玩心居然造就了这么大的成功。"

"泉水鸡一条街上的竞争对手这么多，对老幺的生意没影响吗？"

"没啥影响！"马师傅答道，"老字号毕竟是老字号，江湖上也有'踏破南山路，老幺第一家'的名头。品牌的影响力还是很大的。在吃的方面，中国人也喜欢追品牌。"

在这个食品生产工业化、食品安全丑闻令中国消费者忐忑不安的时代，在这个职场压力有增无减、金钱危机感和时间焦虑感日渐充斥着整个社会的时代，对"桃花源"的向往让越来越多的都市人寄情于郊野田园。沉浸在乡村的气息里，感觉仿佛又回到了久违的小时候。自2000年以来，"农家乐"在中国遍地开花。

简桌陋椅，鸡笼菜地，乡居之乐让游客忘却了都市的喧扰。携亲朋好友在祖先曾生活过的地方聚餐欢饮，该是何等畅快！品尝农家自产自供的乡土风味，该是何等放心！保证不含农药是农家乐经营者一再宣传的卖点，如有质疑，可随同亲往田间地头验证一下，植株叶片上的确不乏被虫咬过的痕迹。作为城里人和纯粹的食品消费者，只有在乡下才能享用到最好的农产品。在农药泛滥成灾的现实环境中，农民们聪明地自留了"一亩三分地"，种给自家吃的不打农药，打过农药的都批发到了城里。

主打乡村特色的新兴餐饮模式被称为"农家乐"。这厢生意够好，那厢饭菜够香，经营者和消费者都乐在其中。现代都市人渴望返朴归根。自 20 世纪 90 年代末以来，伴随着史无前例的中国城市化进程，应运而生的不仅有重庆之类的庞然大城，还有"吃农家饭，享田园乐"的休闲风潮。

小城镇也在快速扩张。曾经的乡野之地转眼蜕变成如今的百万人口大城。中国的城镇化率在 2010 年已达 50%，其后更是逐年攀升。很多生活在水泥丛林中的城里人渴望"逃离"，一有闲暇，便会驱车郊外，到老幺这样的农家餐馆里乐上一乐。老幺火了，见利跟风者蜂拥而来，泉水鸡一条街的人气就这样旺了起来。

终于，我们钦点的正牌鸡热气腾腾地香辣登场了。两道配菜——清汤煮鸡血配时蔬、泡椒炒鸡杂配芹菜——也一同上了桌。我请马师傅别客气，马师傅坚持等我先动筷。

恭敬不如从命，我把筷子率先伸向了香气扑鼻的泉水鸡。一咬之下，鸡块尚未触及舌尖，火辣辣的灼痛感就瞬间充斥于整个唇齿间。我被辣得龇牙咧嘴。毫无疑问，经过一番煸炸炒煨，浓浓的辣椒素已然深深地渗入在鸡肉中。辣感未去，麻感即来，青花椒的威力也不小，嘴唇顷刻麻木不仁，让人联想起在牙科诊所接受治疗的感觉。

好家伙，"微辣"都这么厉害！

"还好吗？"马师傅询问我的感受。这点辣度对他来说根本不在话下。

"还好！"我嘶嘶地呵着气。喝啤酒非但没怎么解辣，反倒把辣感传遍了全身。我忙不迭地往嘴里扒了两筷子米饭，这才感觉好一些。

"辣死了！"我纯属多余地感慨道。

"在川渝这一带，重庆人是最能吃辣的。"见我那惨样，马师傅很是抱歉，"我点的确实是微辣"。我当然信任马师傅。留意到体内的辣感在慢慢消退，我顿觉一身轻快。

迎辣而上的时刻到了。麻辣鲜香的泉水鸡惹人垂涎。我慎而又慎地咬出第二口。满以为味蕾会被再次燃爆，结果却出乎意料。火辣辣的感觉稍纵即逝，各种细微味道反而越来越分明。青花椒的柑香、黄花菜的馥郁，都是川渝特有的风味。农家土鸡的鲜嫩更是入口生香，超市里的冷冻鸡断不可比。

若没被第一口辣感吓倒，就能旋即品尝到经典川菜所特有的妙不可言的多滋多味。辣的初体验就像一道屏障，冲破对辣的恐惧乃是享用川菜的关键一步。

在品味农家乐之时，我也为农家人带来了快乐。他们颇有兴致地临街打量我。对他们来说，欣赏一下外国人初尝本地特色菜时的有趣模样，也不失为一桩乐事。面对诱人的盘中鸡，除了"辣你没商量"以外，要当心的还有"骨肉不分离"。超市里的冷冻无骨鸡肉并不为中国人所喜。在中国，最受欢迎的烹鸡方式有两种，要么整鸡炖汤，要么剁块入菜，全都是连皮带骨一起来。唯有不介意啃骨吮髓，才能品尝到真正的好滋味。

饱享了一只正宗泉水鸡，我和马师傅继续前行。作为土生土长的重庆人，说起家乡的特色鸡来，马师傅如数家珍："江北铁山坪的花椒鸡味道也不错，可要说引领中餐新潮流的，还得数朱天才首创的辣子鸡。"

"这菜能有什么特别之处？辣椒不是川菜中最常用的配料吗？"

"相信我，朱氏辣子鸡真的与众不同。"马师傅很是肯定，"这菜在全国都很火，您准保在上海、北京或其他地方吃到过。"

脑中灵光一闪，我向马师傅求证："是不是在满满一盘的红辣椒里翻来覆去地找鸡丁吃？吃一口得找半天，找得倒比吃得欢？"

"对头！"马师傅忍俊不禁。

"这道菜的发明者是重庆人？"

"是位重庆老爷子！"马师傅向远处指了指，"他的餐馆就开在歌乐山上！"

我闻言暗喜，明天的去向有了着落。

次日，我懊恼地发现，我没有存马师傅的手机号码。原本可以请他带我去寻访朱天才的！"天才"这名字起得很有先见之明——凭借其天赋与才干，朱老爷子始创了天下闻名的歌乐山辣子鸡。无法联系上马师傅，我只好另寻他人，希望别的出租车司机对朱天才也有所耳闻。

扬手招到一辆空车，我一开口便说："去辣子鸡创始人那里！"听到这样模糊笼统的地址，德国的出租车司机肯定会一脸迷茫，而重庆的出租车司机却是一脸笃定。

"那去歌乐山喽！"

一句话令我放松下来。

"您去吃午饭吗？"

我冲他点点头。

"朱天才在这里无人不知，跟何永智一样大名鼎鼎！"

这句话提醒了我，觐见"火锅皇后"的日子就在眼前。我扫了一眼出租车服务监督卡，司机姓孙，编号很靠前，想必资历很老了。

"您开出租车有些年头了吧？"

"20年喽！"孙师傅有些感慨，"干这行之前我是厨师！"前厨师开车送我去拜见重庆的"辣子鸡大王"，真是再合适不过了。

"您为什么不做厨师了？"我很好奇。

"太辛苦了！"孙师傅答道，"辛苦不说还特别伤身体！厨房里成天烟熏汽打，我的眼睛严重受损，动不动就流泪，所以我就没再干下去。"

说话间，我们已驶离横贯东西的高架路，向山而行。在高楼密集区之外，重庆那叫一个绿意盎然。郁郁葱葱的亚热带林木，苍苍翠翠的东方竹韵，或浓或淡，相映相连。大自然保留了山的本色，城市化改变了山的气质，与南山相仿，一路上峰回路转，层叠错落的农舍由远及近地映入眼帘。入山没多久，孙师傅冷不丁地抬手指向前方："瞧见那位穿红夹克的老爷子没？站在店门口的那位？他就是朱天才！"我将信将疑地上下打量，名震江湖的"辣子鸡大王"不像是腰缠万贯的样子，真要富甲一方的话，也没必要亲自在店门口候客迎宾了吧？会不会走错地方了呢？我正暗自思忖，赫然入目的大字招牌立马消除了我的疑问：全国首创辣子鸡1986。

孙师傅停好车，快步上前打招呼。两人貌似很熟络。半刻工夫后，孙师傅返回来对我说："朱天才请您品尝辣子鸡！我告诉他您是记者，想写写他的故事。"

孙师傅对我的介绍并不完全离谱。老爷子走过来，一边欢迎我的光临，一边热情地递上一支香烟。我再三推谢，没有因入乡随俗而破了非吸烟者的道行。老爷子转敬孙师傅，孙师傅并未多加客套。敬罢了外宾和熟人，这位名震江湖的辣子鸡大王摸出别在耳后的手卷烟，悠然地为自己点上。中国一直是烟草消费大国，尽管近年来也效仿欧美颁布了公共场所禁止吸烟的法令，但却很难做到令行禁止，在城市倒还初见成效，在农村却是形同虚设。在男人世界中，敬烟是最起码的待客之道，是拉近彼此距离的社交礼仪。中国香烟贵贱悬殊，价格越高，所表达的敬意就越重。老爷子用"中华"烟来招待我，绝对是给足了面子。

"您是记者？"老爷子问道。

"作家。"我没多说，他也没再细问，反正都是码字儿的，区别不大。

"我想一饱耳福，听听有关您和辣子鸡的故事，更想一饱口福，尝尝您的招牌菜！"

老爷子哈哈大笑："厨房已经在做了！我让他们给您挑了只特别好的鸡！"

进门落座，冷菜渐次摆上了桌。

老爷子热情地劝吃劝喝。就着油炸花生米和凉拌竹笋丝，我们津津有味地聊起来。

"这辣子鸡的创意是我从贵州带过来的，我在贵州当过兵。"老爷子娓娓道来。贵州地处西南，与越南和老挝相距不远。

"您听说过吗？贵州人是含着辣椒出生的！"老爷子面带促狭的笑容。

"哦？"我洗耳恭听。

"贵州有句古谚：吃饭没酸辣，龙肉都咽不下！"

说话间的工夫，菜都上齐了。在一个硕大的盘子里，油亮亮、红彤彤的辣椒如山似海，焦金酥嫩、星星点点的鸡块散落其间。这"满盘香辣"的阵势比昨天的泉水鸡还有过之而无不及。

"尝尝看！"老爷子招呼着我和孙师傅。有了昨天的前车之鉴，我生怕再被猛地辣上一口，小心翼翼地举起筷子，伸向鸡块中的小不点儿。

老爷子看在眼里，连忙出言安慰："这菜不太辣的，放心吃吧！"

我微微闭上眼睛，把那小小的一粒鸡块送入口中，轻嚼慢品。

还真是"眼见为虚、口尝为实"，我根本没被辣一跳！这道菜并不令人望辣生畏：肉质鲜嫩，辣度适中，酥麻可口，回味悠长。在满盘红辣椒的辅衬下，粒粒溢香的鸡块更加撩人味蕾、勾人上瘾。

"太好吃了！"我大快朵颐，"我以前尝过不少辣子鸡，感觉上总是千篇一律，干而无味，辣而不香，跟西式快餐鸡米花没什么两样！今天来到您这里，我终于尝到了正宗辣子鸡的与众不同！"

"要说正宗辣子鸡，这里可是独一份！"孙师傅恭维道。

老爷子听了面露得色。可不知怎的，我总觉得老爷子似乎心有隐忧。

"您肯定是大富翁了吧？"我试探性地问道，"您首创的辣子鸡红遍了大江南北，全国半数左右的中餐馆都把辣子鸡列在了菜单上，上档次的川菜馆更是家家如此。您作为名菜创始人……"

老爷子叹了口气："本该是的。可中国餐饮界抄袭成风，没谁能够阻止得了。"

"您没为您的发明申请专利保护吗？"我问道。

老爷子不理解地看着我："专利保护？针对谁？抄袭者？"

"当然！"我回应说，"中国也有保护知识产权的法律法规呀！"

"可谁会把这当回事儿呢？又有谁来监管这些法律法规的执行？"孙师傅感慨道，"在我们国家，抄袭之风很难杜绝，谁管你什么专利不专利的！"

我点了点头，不由得想到北京烤鸭的故事，那不也是菜品专利侵权的典型案例吗？

转而想到风靡德国的土耳其旋转烤肉和柏林咖喱香肠。德国著名的街头美食不也没有专利保护吗？尤其对名厨而言，被抄袭是无可避免的命运。

对策只有两个：卓越的营销手段和优异的客户关系。想要逆转被抄袭的困境，空有"辣子鸡大王"美名的朱天才显然有心无力。身为一介农民，朱天才不够幸运吗？比起背井离乡到大城市打拼，靠建楼、修路、铺铁轨等苦活重活换取微薄收入和仅以粗茶淡饭果腹维生的成千上万默默无闻的农民工们，朱天才是成功而幸运的；比起靠抄袭他的创意而赚得盆满钵满的富商们，朱天才的幸运还是打了折扣。

这位幸运的中国农民创造了一个传奇。美味的辣子鸡虽未造就"大富"，却也带来了"小康"。在重庆，南山泉水鸡也好，铁山坪花椒鸡也好，歌乐山辣子鸡也好，其创始人都凭借自身努力摆脱了"面朝黄土背朝天"的生活。这可是实实在在的了不起的成就。不管怎么说，要想有所发展，必须有所创新。而在开拓新思路、创造新商机方面，中国农民的智慧是无与伦比的。

泉水鸡

　　玩心是创造力的源泉。这句话在重庆南山也适用。如果李仁和当初不曾玩心大发，不曾利用当地特产和山水资源摆弄出重庆特产泉水鸡，那么我今天就不可能享受到如此口福。爱玩之心，人皆有之，厨师和中国人尤甚——此乃食客之幸，善哉善哉！

食材：

　　现杀土鸡 1 只（超市冷冻鸡勿选）

　　大豆油足量

　　新鲜青花椒或干粒红花椒 4 汤匙

　　姜 1 块

　　蒜 1 头

　　泡椒 10 个

　　老干妈香辣豆豉 2 茶匙

　　豆瓣酱 1 茶匙

　　酱油 1 汤匙

　　鸡汁 2 茶杯

　　料酒 1 汤匙

　　白糖 1 茶匙

　　葱花 1 汤匙

　　花椒粉、胡椒粉、干红辣椒、盐各适量

　　优质山泉或无气泡矿泉水 1 瓶

做法：

1. 将清理干净的土鸡剁成小块后盛入碗中，加入酱油、料酒、姜丝、花椒粉、胡椒粉，细拌慢腌半小时。

2. 将香辣豆豉和豆瓣酱混拌均匀，将泡椒一切两半，将姜块切成细丝，将蒜瓣切成薄片，将干红辣椒择好备用。在准备这些配料时，不妨添加些许玩心和创意，如意大利大厨般将蒜片切得薄如蝉翼，如美学大师般将调色玩得随心所欲。

3. 在锅中倒入足量的大豆油烧热，放入新鲜青花椒和码好味的鸡块充分翻炒。记得将抽油烟机开到最强一档，以免呛咳。

4. 将之前备好的所有配料倒入锅中炒匀，加少许白糖调味。

5. 在锅中倒入一定比例的山泉或矿泉水，汤汁不宜过清、过淡，可适量加盐。

6. 文火慢煨半小时，出锅装盘，撒上翠嫩的葱花点缀其间。

川菜创新随想

重庆的几大名鸡让我很接地气地步入了川菜的世界。同整个中国一样，川菜的世界在本源上也充满了乡土气息。令我惊叹的是，在这个快速城市化的时代，川菜在农村地区竟也不断发展。尽管简单，却创意无限。朱天才自创了辣子鸡，李仁和自创了泉水鸡，莫非白手起家的重庆厨师都是创新者？

欧洲词典对"发明"的定义通常给人以理性的、有法可循的、跟自然科学紧密相关的印象。"从专利权意义上讲，发明是应用自然规律解决技术领域中特有问题而提出创新性方案、措施的过程和成果。"[1]进一步来说，发明不同于发现，发现是揭示自然界已经存在的但尚未被人们认识的自然规律和本质，而发明则指一种新事物或技术的首度出现。

根据上述定义，朱天才们都是新菜品的发明者。他们捣鼓出这些发明，兴趣使然的成分远大于理性使然。他们属于并非科技达人的创新者。他们几近本能地用熟知的原料调烹出全新的口味，

【1】参见《迈耶大词典（口袋版全24卷）》（*Meyers Großes Taschenlexikon: In 24 Bänden*），2006 年莱比锡 / 曼海姆出版，第 1952 页。

为饮食男女带来了口腹之乐。正如布里亚 - 萨瓦兰所言，新菜肴的发明比新天体的发现更能给人们带来切切实实的幸福体验[2]。

中国古代有很多重大发明：火药、活字印刷术、指南针、造纸术……在科技发明和发现领域，中国在历史上一度遥遥领先，但近几个世纪以来却被西方国家远远甩在后面，就连长期以中国为师的东瀛邻国也后来居上。根据世界知识产权组织（World Intellectual Property Organization）发布的统计数据，2007 年全球发明专利授权量排名前三的国家依次为日本、美国和韩国，中国只能屈居其后。

古代中国曾是科技发明强国，现代中国则难以摆脱剽窃抄袭的名声。如果布里亚 - 萨瓦兰之言备受推崇，如果烹调创新能力更受重视，面对外界指摘，中国人就能平静以待。"饮食为人类发展奠定了极为重要的基础"，这一理论或被视为中国的一大发现。假设被公认为"人类进步的指向标"的是"饮食"而非"科技"，不必仿冒成风，中国也能获取经济大国的地位。中国或可再现宋朝"科技发展黄金时代"的辉煌，以"发明家和发现者的国度"的风采，从容而自信地屹立于世界民族之林。在饮食领域，中国历来富于创新，不仅新式菜品数不胜数，而且创意餐馆层出不穷。游走在广布紫红色沃土的四川盆地，一不小心就会与充满创意的店家来场美丽的邂逅。

在重庆访山品鸡后，我启程前往成都。成都是四川省会，距重庆仅几小时车程，两地之间的交通十分便捷。我和一位知名美

【2】出自《味觉生理学》（*Physiologie du Goût*），布里亚 - 萨瓦兰（Jean Anthèlme Brillat-Savarin）著。参见德文译本 *Physiologie des Geschmacks oder Betrachtungen über das höhere Tafelvergnüge*，1979 年法兰克福 / 莱比锡出版，第 16 页。

食记者约好了共进晚餐，她邀请我去成都周边的小城德阳。这让我很纳闷，成都餐馆遍地，为什么要舍近求远呢？看出我的疑惑，她对此笑而不语，任由我一路上暗自揣测。将近两小时后，车子停了下来，我们来到一座灯火辉煌的玻璃建筑前，高悬其上的四个大字格外惹人注目：今日东坡。这店名很是别出心裁。记者朋友猜到了我心中所想，就此评论道："如果只以菜品或字号论英雄的话，中国绝对是世界上发明专利拥有量首屈一指的国家！"

稀客登门，"今日东坡"的张总亲来欢迎。宾主寒暄后，我的目光落在了餐厅门口的几个大字上：先进士，再进食。利用谐音之趣，今日东坡设计了个进门小机关，客人要想入店"进食"，需先触摸石狮下方的"进士"二字，这样的开门方式不可谓不妙。

"您听说过大诗人苏东坡吗？"张总问我。我点点头。这家店就是由此而得名的吧。

"苏东坡（1037—1101）出生于北宋眉州，是名副其实的四川人！"张总不无自豪地介绍说，"苏东坡不仅是位杰出的诗人，更是位泰斗级的大学者。'蜀中多才子，三苏天下奇'——苏东坡了不起，他的父亲苏洵和弟弟苏辙也不含糊，一门三进士，同列'唐宋八大家'。以'三苏'为灵感，我在德阳开了这家文化主题餐厅。三苏在文学上造诣极高，苏东坡更是冠绝古今。苏大文豪还是位家喻户晓的美食家，千年名菜'东坡肉'就是以他命名的。作为一家集文化传承与菜品创新于己身的川菜馆，'今日东坡'始终遵循三大原则：创制好味道，承继好传统，修习好文化。这也算是我对新川菜的一点儿贡献吧。"

说话间，张总领着我们落了座。"上头道菜！"张总兴致饱满地吩咐道。候立一旁的两位服务员应声离去，黑衫白裙，雅致而利落。

不一会儿，两位姑娘去而复返，将"笔""墨""纸""砚"摆放在餐桌上。

记者朋友为我现场解说："这是文房四宝，中国古代传统文化中的文书工具。"

"诗兴在先，食兴在后！"张总乐呵呵地把"笔"和一双筷子递给我，"来，尝尝看！"

"尝什么？"我莫名其妙。

"笔毫！"张总一副好戏在后头的表情。

我不可置信地尝了一口，那"笔毫"竟然是用蔬菜腌制的！要的就是这种效果，张总很乐意让客人体味惊喜。在今日东坡，文房四宝是可以下肚的！

"来来来，感受一下三苏的才情，品尝一下舌尖上的诗意！"张总让我再接再厉。

我好奇心大胜，把筷子伸向"墨"和"纸"。"墨"是用鸡蛋面糊煎成的，又脆又香；"纸"是白白嫩嫩的绢豆腐，吃起来很像稍加烘烤的法国卡蒙贝尔奶酪，只是口感更淡更柔些。

在张总的示意下，第二道菜很快上了桌。"东坡回赠肉——我们店里的招牌菜！"摆在我们面前的简直是件艺术品。手掌形状的碧玉盘中，青翠欲滴的嫩菜叶上，方方正正的四块五花肉厚墩墩、香嘟嘟、油亮亮地静立其间。东坡肉果然名不虚传！关于这道菜的由来，民间流传着一段佳话：苏东坡任杭州知州时，因疏浚西湖而深受爱戴，百姓抬酒担肉来感谢为民造福的父母官，苏东坡推辞不过，指点庖厨将肉切块红烧，一一回赠筑堤浚湖的民工。众人感恩，遂以"东坡肉"命名。

"肉，味道不错吧？"难掩内心的激动与自豪，张总投来期许的目光。

从那手掌形状的碧玉盘中，我夹起一块肉，细细品鉴。汁味醇浓，香糯不腻口，微甜的底味中蕴含着江南的风情。

"完美之极！"我不由得竖指称赞。

张总连连道谢，而后小心翼翼地提了句："希望大记者与您同感。要是能写写'今日东坡'的文学趣味，那就再好不过了！"

"一定！"美食记者一面应承一面将筷子再次伸向东坡肉。

"您这创意是怎么来的？"我刨根溯源。

张总侃侃而谈："川菜是中国乃至世界上最受欢迎的菜系之一。川菜的味道绝对没得说，川菜的形象可就太过乡土气了。四川是个文化底蕴非常深厚的地方，历史悠久，名人辈出。何不依托四川饮食之美向世界展示四川文化之美呢？文化不仅根植于头脑中，而且根植于肚腹中。随着富裕程度不断提高，中国社会上大吃二喝的风气必将适可而止，对文化享受的追求终究会重归主流。饮食是我们国家的文化遗产。饮食艺术历久长青，根在古昔，枝繁叶茂于当代。'今日东坡'力求将美食成果与文化精髓完美融合，于一看一馔之中、一啜一饮之间，体味诗词书画之美、修齐治平之道。'今日东坡'注重在传承中求新求异，大厨们除了在店里操持，就是到四处考察。今日东坡的每道菜品都有来头，都是大厨们从全省、全国、全世界搜新猎奇后精心研发的结晶。"

张总的讲说充满激情。在张总之前，我只听过一位德国建筑师如此狂热地畅谈自己的创意。德国建筑师为中国某座新城构想了一个整体规划，张总为中国现代餐饮描绘了一幅发展蓝图。

与东坡肉相比，接下来的几道菜同样可圈可点，文学渊源上虽略输一筹，口感味道上却毫不逊色。三巡五味过后，张总隆重宣告："作为压轴，特请二位品尝一道'今日东坡'原创菜！"随着他的话音，3个白瓷小圆鼎依次出现在我们面前，敛口带盖，不见内里乾坤。

"请吧！"张总示意我们揭开鼎盖。如法照做后，目之所见令人有些难以置信：一钵清水，两根嫩菜，仅此而已？！说实在的，整道菜美则美矣，可这"简约"的程度，恐怕连法国厨艺泰斗保罗·博古斯（Paul Bocuse，1927—2018）也会觉得太过极致了吧？"古谷水煮芥菜！"张总兴致勃勃地着重推荐，"这可不是什么普通的水，这是世界上最纯净的天然水！"

世界上最纯净的天然水……出自中国？张总丝毫不像在说笑："古谷水采自四川最高峰的最大冰川。"

总之一句话，此乃最高峰之最大冰川之最纯净矿泉水。言必称"最"一向是中国特色。四川最高峰是海拔7556米的贡嘎山，从如此之高的冰川到如此之远的德阳，光这一取一运就可谓大不易。为了在创新川菜领域里独树一帜，张总显然不辞劳苦。遐迩古今皆入味，山高路远又何妨。

夜色已浓，在返回重庆的路上，我且行且思。张总也是位创意狂，900多年前的风流名士被他"请"上了桌，7556米高的冰川融水被他"化"成了汤。没有做不到，只有想不到。在吃的方面，中国人从来不缺乏创造力和想象力。创意无极限，但要有度。比起张总的瑰思奇想来，朱天才们的创新鸡肴更接地气、更合我的口味。阳春白雪，下里巴人，饮食天地浩渺无垠，蕴含着丰富的可能性。

鱼香茄子

　　鱼香料也属于川菜的一大创新，其发明者不再是农夫，而是一位巧妇。据传，这户人家特别爱吃鱼，对烹鱼的配料也极为讲究。一日，女主人因家中无鱼而犯愁，唯恐口味刁钻的丈夫不开心。正无计可施间，她灵机一动，把烹鱼的调料炒了一道茄子出来。丈夫一尝，大喜过望……

食材：

　　　　嫩长茄 2—3 只

　　　　嫩葱花 1 小碟

　　　　（以下均为配制鱼香料所需）

　　　　酱油 15 毫升

　　　　镇江香醋 10 毫升

　　　　料酒 10 毫升

　　　　白糖 2 汤匙

　　　　香葱碎 1 茶匙

　　　　姜末 1 茶匙

　　　　蒜蓉 2 瓣

　　　　生粉 1 汤匙

　　　　鲜辣椒粉 1 汤匙

做法：

　　1.将茄子洗净去蒂，先纵向一切为二，再均匀切成5

厘米左右的长段。如茄皮太厚，建议先去皮。

2. 起油锅，先倒入鱼香料煸出香味，随即倒入茄条翻炒均匀。

3. 出锅盛盘，撒上葱花。

提味法宝

　　K282 次列车行进在暮霭中。5 点刚过，旅客们就陆陆续续地吃起了晚餐。中国人习惯于到点儿吃饭，晚餐多在 6 点来钟结束。一时间，啖啜之声此起彼伏，多数人吃的是方便面，少数人吃的是铁路快餐。"铁老大"的餐饮一向不怎样，盒饭毫无色香味可言，还好有些许剁椒点缀其间。在中国，自家里和餐馆里的饭菜有多好吃、多丰富，火车上和飞机上的饭菜就有多难吃、多单调。食在旅途，体验到的不是天堂般的享受，而是地狱般的无奈。令我至今不解的是，这么一个以食为天的国度，为什么不能为旅客提供富有吸引力的餐饮服务呢？本是美食之国的原汁原味，奈何比异国街头三流小店出品的亚洲炒面还不如，真真让人无语。在本次列车上，很多有先见之明的乘客都随身携带着瓶装辣椒酱，以备旅途中调味之需。

　　味渐不闻声渐消，一餐已毕，一个个快餐盒纷纷落入置于车厢两端的大黑垃圾袋中，没有像 15 年前那样嗖嗖飞出窗外。隔窗抛物的不文明行为消失了，这与空调列车不能开窗也有一定的关系。幸得辣味相助，快餐盒大多被清空了，乘客们总归被填饱了。

　　在 16 世纪晚期之前，中国人还不知辣椒为何物。甫一传入中国，辣椒便在部分地区掀起了一场饮食革命。时值明朝万历年间，随其他果蔬一道，辣椒被西班牙人或葡萄牙人经广州带入中国。广州是中国最早开放的门户，曾一度成为中国唯一的对外通商口岸。辣椒经由广州北上西进，既未走红粤地，也未风靡江南，而是在气候潮湿、经济落后的黔桂湘一带渐成如火如荼之势。随着一路开疆拓土，辣椒在华中和西南的山乡僻壤落地生根，深受当地百姓的喜爱。辣椒得宠与山区缺盐亦不无关系。到了17世纪，"以辣代盐"的吃法十分普遍。盐太金贵，用物美价廉的辣椒来提味下饭也是不错的选择。有别于崇尚清淡的沿海地区，黔桂湘自彼时起就形成了喜辣、喜咸、喜油的口味偏好。

山乡食风浓郁厚重，得辣椒助味恰到好处。辣椒的主要活性成分是辣椒素。辣椒素属亲脂性化合物，是辣味的始作俑者。如同酒精入喉，如同痛感加身，辣椒素的摄入也会诱发"人体天然鸦片"的分泌。辣椒素所导致的烧灼感可刺激人体释放内啡肽，让人产生愉悦而兴奋的快感。

同为令人食之上瘾的舶来品，辣椒未曾"滋事"，鸦片却引发了战争。19世纪，贪婪的中外商贩沆瀣一气，罪恶的鸦片贸易将中国陷入了几乎全民吸毒的境地。辣椒与鸦片相比，虽致瘾但不足为患，虽走俏但供可应求，是以广受欢迎。

为了在火车上度过一个内啡肽十足的夜晚，我也开始行动了。取出方便面，撕开外包装，撒好三包料，走向茶水间，来至嘶嘶作响的不锈钢沸水炉前，尽量站稳身形，小心翼翼地转动着一不留神就会向外喷溅的水龙头，经过几次三番的尝试，终于完成了冲泡及关水的高难度动作，端着烫手的面碗，穿过长长窄窄的过道，好不容易才顺利返回铺位，庆幸中途没有烫到踩我一脚的3岁小孩。还真别说，在中国乘火车并非毫无惊险。

一位中年乘客目睹了我的备餐过程，用流利的英语善意地调侃道："谁知车中餐，顿顿皆辛苦啊！"我也不无风趣地回之以中文："一切辛苦都是为了搞坏胃啊！"听我这么一说，他不由得哈哈大笑，饶有兴致地聊开来："我是经济记者，多年以来一直在关注中国的饮食问题。您这碗方便面里没少放辣椒粉吧？这小辣椒可有大说道！您知道吗？辣椒不仅是饮食风尚的引领者，还是经济形势的影响者呢！印度和中国是当前世界上最主要的两大辣椒出口国。如果中国人继续嗜辣成风的话，用不了多久，中国就会成为全球最大的辣椒消费国。想想这市场潜力有多么巨大！退回到20年前，大多数中国人还不太习惯吃辣呢！中国不同于印度，中国的嗜辣习俗不是自古就有的，中国的饮食文化也不是历来以辣为基色的。中国文化具有很大的易变性，好比变色龙，一时一个样，什么都是一阵风。就连农民种田也跟风，经常是啥热种啥。机敏、活络，中国农民一向善于见风使舵。就拿2007年来说吧，眼见国际市场辣椒价格暴涨近三成，中国农民就一窝蜂地赶种辣椒，导致辣椒产量一下子猛增了50%。"

"过剩危机随之而来？"我饶有兴趣地问道。

"中国自然未能幸免。面临严重滞销的不利局面，精明的中国商家并非束手无策。他们一面大量囤积货源，一面四处宣扬吃辣椒有助于预防流感的说法。中国人最关切的莫过于健康，最向往的莫过于把健康吃出来。多吃辣椒、少得流感，商家的炒作迎合了大众心理，辣椒一度供不应求，价格几乎翻了一番。一时间，辣椒行情成了网络上投资者们热切关注的焦点，'辣椒泡沫'成了新闻媒体争相热议的话题。这现象不新鲜吧？是不是让您联想到了……"

"房地产投机！"我接口答道，"当前中国最热的话题！"

"没错！"他冲我点点头，继续侃侃而谈，"我们中国人天性好赌。凡是热辣抢手的，都能激发出我们身上的投机基因。房地产也好，股票也好，辣椒也好，该出手时就出手，这把输了，下把再来。"

回锅肉

甫至成都，我就有幸尝到了最正宗的回锅肉。回锅肉是非常有名的一道四川特色菜。在中国，但凡一家小餐馆，几乎都卖回锅肉。不尝不知道，一尝忘不掉，这蜀地的回锅肉还真是独特而地道。

食材：

五花肉 250 克

青椒 1 只

大葱或蒜苗 2 根

甜面酱 2 汤匙

老干妈豆豉 1 汤匙

白糖 1 汤匙

鸡汁 1 杯

大豆油适量

做法：

1. 将五花肉洗净后冷水下锅，煮 20 分钟。

2. 将五花肉出锅冷却后切成薄片。

3. 将青椒洗净去籽后切成小块。

4. 将大葱（蒜苗）洗净后切成小段。

5. 起油锅，将肉片煸至卷边焦黄后出锅。

6. 将青椒下锅，略炒后盛出。

7. 将甜面酱、豆豉和白糖下锅，加鸡汁炒匀。

8. 将肉片第三次下锅，翻炒入味。

9. 将青椒和大葱（蒜苗）下锅，加水合炒，勾芡后盛
   盘——油亮喷香，教人如何不垂涎！

东坡墨鱼

　　跟苏大文豪沾名带故的，不仅有东坡肉，还有东坡墨鱼。东坡墨鱼是四川传统名菜，起源于乐山。乐山离德阳不远，因乐山大佛而闻名于世。

食材：

　　四川墨头鱼 1 条（亦可用鳟鱼代替）

　　麻油 50 毫升

　　豆瓣辣酱 50 克

　　猪油 50 克

　　葱花 1 汤匙

　　葱白 1 根

　　姜末和蒜蓉各 1 茶匙

　　镇江香醋 40 毫升

　　绍兴黄酒 1 汤匙

　　淀粉 1 茶匙

　　盐和白糖各适量

　　酱油 2 汤匙

　　鸡汁 1 杯

　　红椒丁若干

做法：

　　1. 将鱼清洗干净后一剖为二，剔去脊骨后在两片鱼身上各划 6—7 刀。

2. 用盐和绍兴黄酒腌浸鱼身。

3. 将葱白切成长约 7 厘米的细丝。

4. 用淀粉和麻油涂抹鱼身并渗入刀口。

5. 起油锅，将鱼煎至金黄，出锅装盘。

6. 将猪油入锅化开，加葱花、姜末、蒜蓉、豆瓣辣酱煸锅，调以鸡汁、白糖、酱油，勾薄芡，下葱花，烹香醋，淋麻油，快速起锅后一笾统浇漫鱼身，最后撒上葱白丝和红椒丁来锦上添花[1]。

---

[1] 参见《苏东坡美食笔记》第 230 页。

火锅皇后

　　从前有位小姑娘，在饥饿年代中成长，对美食充满了向往。在她的内心深处，最渴望一年一度的春节。每当春节来临，全家人就能饱饱地吃顿团圆饭；每当春节来临，小姑娘就能美美地吃上她朝思暮想的火锅。春节之于她正如圣诞节之于西方小朋友，那可是盼了一天又一天啊！

　　小姑娘出生于重庆近郊的贫寒农家。生活在 20 世纪 50—60 年代的两江流域，城里人也好，农村人也罢，几乎没谁能够饱食无虞。一贯以来的贫困已够难捱，新中国成立初期的艰难更是雪上加霜。一年到头饥肠辘辘，唯有在春节期间才能奢侈地放开肚皮吃火锅。

　　蔬菜、肉食、猪红、鸡血、内脏、豆腐、菌菇……山城内外的可食之物通通上了桌，下了锅，出了汤，入了肚。合家围炉庆团圆，红红火火又一年。红辣辣、油亮亮、热腾腾的火锅充满了魔力，那喜乐的气氛，那诱人的美味，多么让小姑娘心驰神往啊！

　　"火锅的魅力自那时起就深深地吸引了我。"回首 50 年前，何永智如是说。昔日历经饥窘的灰姑娘如今已发展成为名扬四海的"火锅皇后"。

采访时间仅限 10 分钟。贵为"火锅皇后",俨然如教皇般寸时寸金。机会难得,我请她讲述一下自己的故事。

"当年的生活很艰苦,人们迫切希望走出困窘。身为从小就对火锅情有独钟的重庆人,我一直心怀梦想,期冀让重庆火锅红遍全国。拜改革开放之福,我有幸梦想成真。至于谁是火锅的始祖,目前尚无定论。火锅传了一代又一代,很可能起源于四川或重庆。当然,在我们重庆人内心中,更相信是自己的祖先发明了火锅。

"正宗的重庆火锅以麻辣为特色,足麻足辣外地人受不了,微麻微辣本地人又不喜欢。这个难题怎么解决呢?

"有一天,大概是在 1982 年,我前往舅舅家做客。舅舅家住在重庆市中心。乡下姑娘对进城总是满怀期待,喜欢见识见识城里人的走俏装扮。年轻女人嘛,终究按捺不住对漂亮衣服和时尚潮流的渴慕。20 世纪 80 年代初的中国呈现出欣欣向荣的景象,好日子在前头等着我们,我们为此而努力打拼。轮渡行至江心,我无意中发现,嘉陵江水和长江水居然是两种颜色,您瞧!"

何永智递给我一张照片。照片是从重庆的某座高楼上拍摄的,以鸟瞰的角度,展示了两江在重庆相汇的景观。清秀的嘉陵江水色清浅,雄浑的长江水色浊深,两不相扰,泾渭分明。

见我认可,何永智继续讲述:"嘉陵江的水偏绿,气质温润;长江的水偏黄,声势浩瀚。两江相汇,就像一锅拼两味。您瞧,作为地地道道的中国人,我首先就往吃上想。大自然激发了我的灵感,困扰许久的难题一下子迎刃而解。若在火锅中央焊上一块隔板,不就能两全其美了吗?一半盛清汤,以鱼汤、香葱、番茄及清淡调味品为主;一半盛红汤,以传统的重庆辣汤为主。双汤同锅不同味,就像出双入对的鸳鸯,雄者艳丽,雌者素淡,共生而不混同。这就是我发明'鸳鸯火锅'的经过。"

"我在哪里读到过，鸳鸯火锅似乎 2000 多年前就问世了。"听了我的质疑，何永智信手一挥："那都是传说，历史上根本没有明证，很可能是某些人编造的。鸳鸯火锅是我发明的。我的发明让重庆火锅走出了山城，红遍了全国。"

我立马意识到，多提异议并非明智之举。10 分钟的采访时间本就不长，话不投机很可能导致提前端茶送客。所幸何永智尚未抬腕看表，我识趣地不再插话。在这位女企业家身上，处处散发着难以遮挡的自信。时过境迁，以"谦虚"为中华美德的年代早已一去不复返。回想 20 年前，我在中国留学，女教师们大多朴素内敛，高校内外都特别崇尚谦德。

"后来呢？"我洗耳恭听。何永智谈兴已减："后来的故事就长话短说吧！鸳鸯火锅在全国各地都受欢迎，无论您走到哪里，有四川火锅的地方必有鸳鸯火锅。"

这话真没错。想想我在上海所住的街区，方圆不足两公里，火锅店倒有六七家，每家火锅店都推出了各式各样的鸳鸯火锅。何永智之于鸳鸯火锅，朱天才之于辣子鸡，都没有专利保护这一说。何永智究竟是鸳鸯火锅的发明者还是发现者，其实已不重要。毋庸置疑的是，鸳鸯火锅自 20 世纪 80 年代以来让中国饮食文化发生了变化。

何永智像马丁·路德·金（Martin Luther King）一样讲道："我有一个梦想，我希望重庆火锅走向全球，希望重庆火锅成为中国的麦当劳，希望重庆火锅在世界各地广受青睐。重庆火锅一旦风靡海外，中国影响力必将更加深远。"

何永智对进军海外的辉煌前景充满信心。1995 年，"小天鹅"飞越太平洋，在西雅图等地开业"试水"，华裔自不必说，土生土长的美国人也纷纷慕名光临。在此后的几年中，"小天鹅"在海外虽未如预期般大获成功，但何永智相信自己的梦想一定会在不远的将来得以实现。2010年6月，重庆火锅界的领军人物组团考察美国市场，意欲抱团进行海外扩张。2011年，凭极致服务缔造商业传奇的张勇在洛杉矶开出"海底捞"分店，与何永智的"小天鹅"彼此呼应，既相互竞争，又共同拓展北美市场。"我们在考察中发现，美国人很喜欢麻辣口味！"何永智雄心勃勃，"不出几年，从西海岸到东海岸，重庆火锅必将成为风靡美国的餐饮新时尚。"

何永智创立的重庆小天鹅集团多年蝉联"中国餐饮百强企业"的殊荣，为重庆的经济发展做出了重要贡献。随着生意越做越大，"火锅皇后"不断"开疆拓土"，走上了多元化经营的道路。出于中国人的传统投资偏好，何永智近年来也大举进军房地产行业。

游吊脚群楼、观洪崖滴翠、赏巴渝文化、尝天下美食、玩不夜风情——洪崖洞民俗风貌区就是何永智在重庆投资开发的休闲胜地，高达11层，横亘数百米，依山就势，沿江而建，千年山城的独特韵味尽在其中。

在高楼林立的重庆主城区，洪崖洞别具一格，保留了巴渝建筑的传统风貌和深厚底蕴，体现出民俗风情与时尚潮流的和谐交融，是餐饮购物、休闲娱乐、旅游观光的好去处。饮食文化是中国传统文化的重要组成部分，何永智因而也荣获了"中国文化十佳风云人物"的称号。

在饥贫中追逐梦想的山城小姑娘最终成为人生大赢家。若说还有什么抱负尚未如愿以偿的话，那就是让重庆火锅红遍全世界。何永智对此心心念念："我牵头组建了重庆市火锅协会，旨在弘扬重庆火锅的传统工艺和特色文化。我们要提升重庆火锅的整体形象，积极申报国家级世界文化遗产，推动重庆火锅走上产业化和国际化的道路。"

火锅的魅力，在其"味"更在其"趣"。纵览南食北馔，论热烈、随意、粗放，舍火锅其谁也。与亲朋好友围坐在咕嘟冒泡的火锅四周边涮边聊，是何等的其乐融融！那洋溢着暖意与快意的氛围，氤氲着远古食俗的寥缈气息。其情其味，也只有在营火和烧烤时可以有所体会。火锅无淡季，无论春夏秋冬，都是亲友聚餐的人气之选。

自20世纪90年代以来，伴随着人们对轻松社交的渴望，火锅在中国铺天盖地风靡起来。一两碟羊肉、三四款豆腐、五六种菌菇、七八盘蔬菜、十数片土豆和芋艿……举箸换盏间，多少情分与滋味，尽融于升腾自火锅的袅袅热气中。

火锅社交的好处，我今晚是无缘享受了。"火锅皇后"惜时如金，不可能与我共进晚餐；我在重庆人生地不熟，没有老相识可以邀约。独自去觅食，去哪里好呢？既然已来到盛名远扬的洪崖洞，那就在此品味一番吧！

位于洪崖洞的办公室气派十足。创建了"火锅帝国"的何永智端坐在总裁宝座上，接受了我的短暂采访。距此两层楼之外，就有一家"小天鹅"和一家"洪鼎"火锅店。"小天鹅"始于1982年，以3张桌子起家，从当年的街边小店茁壮成长为如今的跨国集团。我很想尝尝开国元老"小天鹅"的味道，奈何孤家寡人食力不济，只好转向后起之秀"洪鼎"，一人一锅，小巧而精致，迎合了现代都市流行的"个人主义"饮食风尚。

"洪鼎"的创意可谓推陈出新。"鼎"是中国古代烹煮用的器物，无鼎不成美味。各司其鼎，各随其好，各享其味，各得其乐，正是"洪鼎"的诱人之处。翻开厚如书册的菜单，光是不同口味、不同辣度的锅底就让人目不暇接。纯红汤的老油锅底最是挑战吃辣功底，超过瘾超刺激，不是地道的重庆人还真不一定吃得消。我决定一人独挑双锅——保险起见，选一份微辣锅底，以飨口腹；出于好奇，特意加一份正宗重庆红汤锅底，权作比较。

在卤素灯光的映衬下，各色生鲜食材显得格外水灵。就座于阔案高椅，颇有几分中国古代官家的气派。方丈盈前，琳琅满目。若过分追求"悦目"，则不免有喧宾夺主之嫌。早在300多年前，美食家袁枚就在《随园食单》中引以为戒："是以目食，非口食也……拉杂横陈……口亦无可悦也。"

"洪鼎"是小天鹅火锅集团的高端品牌，论"悦目"确实可圈可点，论"悦口"可就见仁见智了。区区微辣，就差点儿把我辣了个神魂出窍。几口下来，被辣得麻木不仁的味觉神经渐渐恢复了敏感，或多或少品出了麻辣以外的味道。羊肉嫩而不膻，十有八九确实来自内蒙古大草原；香菇鲜[1]而不淡，余味饱满而悠长；土豆片和胡萝卜片熟而不烂，火候恰到好处时口感很不错。一言以蔽之，我突破了重庆火锅的"微辣"考验，享受到了重庆火锅的独特美味。

在欧洲，餐巾在饮食文化及社交礼仪中发挥着不可或缺的作用。著有《餐饮艺术讲座》（*Vorlesungen über die Esskunst*）的安东纽斯·安图斯（Antonius Anthus）就曾指出，无餐巾不成餐。在中国则不然。即便在某些高档中餐馆，餐巾也并非餐桌上必不可少的要素。许多重庆火锅店别出心裁，你有西式餐巾，我有特制围裙，尽管土洋有别，却也一样可以防溅落、护衣裙，让食客毫无后顾之忧地大快朵颐。

【1】目前，"鲜（umami）"被世界公认为"酸""甜""苦""咸"以外的第五种基本味觉。"umami"来自日语，翻译成中文就是"鲜"。

可惜在"洪鼎"吃火锅却没有围裙护身。大快朵颐之后，新买的外套上斑斑点点，令我无可奈何。

餐具也不那么得心应手。光有筷子没捞勺，吃起来很是费力。我由此联想到安东纽斯·安图斯之言——对餐具马虎不得。就火锅而言，除长筷以外，汤勺和漏勺缺一不可，餐具不全可是一大缺憾。餐后结账，账单还有差错，实在是憾上加憾。

让重庆火锅红遍全世界是火锅皇后的宏伟梦想。就此而言，若要梦想成真，还得在服务上多下功夫、多用心。

重庆火锅

北京人对涮羊肉百吃不厌，重庆人对火锅爱不够。我知中国有多久，便知重庆火锅有多久。重庆火锅的魅力，在于那围火聚餐的意趣，在于那酣畅淋漓的情致。沉浸于红火热辣的氛围中，时间似被忘却，时间恍如静止。

食材：

火锅专用锅具

重庆红汤锅底（由辣椒、丁香、八角、孜然、桂皮等多种配料调制而成）

羊肉卷1盘

鲜鱼片1盘

土豆片1盘

香菜1盘

鱼丸（肉丸）1盘

豆腐1盘

菠菜1盘

白菜1盘

其他荤素涮品5—6盘

蘸料（由麻酱、辣椒油、蒜泥、香菜末、糖及酱油调制而成）

做法：

1. 将蘸料调匀，分盛于小碟中。

2. 将火锅放置好，倒入锅底配料，加水烧开。

3. 将所有涮品摆放在火锅周围。

4. 将餐盘及筷子各就各位。

5. 火锅咕嘟冒泡，大家各涮所爱。菜过五味酒一杯，
   酒过三巡歌一曲，快哉快哉！

睿智的四川老板

仓廪实而知礼节，衣食足而知荣辱。在《三毛钱歌剧》（*Die Dreigroschenoper*）中，借强盗麦基（Antiheld Macheath）之口，布莱希特（Bertolt Brecht, 1898—1956，德国戏剧理论家、剧作家和诗人）一语道破了人类存在的核心问题："Erst kommt das Fressen, dann kommt die Moral——先填饱肚子，再谈道德。"在很多中国餐馆，重餐饮而轻服务，往往给人以"食先于德"的感触。高素质的服务人员实在是太稀缺了。餐馆老板也是左右为难，要么是好员工招不到留不住，要么是高工资出不起舍不得。在中国，因所从事的工作技术含量不高，餐饮服务员的薪酬待遇普遍非常低。

记得那次在上海吃酱鸭，我想点瓶啤酒，费了3次劲，说了全都白说。年轻的服务员根本没反应，一副视而不见、听而不闻的模样，无论我的口齿多清晰、表达多准确。见我火冒三丈，餐厅经理赶紧过来息事宁人。她向我大叹苦经："月薪只有千把块，招人实在太难了！"提高工资待遇也不见得是万全之策，还有可能得不偿失。某位上海老板就曾直言不讳："招人不易留人更难，干不了几个月就走人，加薪等于打水漂，培训更是白浪费，到头来不过是花大价钱为竞争对手培养人才！"人员流动太快，索性能省则省，只要不影响营业就行，反正进城务工者源源不断。这一现象在全国各地都很普遍，上海如此，四川也不例外。既然投资员工不能立竿见影地得到收益，那又何必甘当好人为人作嫁？通过《四川好人》（*Der gute Mensch von Sezuan*），布莱希特早有卓见地探讨了为人立世的两难境地。在这部经典寓意剧中，好人沈德的好心屡屡让自己陷入困窘，恶人隋达的恶行屡屡让自己获得成功。虚拟与现实之间，存在着多少相似性啊！

　　难得的例外出自简阳。简阳位于四川盆地西部，距重庆约3小时车程。40多年前，在简阳诞生了一位睿智的四川老板——张勇。在中国餐饮界，张勇也是名副其实的发明者与发现者。在张勇看来，好口味是基本优势，好服务才是致胜关键，餐饮经营的核心关注点在于服务者（员工）和被服务者（顾客），人的因素不容忽视。早在20世纪90年代，年轻的张勇就意识到，服务和口味同等重要。当时的中国正处于急剧变革时期，"发展是硬道理"的浪潮迎面而来。在这样的时代背景下，以消费者感受为核心的理念显然具有先见之明，为张勇缔造商业传奇奠定了基础[1]。

　　在此期间，张勇所创立的"海底捞"已成为中国餐饮界的标杆企业，不仅在国内拥有30多家直营连锁餐厅，还在美国洛杉矶开了第一家海外分店。简阳是"海底捞"的起源地，我慕名而来，刚到店门口，就受到了服务员的热情接待。幸好我有预订，不用加入等位大军。等位区的景象蔚为壮观，候餐顾客们各得其乐：这几位在嗑着瓜子聊闲天，那几位在吃着橘子翻杂志；这一伙在热热闹闹打牌，那一伙在静静悄悄下棋；这边厢在品着香茶

【1】参见《长江》杂志2009年7月24日的详细报道。

体验擦鞋服务，那边厢在喝着果汁享受美甲护理；这一群在盯着电脑打游戏，那一群在拉着伙伴爬滑梯。等位时间是漫长的，免费服务是周到的，男女老幼，无不乐在其中，没有谁因为无聊而不耐烦。

服务员甲把我带到最后一张空桌前。刚要就座，服务员乙悄然而至，麻利地为我的大衣套上了防护罩。我把手机往餐桌上一搁，她就手拿起，还没等我质疑，已然微笑着把套好专用塑料袋的手机递还过来。一转眼，服务员丙端来了赠送的花生、酱菜和橘子。再一回头，服务员丁奉上了冒着热乎气的毛巾卷。未及道谢，一切业已发生。服务员们你来我往，每一位都难能可贵地那么殷勤热络，态度好得简直令人"受宠若惊"。

服务员们的主动热情不仅表现在行动上，也表现在话语上：

"要不要再给您来盘水果？"

"我可以把您的大衣搭在椅背上吗？"

"需要给您加点儿豆浆吗？"

"您一个人点半份就可以！"

服务员们对顾客的友好与真诚是发自内心的，店内的氛围是热闹的。火锅鼎沸，人声鼎沸，隐隐约约的背景音乐几不可闻。顾客们兴高采烈，不是围坐在热气腾腾的火锅四周津津有味地吃喝说笑，就是流连于琳琅满目的自助蘸料台边兴致勃勃地挑选配调。服务员们穿梭其间，点单、上菜、开酒瓶、递毛巾……忙得不亦乐乎。

点单也很好玩。在一次性菜单上勾勾选选，跟买彩票差不多。如果不识汉字，还真有些撞大运的感觉。勾选点单也有小窍门：2—3人分享，10项左右足矣；若是独自用餐，则少勾几项或选择"半份"。若要吃得心满意足，就要点得恰到好处，吃火锅遇上"选六中六"的好运气最是令人欣喜。对于敏感的西方食客而言,"手气"不好的话,很可能误勾了鸭舌或蛙腿什么的。至于锅底么,辣还是不辣,这是一个问题。我索性来个两全其美,勾选了一半清汤一半红汤的鸳鸯火锅。

点单完毕,一直恭候于侧的服务员离身而去。趁着空闲,我四下观瞧。满堂尽是年轻的面孔,30多岁的人都少之又少。我顿感自己垂垂老矣。我还可以跟年轻人为伍同乐吗?当然!油然而生的饥饿感立马给出了答案,食物面前,人人平等,管你什么年龄不年龄。总而言之,"海底捞"模式切中了时代脉搏:喜闻乐见的火锅、多种多样的口味、其乐融融的氛围、体贴入微的服务……聚餐休闲两相宜,难怪人气如此火爆。

"海底捞"在四川麻将里是"摸到最后一张牌和了"的意思。以"海底捞"为火锅店命名,一来形象贴切,二来寓意吉利。多"捞"多得——无论是希望自己从商海中捞获更多成功,还是希望顾客从锅底中捞取更多美味——从哪方面讲,张勇都是赢家。

涮品上桌,立马开捞!比起竞争对手"洪鼎"来,"海底捞"在"鲜"字上毫不逊色。

"先生,您喜欢全辣还是半辣?"头戴白色厨师帽的小伙子专门负责调配锅底,正准备往红汤里加辛辣酱。我果断出声:"半辣就好!太辣我吃不消!"如我所愿,锅底很快就绪,加热没几分钟,清汤和红汤就争先恐后地咕嘟咕嘟冒起泡来。估计是火力太旺了,红汤倏地溅出飞汁来,好巧不巧,正落在我出门前新换的衬衫上。

旁边有位女员工看在眼里,立即走上前来,表示可以帮忙去除污渍。我很诧异:"你们还有洗衣服务?""我们有衣物干洗喷雾剂。如果您愿意的话,可以把衬衫交给我,我马上帮您处理。"我当然求之不得，赶紧把衬衫脱了下来。好在身上的 T 恤还比较像样，不至于太过尴尬。

四川火锅的一大特色就是蘸料齐全。"海底捞"设有气派的自助蘸料台，调味品应有尽有，供你随心所欲地自选自配。守着热气腾腾的鸳鸯火锅，我津津有味地大吃起来。新鲜蔬菜、绿豆粉丝、烟熏香干、冰冻大虾、鸭血旺、蟹味棒、牛百叶、脆皮肠，此起彼伏地在沸汤中上下翻滚。

邻桌那边更有一番热闹景象。反戴棒球帽、一身白色休闲装的帅小伙正在过道上大显身手。他灵活矫捷地变换身姿，将舞蹈与抻面浑然融为一体。越抻越长的面条在空中回旋飞舞，一转眼便轻轻巧巧地落入沸腾的火锅中。精彩的表演博得掌声一片，令人意犹未尽。

"好功夫！"有人一边称赞一边连录带拍。在"海底捞"，深受都市年轻一族喜爱的智能手机和平板电脑绝对大有用武之地。

我当机立断，向邻桌食客展开了随机"采访"："你们为什么选在这儿用餐？"

"这儿的服务超好，味道也不错！"正准备品尝抻面的男青年答道。

"我们每天工作 10 小时，一周下来人都快垮了！"一位同伴接口道，"来这里可以享受到星级服务，让自己放空一下！"

"哦？"这话听着耳熟。在来四川的旅途中，我也听到过类似的说法。

"谁说不是呢！"另一位同伴也加入了讨论，"竞争无处不在啊！人人都想出人头地，人人都在拼命工作。'海底捞'是我跟朋友周末消遣的好去处。这里的消费还可以，我们基本上一待就是 3 小时以上。"

说话间的工夫，替我清洁衬衫的女员工回来了。"希望我把污渍全都洗净了。"她的态度非常诚恳，"很抱歉溅脏了您的衬衫。"

　　"这可不能怪您！"我应该对她心存谢意才对。

　　"保证您舒心用餐是我的责任，您可以享受餐费打折的优惠。"她向我解释道。

　　太让我出乎意料了！这位女员工竟然主动承揽了本不应该由她承揽的责任！我在中国经历的情况往往截然相反，因害怕受到责罚而推卸责任的现象屡见不鲜。"海底捞"令我刮目相看，在这里，承担责任是一种美德。道了谢，我仔细查看，污渍了无痕，衬衫焕然一新。"您很有经验！"我对女员工竖起了大拇指。她冲我微微一笑："我已经干了8年了，在这儿工作很有意思！"

　　这很难得。中国企业的人员流动率普遍很高，职场人士的平均在职时间为两年左右。餐饮业的人员流动更为频繁。令人难以置信的是，站在我面前的这位年轻女士居然在同一家店乐此不疲地一干就是8年多！"这其中有什么奥秘吗？"我向她请教。

　　"在我们这里，人人都有上升空间。"女员工有问必答，"我就是从普通服务员逐步升为经理的。只要服务令顾客满意，就能得到提拔的机会。这种希望和路径是看得见和摸得着的。我们这里有特定的绩效考核机制，如果销售额和顾客满意度提升了，我们就能得到相应的奖励。""对不起，李姐！"一位同事上前来打断了她的话，"有位妈妈是带着宝宝来的，宝宝有些闹，怎么哄也不肯睡。""赶紧送个婴儿床过去吧！宝宝快些睡着，也好让妈妈安心吃饭。"话音刚落，店外传来一阵喧哗，被唤作"李姐"的女员工跟我打了个招呼："不好意思，您稍等一下，我去看看怎么回事！"5分钟后，她去而复返，"先来的客人把车停在了入口处，挡了后来车辆的道儿，几位男同事就齐心协力把拦路车往边上挪了挪，方便客人通行。"我难以置信地看着她："难道不应该叫车主自己出来把路腾开？""车主正在用餐，我们就不去打扰了。替客人解决问题是我们分内的事，免得人家说我们服务不周。"这番话令我印象深刻。我不知该说什么好。

"李姐"继续说道："我们每家店都会额外多招几个人。这里的工资不比别处高多少，所以人员成本不会超支。人手富余，正好用来更周到地为顾客服务。'海底捞'就像一个中国传统大家庭，员工就像兄弟姐妹。员工能从企业得到家长式的全方位照顾。对于表现出色、忠诚度高的优秀员工，企业会提供更好的医疗保险、免费的培训机会，甚至会给员工父母发放养老金。"

作为"海底捞"的当家人，张勇一贯倡导并竭力激发员工的服务热情和创新意识。张勇本身就是这样身体力行的。20年前，张勇身处家乡简阳，在四川拖拉机厂担任电焊工，1994年时每月才挣93.5元。国有企业的微薄工资实在难以让年轻的张勇满足于现状。他开始走出工厂，在路边做起了麻辣烫的小生意。以4张桌子起家，张勇的小本经营渐渐风生水起。张勇对厨艺并不在行，但对服务却颇有独到之处。他的服务热诚而周到，没多久就赢得了众多回头客。好口碑带来好收益，一个月内赚到的钱居然是原先工资的150倍！张勇为此心潮澎湃，与国家统一制定的级别工资制度渐行渐远。计划经济体制一朝被打破，中国的贫富分化日益加剧。

一年之后，张勇与朋友凑足了1万块钱，在国家没有资助一分钱的情况下，合伙开了一家袖珍火锅店。在最初的合伙人中，施永宏是张勇自14岁起就熟识的发小，舒萍后来成为张勇的妻子。张勇学历不高，但学识不少。在青春年少时，张勇就是县城图书馆的常客，接触了大量有关民主和社会公正的书籍。基于

"人生而平等"的信念，张勇在经营管理中一贯倡导人人享有"公平的发展机会"。"海底捞"问世之初，在股权分配问题上，张勇就坚持了4位合伙人平均分配的原则。

服务好、口味好，生意越来越好。5年内赢利15万元的初始目标提前超额实现。开业刚一年，"海底捞"就发展成为简阳第一大火锅店。张勇被誉为青年企业家楷模。初尝成功之后，张勇计划从小县城进军大城市。他把投资目光锁定了颇有"辣缘"的千年古都，在西安开出了第一家"海底捞"分店。万事开头难，首家分店在开业初期历经艰辛，苦心经营8个月后才终于扭亏为盈。此后，"海底捞"的拓展步伐一发而不可收，在西安连开9店，投资北京更是赚得盆满钵满。

2007年，"海底捞"进军上海。上海传统上并不是一个嗜辣成习的地方，但年轻一代却对来自川味火锅的麻辣快感情有独钟。无微不至的服务以及轻松欢快的氛围也让上班族对"海底捞"产生了依赖性。在上海的投资为"海底捞"带来了丰厚的利润。2007年，"海底捞"在全国已拥有30家直营店，年营业额高达3亿元。

时至今日，"海底捞"的营业额还在不断增长。相对于"麦当劳""必胜客""肯德基"而言，"海底捞"的盈利规模仍旧微不足道；尽管如此，"海底捞"的经营管理模式却令各大餐饮巨头刮目相看。2007年，百胜中国的区域经理们特意将年会聚餐安排在了"海底捞"位于北京的一家分店，目的就是观摩取经——用张勇的话来说，"这简直是大象向蚂蚁学习"。"海底捞"已成为餐饮界的一个热点现象，许多著名管理学院（如彼得·德鲁克管理学院）和MBA研修班纷纷邀请张勇前去演讲。初登讲台时，张勇总会坦言相告，自己学历不高，没想到自己会走到今天这一步。

说到"中国梦"，张勇的创业故事无疑是梦想成真的一个典型范例。"海底捞"的成功，不仅建立在工作勤奋、品质卓越、目标明确的基础上，而且建立在"家文化"与"孝文化"的基础上。儒家所倡导的这一原则古今通行，不论出身，只要凭借勤奋、智慧和恒心，就能在才能和德行的修为上有所成就。

"双手改变命运"——张勇将这句座右铭确立为"海底捞"的核心价值观，激励每一位员工走上成长之路。白手起家的张勇成为当代中国人的楷模：笃志进取、追求成功、倡导公正。"海底捞"的茁壮成长根植于家的理念、家的氛围、家的味道，绝非投资泡沫可比拟。"生财有德，德能生财。"张勇当以这句话来回敬布莱希特笔下的强盗麦基。诚然，中国的餐饮界也不乏见利忘义的害群之马。毒奶粉事件余波未了，中国又爆出了个别火锅店涉嫌非法使用地沟油的丑闻。急功近利的贪婪蒙昧了不法商家的良心，抄袭仿冒拼低价赚快钱的现象屡见不鲜。何永智也好，张勇也罢，他们的飞速成功不可避免地潜藏着风险隐患。企业品质和创业初衷会不会因为发展过快而陷入困境呢？答案尚不可知。显而易见的是，没有麻辣快感与创新乐趣的双重驱动，没有特色饮食、传统文化和现代管理的三元融合，就不会有朱天才（"歌乐山辣子鸡丁"发明者）、张城桥（"今日东坡"创始人）、何永智（"小天鹅"创始人）和张勇（"海底捞"创始人）所谱写的传奇。

DER VIERTE GANG

四道风味

江南：肚皮文化

吃茶去

回到上海后，我连日来闭门伏案，记述并回味西部之旅所带来的麻辣感受。正咬文嚼字间，一阵电话铃声打断了我的思路。来电者是苏州老友叶放。叶放可是优越之士，生于私家园林，居于私家园林，精于妙笔丹青，授业于苏州国画院。

叶放故意吊我胃口："马可，邀你来品鉴吴中第一秋之宴，如何？"

"求之不得！"我一听就动了心，"都有哪些人出席呀？"

"都是圈内人士，美食名家沈宏非、《COSMOPOLITAN》杂志美食专刊编辑、苏州各路美食达人……当然还有华永根，我们的会长！"

"政治性质的宴会？"问话刚落，耳边就传来了叶放那浑厚的男中音："哈哈哈！我们可不想败坏食兴！华永根是苏州市烹饪协会的会长，他向你问好。你立马买火车票，后天来苏州，做客秋之宴！"

听着很诱人，我不免多问一句："你们会长为什么会邀请我呢？"

"他跟我是多年的老交情。我提了句，我认识一个对饮食文化很有研究的老外，他对苏州美食特别感兴趣——于是他就请你了。"

中德习惯不同，在中国邀朋约友，既无须早早预约，也无须细细翻看记事日历本，赶早不如赶巧也是常有的事。好在苏州离上海不远，乘高铁半小时左右就到。

两天后，我来到上海火车站，登上了开往南京方向的"和谐号"列车。车厢几近满员，很多乘客忙着摆弄平板电脑和智能手机，其间也不乏来自德国的"低头族"。行程不过 30 多分钟，车速一度达到 350 公里 / 小时，启停之间，苏州已在眼前。我搭上一辆出租车，向市中心进发。初见之下，毫无"上有天堂，下有苏杭"之感，映入眼帘的是新造的灰白建筑、冷漠的工业园区以及乏味的户外广告牌。21 世纪的中国大城市大多无法摆脱成为国民经济建设"试验场"的宿命，苏州亦不例外。景随路转，当出租车拐进一条小巷时，千篇一律的灰楼广厦隐身而去，迎面而来的是独具一格的白墙墨瓦。是啊，这才是愈久弥珍的姑苏韵味嘛！苏州市中心尽管早已旧貌换了新颜，但古雅本色还是保留了几分下来。人力三轮车穿梭于蜗行的汽车长龙中，中国风纹饰装点着桥栏和交通指示牌，古老的梧桐荫蔽着热闹的街巷。比起洋气十足的大上海来，苏州自是别有一番韵致。

若以女子作比，上海是妖娆的，风华正茂，红唇微启，魅惑而自信地衔一款复古金烟杆；苏州则是婉约的，典雅清纯，不因岁月而着痕，一袭低调的素淡罗裙，一双纤巧的绣花布鞋，以扇遮面，一笑嫣然。

我拜读了随身带来的《浮生六记》。《浮生六记》是清代文学家沈复（1763—？，出生于姑苏文人世家，工诗画、散文。）的自传体随笔，已佚其二，现仅存四卷。在《闺房记乐》《闲情记趣》

与《坎坷记愁》三卷中，彼此相爱的美好、朝夕相处的欢愉、生死相隔的悲切，处处流露着沈复与芸短暂而至诚的伉俪情深。芸是江南女子的理想典范：才情出众，谈吐得体，总能恰到好处地令人感到舒适和愉悦。无论是夫君还是宾客，都会感念芸的蕙质兰心。"恬淡自适"——就连《浮生六记》的译者林语堂也对芸和沈复的处世哲学深为赞赏。

秋到姑苏，正是螃蟹上市的旺季。横行将军在街头束螯待售的情景煞是有趣。我信步踱入一条小巷，驻足闲观。浑身湿漉漉，双螯泛着苔绿，一只只螃蟹待价而沽，引来了一番又一番的讨价还价。正瞧得起劲，小贩把一只大家伙举到我的面前："味道罕了个好！鲜得不得了！"他讲的虽是普通话，却带着吴侬软语的腔调。我赶紧摆手致意："谢谢！还是下次吧！"

古往今来，中国文人对秋日品蟹的雅兴颇为浓厚。品蟹乃风雅乐事，一如吟诗、弄墨、抚琴、对弈。说到品蟹名家，李渔当属其一。李渔是明末清初的风流才子，对螃蟹情有独钟，称之为"天下第一味"，在《闲情偶寄》中津津乐道："凡治他具，皆可人任其劳，我享其逸，独蟹与瓜子、菱角三种，必须自任其劳。旋剥旋食则有味，人剥而我食之，不特味同嚼蜡，且似不成其为蟹与瓜子、菱角，而别是一物者。"李渔所言极是。只有亲自花工夫掰拗拆挑吮咀啃咬，才能真正享受到品蟹所带来的指尖乐趣与舌尖美味。

同为明末清初的文人雅士，张岱亦是品蟹名家。张岱（1597—1679）出生于显贵世家，明亡后避居山中，于往昔繁华，多所述造。读《陶庵梦忆》可知，张岱对螃蟹喜爱有加："河蟹至十月与稻粱俱肥，壳如盘大，掀其壳，膏腻堆积，如玉脂珀屑，团结不散，甘腴虽八珍不及。"有甲有壳的奇肴异馔并不少，就连昆虫也登上了中国人的餐桌，但若论甘腴鲜美，则非螃蟹莫属。张岱嗜蟹成癖，每到时节，便呼朋唤友设"蟹会"，共享把酒执螯之乐。

执螯之乐得之不易。唯有指法灵巧、齿技精到、嚼肌协力，才能乐享其中。得之不易才弥足诱人。千百年来，中国人对品蟹乐此不疲。吃螃蟹像抽鸦片一样惹人上瘾。自古而今，蟹瘾在苏州和上海经久不衰。

品蟹讲究的是慢工出细活，是对快餐文化的断然否定，非全情投入不可。厨者和食者的角色交互转化，兴致勃勃地剥，津津有味地吃，众手与众口齐动，既是口福的创造者，又是口福的享受者。齐执螯来共赏秋，成了江南地区一年一度的食俗胜景。

片刻工夫，我悠悠然踱至另一个巷口，一排考究的联体别墅延亘在前——南石皮弄4号。整座院落雅致而清幽，儿童游乐场及私家车库一应俱全。典型的中产阶级宅邸，若不明就里，还以为是置身于欧美呢！我要登门拜访的苏州故交就居于其间。

"欢迎光临！"叶放一边寒暄一边把我迎进门。洒脱的及肩长发、拙朴的学究眼镜、古雅的立领唐衫、宽松的玄绸长裤、休闲的黑色皮鞋——如此叶放，一如当年模样。叶放再续了中国文人的风雅。"再来一袭古式长衫，那就更具名士之风了！"见我调侃，叶放回之以狡黠一笑。

叶放，1962年生于苏州毕园，状元之后，文人世家，精于绘画与园林艺术，爱美食。叶放自幼在园林中长大，如此殊遇在新中国是罕有其匹的。几年前，叶放与几位港台友人一起买下了古城小巷里的这排联排别墅。为圆"造个园子过日子"的梦，几户优渥之家破墙通院，由叶放担纲，移花栽木，理水叠山，精心打造出一座现代私家园林，取名为"南石皮记"，诗文意趣俯拾皆是。一路所见，妙笔生韵：雕花玻璃之上、曲桥水榭之上、戏台檐瓦之上……字句隽永，令人观之不尽、回味无穷。

"你知道罗汉吗？"叶放问。"知道！"我答，"释迦牟尼的得道弟子！"

"没错！中国民间一直有'十八罗汉'的说法。'十八'在中国是吉利数字。我邀集了来自大陆和台湾的17位圈内好友，以食结社，自称'美食界十八罗汉'。社内没有职务分工，社友都是各路达人，有艺术家、厨师、出版人，大家志趣相投，向往在古雅的意境中体味传统的饮食文化。巧得很，明天赴宴的正好也是18人，苏州和上海的几位美食'罗汉'也会出席。"

叶放闲适地向后倚倚身，呷了一口茶，娓娓道来："中国人礼佛，并不崇尚苦修。通过禁欲和苦行来达到灵魂的净化，在印度大行其道，在中国却让人望而生畏。对我们来说，举箸论道，把盏参禅，既修身又养性，何乐而不为！'戒荤茹素'也好，'酒肉穿肠过，佛祖心中留'也罢，贵在以佛心为己心。"

身为美食界的一大"罗汉"，叶放既未礼佛修行，更不会戒荤茹素。作为日常"功课"，叶放更喜欢"功夫茶"。功夫茶源自福建，配江南园林却是恰到好处。绿意幽幽，古琴款款，茶香袅袅，处处意趣横生。案几之上，一整套茶具品位十足，檀木茶盘、细瓷茶盏、紫砂茶壶，无一不是匠心之作。以初沸的山泉水沏醇郁的乌龙茶，以茶壶冲泡，以茶盅分斟，以茶盏品啜，叶放的动作如行云流水，谈笑间推杯换盏，好不惬意。

中国是茶的故乡，茶与茶道在历史文献中多有记载。早在2000多年前，茶树栽培就已在巴蜀地区渐成风气。从药用到食用到饮用，茶的应用范围和制作方法不断演变和充实。有茶以来，研末煎煮的吃法广为流传，唐朝时期更是东渡日本，对后世的抹茶文化起到了深远的影响。直至明代（1368—1644），散茶冲饮的方式才逐渐兴起。绿茶几许，沸水一杯，便可获得沁人心脾的享受。随着东风西渐，中国的饮茶之道传入欧洲。在歌德生活的时代，不发酵的中国绿茶在欧洲依然颇为走俏。自19世纪中期至20世纪末，全发酵的印度红茶后来居上，经英伦半岛一度风靡了整个西欧大陆。

相比之下，半发酵的乌龙茶更合我的口味。乌龙茶恰到好处，既没有绿茶的生涩，也没有红茶的浓酽。叶放的功夫茶令人心旷神怡，完美地诠释了冈仓天心（Okakura Kakuzo，1863—1913，日本明治时期的美学家、艺术品收藏家）在《茶之书》（*The Book of Tea*）一书中所描述的"禅茶一味"的意境。

空持百千偈，不如吃茶去。品味当下，禅意无尽。一盏清茶、一席闲话、一池暖阳、一脉莲香、一园秋色、一心平和……

正吃茶间，女主人嫣然而至。和悦地略加寒暄，便去张罗餐点。叶太太让人感觉如沐春风，与沈复的爱妻毫无二致。在叶家做客，总是如此舒服自在。就算是仓促登门，也不会受到丝毫的冷遇。

叶太太不姓"叶"。婚后不随夫姓在现代中国是女性解放的标志之一。贵为"半边天"，叶太太却不失贤妻风范，为两个大男人精心准备了苏州猪油糕。苏州猪油糕跟奥地利皇帝煎饼（Kaiserschmarren）小同大异，质感如固体蜂蜜，入口黏糯，实属文化古城的农家味道。苏州自古是钟灵毓秀的鱼米之乡，一个繁体的"蘇"字，本就寓意着地饶物阜。鱼肥、草茂、禾丰——小日子如此，夫复何求！

苏州人过日子讲求"实惠"——"实际"而"聪慧"。花小力气得大意趣，就是地道的实惠，正如这顿早餐。中式早餐很是简约随意，桌上几样吃食，手中一双竹筷，没有盘盘盏盏的烦琐，也没有起起立立的必要。

用过传统早餐，我们闲庭小坐，沐浴着煦暖的秋阳。荷已凋，菊正盛，佛手刚刚好。石阶向戏台延伸，金鱼在池塘嬉戏，一株黄菊于小桌之上傲然绽放。吃吃白兰瓜，嗑嗑葵花子，好不悠然自得！

沉浸其间，沈复之语隐约在耳："篱边倩邻老购菊，遍植之。九月花开……"我闭目遐思，眼前浮现出200多年前的一间小屋，距沧浪亭不远，白墙黑瓦，是陋室，更是雅舍——沈复与芸租住于此。或于窗边以风景佐餐，或于篱下就月光对酌，伉俪情深，琴瑟和鸣，你既醉心于闲情，我便投身于逸致。借苏州最美的景，配芸的厨艺与才情，布衣菜饭，可乐终身。此次此刻，园中的景致，墙外的风光，水滴落入荷塘和微风拂过竹林的声音，无不赏心又入味。我再次感受到了禅茶一味的意境。

秋 之 宴

　　带着请柬，动身去赴宴。请柬很大，跟古人用于拜谒长官的名帖有的一拼，落款是华大会长的亲笔签名。

　　街上行人熙熙攘攘，叶放和我直奔太监弄。太监弄位于苏州古城的中心地段，与沿老城墙遗址建成的环古城河健身步道相距不太远。"太监弄"的得名，与苏州盛产丝绸有关。明清时期，朝廷设织造衙门于苏州，由皇帝钦派的亲信掌管，既是专供宫廷织物的机构，又是监察地方舆情的耳目。苏州远在江南一隅，因为什么竟然引得朝廷如此关注？

　　因为权力和财富，苏州是丝绸之都，自宋朝时就成为中国的丝织中心。丝绸是中国古代三大特产之一，与瓷器和茶叶齐名。有说法称，蚕丝于公元前 2640 年就已在中国被发现。

　　丝绸之都是丝绸之路的货源地。古老的丝绸之路举世闻名，东经长安（今陕西西安），西通大马士革，是连接中西的商贸要道。宋朝以来，丝绸源源不断地流往海外各邦，白银源源不断地流进皇帝的小金库。丝绸贸易为皇室带来了滚滚财源，皇帝自然不肯等闲视之，不辞劳苦地把持着个中的绝对掌控权。苏州织造就是皇帝的一大亲信。17—18 世纪，清朝皇帝多次巡幸江南，目的就在于强化对当地的统治。

历朝历代，富庶之地都是中央政府的关注重点。为加强掌控，明朝皇帝将亲信太监派往苏州，奉御命主持织造事务。太监为得势而去势，没有子嗣，不可能建立强大的家族势力，唯有对皇帝彻底效忠。

得势的太监以热衷谋权和敛财而著称，对美味佳肴尤为偏好。从明至清，皇帝钦派的织造官员薪火相传地将宫廷烹饪技艺带到了苏州，丰富并提升了吴地餐饮文化。当地传统与达官嗜好相互交融，激发了文人的闲情雅兴，于是乎，饮食成为一种生活方式，渐渐蔚然成风。

太监弄在哪里呢？"就这儿！"叶放指给我看。瞥过千篇一律的洋快餐连锁店，我的目光蓦然停驻在一小段儿中国老街上。全长仅200多米的太监弄里食肆林立，大酒楼、老面馆、小吃店……鳞次栉比，好不热闹！

老饕识途，叶放把我带到一座明清风格的酒楼前——"得月楼"。老字号的古色古香，透漏于苏式木窗的镂空雕花间，流露于迎宾姑娘的蜡染衣裙边。我们如约而至。"得月楼"是苏州最有名的百年老店之一。与同行业其他老字号一样，"得月楼"现已转型为有限公司，在苏州拥有多家分店。时过境迁，织造太监频频光顾的岁月已然一去不复返，复建的"得月楼"却落址于因这段历史而得名的小巷：太监弄27号。

进得门厅，抬头便见"三星拱照"。中国餐馆有供奉福禄寿三星的传统。人间福禄寿，天上三吉星。广额白须的是寿星，寓意长命百岁，在以家为本位的社会中，长寿可是成功的重要保障。福星由古代贤官化身而成，是中国神话中赐福于人间的幸运之神，人生在世，没有福运相伴怎么能行！峨冠博带的禄星最为气宇轩昂，主宰着天下的功名利禄，为芸芸众生带来升官发财的希望。居中而立的禄星格外魁伟，虽有宽松官袍和福寿双星遮掩一二，他那志德圆满的便便大腹还是有所凸现。知味飨食意味着功成名就。说一千道一万，吃喝还是最关键。读《论语·述而》可知，孔老夫子也曾要求上门求学者奉赠干肉作为拜师礼："自行束脩以上，吾未尝无诲焉。"三百六十行，行行有饭吃，薪酬的初始形式无外乎食物。不久之前，每当逢年过节，还是有众多企业把优质食用油作为福利礼品发放给员工。时至今日，对于不少中国人来说，所谓工作，无非是为了养家糊口，跟使命感和实现个人理想并无多大关系。能让全家丰衣足食，就能获得社会的认可。随着时代的发展，这一传统价值观在"富态"起来的中国日渐式微。

殷勤有礼的迎宾姑娘前头带路，我们乘电梯从一楼大堂直达豪华包厢。满堂流光溢彩，绚若盛秋；身着深红旗袍的年轻服务员婀娜其间，恰如锦上添花。

一张硕大的圆桌陈设于厅堂正中，18个席位呈环状摆放，18颗石榴果粒粒鲜红地吐露着秋日的清香。苏帮菜极讲究"时令"二字，菜色随四季更替而相应变换，并没有被时下流行的餐饮风尚所同化。"春风又绿江南岸"：碧螺虾仁、太湖塘鳢、水生菜品……尝头鲜。"绿树阴浓夏日长"：当季糯米、各色蔬果……吃清凉。眼下正当"轻红随秋深"，秋味更添秋色，琳琅满桌。石榴果粒红嫩嫩，干菜扣肉红润润，清煮螃蟹红通通……石榴春华而秋实，籽粒多且丰满，在中国民俗文化中，寓意着多子多福、金玉满堂。

多子（专指男性子嗣）在传统观念中是有福气的象征。如今中国男多女少，现代人对儿孙满堂的愿望远不及过去根深蒂固，却对秋吃石榴习以为俗。中国人一贯喜欢嗑嗑嚼嚼，颗颗酸甜的石榴果粒倒也正合口味。

石榴是中国古代绘刻艺术和民俗文化中喜闻乐见的主题。雕床画栋有之，盆栽园植有之，石榴随处可见，传递着喜庆和吉祥。又是一年秋来到，石榴开口笑，菊花吐蕊香，为这个季节增添了无数喜悦。既有石榴所寄托的子嗣兴旺，又有菊花所寄托的长寿健康，家国自会恒久。受中国青花瓷的影响，欧洲"蓝色洋葱"（Zwiebelmuster）系列瓷器的经典纹饰也不乏石榴配菊花的主题。

应邀赴宴的18位食客中有8位重要人物。这让我联想到了"八仙"。与欧洲中世纪炼金术士如出一辙，古代中国人也在寻求长生不老药。几乎每位帝王都渴望万寿无疆，只可惜没有谁如愿以偿。

"八仙"来历不一，各有随身法宝和通天本领。西方有"耶稣在加利利海踏水而行"及"摩西分红海领众人通过"的圣经故事，中国有"八仙过海，各显神通"的神话传说。"八仙"渡东海，靠的不是神迹，而是各凭所长。"八仙"中，吕洞宾最为有名。相传，吕洞宾原为唐朝进士，生于公元800年前后，经"黄粱一梦"后看破红尘，遂遁世修道。道成后携剑云游，食色不移君子性，祛邪惩恶，济世度人，被尊为道教祖师，在民间素有"剑仙""诗仙""色仙""酒仙"等雅号。

"手执荷花不染尘"的何仙姑是"八仙"中唯一的女性，集美丽与善良于一身。何家以开豆腐坊为生，何仙姑既"事母纯孝"又是父亲的好帮手，历来被奉为孝女典范。据民间传说，何仙姑得食仙桃而辟谷，勤修"正善明德"，终成正果。

"八仙过海"的故事脍炙人口。话说"八仙"宴饮归来，至东海之滨（今山东境内），见波浪滔天，遂玩性大发，纷纷将随身法宝投于水面，立于其上，各显神通地渡过了茫茫东海。"八仙"的掌故在中国流传甚广。8位凡人通过自我修炼最终得道成仙，凭借个人本事成功地漂洋过海，联想起来，是不是跟"美国梦"的故事颇有渊源？

当前之所临，不是大海，而是大宴；当宴之主角，不是各有神通的"八仙"，而是各有造诣的8位餐饮界名人。中国人热情好客，独乐乐不如众乐乐，索性邀齐18人，共享秋之宴。

作为一宴之主，华永根迎上来与我握手寒暄。绵软无力的握手习惯在中国很常见。华永根是苏州市烹饪协会会长，在多家饮食文化机构兼任要职，堪称苏州餐饮界泰斗。全桌人唯其马首是瞻的情景，让我想起了关于亚瑟王（King Arthur）及其圆桌骑士的传说。

第二主角非叶放莫属。叶放名列"美食界十八罗汉"之一，文人世家之后，是传承苏州传统文化的使者和行家。

与华会长共尽地主之谊的是"得月楼"总经理林金洪。林总是席间的经济界代表，对我格外热情。得知在德国留学的林公子有意进德企发展时，我不由得想到易中天教授曾说过的一句话：中国人的社会关系完全是"吃出来"的。

客人陆续而来。几位并非主角的年轻人早早地各就各位，记者效力于当地报社，摄影师受聘于时尚杂志。他们摆弄着专业数码相机，捣鼓着笔记本，一边对着石榴及桌饰拍摄，一边对着人物和场景遐思……在闪光灯的或明或暗中，在或轻或重的谈笑声中，等候着下一刻的精彩。

随即到场的是第四位重要人物：陶文瑜，作家兼记者，现任《苏州杂志》副主编。陶主编友好地向我约稿，并以《苏式滋味》相赠。《苏式滋味》是陶文瑜的散文集，字里行间沉潜着他对苏州人物、苏州民俗、苏州美味的认知和情感。陶文瑜是早已"将生死置之度外"的老烟民，一边吞云吐雾，一边妙语连珠，品起美食来也是颇有见地。中国男人普遍烟瘾不浅。席间一支烟，嘴巴不落闲，既填补了吃喝之余的空档，又避免了没话找话的辛苦。自烟草于16世纪由葡萄牙人经广东传入以来，烟文化在中国经久不衰。

在陶文瑜之后，8位主角中唯一的女性——世界名刊《COSMOPOLITAN》旗下《美食与美酒》杂志的主编——大驾光临。她对我略加打量，居高临下的眼神透露出些许身份优越感。跟老熟人叶放寒暄了几句，便俨如叱咤时尚界的《Vogue》杂志美国版主编安娜·温图尔（Anna Wintour）一般端然入座。

稍过片刻，第六位餐饮界大腕也傲然出场了。随着简单的一声"你好"，他递给我一张名片。印在名片上的头衔不下9个："非物质文化遗产奥灶面代表性传承人""昆山市餐饮行业工会联合会副主席"……。昆山是昆曲之乡，昆曲是百戏之祖。自从大众汽车进入中国市场以来，这座传统的江南小城逐渐以现代化工厂而闻名遐迩。名片上的大串头衔告诉我，我面对的可不是什么小人物，而是刘锡安——昆山奥灶面大师。刘锡安是当代中国餐饮业成功人士的代表。"厨艺无止境。"他自信地笑道，"没有做不到，只有想不到！"

16人已到场，还有两位重要人士尚未现身。华会长瞅了瞅手表，正待开席，却见一颔下蓄须者推门而入，身矮肚圆眉开眼笑，一副弥勒佛的模样。"沈爷！"席间传出一阵窃窃私语。来人正是沈宏非，上海人氏，中国最著名的美食作家，活跃于各大媒体专栏和访谈节目，江湖上响当当的"馋"宗大师。沈宏非乐呵呵地边因迟到道歉边向华会长致意。为赞贺此宴，他特意准备了两幅书法作品，随着卷轴徐徐展开，顿觉墨香浮动、雅韵飘溢。古风不再，如今的中国文人很少有此习尚了。沈宏非挨着叶放落了座。沈叶二人同属"美食界十八罗汉"之列，相识多年，经常同席共宴。

寒暄间，沈大作家忽而面露不悦，对叶大画家耳语道："我的月饼呢？不会被你忘到九霄云外了吧？"未待叶放开口解释，一位着西装、打领带的精瘦男人不经意间来到沈宏非身旁入席落座，悄声接腔道："沈爷放心！我带了8份月饼来！""朱总！"笑容在沈宏非那满月般的圆脸上隐而复现，"多谢多谢！您家的月饼可是姑苏一绝！"朱总闻言，免不了谦逊一番。朱总麾下的酒店远近闻名，尤以餐饮冠绝一方，所产月饼更是享誉全国。中秋节即将来临，缺了月饼怎么行？！

每逢农历八月十五，家家户户都要吃月饼。月饼之于中秋节，正如彩蛋之于复活节、姜饼之于圣诞节。月饼形如满月，象征着团圆。月饼可荤、可素、可甜、可咸，口味不拘一格。随着物质生活日渐富裕，月饼风尚越来越流于重表相而轻实质，过度包装愈演愈烈。在某种程度上，时下的中国月饼与时下的中国房地产项目有的一比：噱头有余，品味不足。能得沈爷青睐的月饼自是不落俗套，外有环保纸袋的朴素，内有姑苏风味的精华。一尝之下，果然名不虚传：酥香满口，回味无穷。

一切就绪，只待开宴。8位老饕和10位嘉宾同桌举起36只筷子的场面令我印象深刻。眼前的大圆餐桌宛如中国社会的一个缩影：企业家、生意人与艺术家、文化人举箸言欢，年轻的时尚引领者与资深的传统承袭者把酒畅谈，大家和谐共处，紧紧围绕在组织领导的周围。饭桌上如此，现实生活中亦如此。

华会长简短致辞，话到结尾处，他风趣地说："民国时期的著名美食家夏丏尊先生曾说过，如果中国有一件事可以向世界自豪的，那么这并不是历史之久、土地之大、人口之众、军队之多、战争之频繁……"听到此句，叶放、沈宏非和陶文瑜无不会意地微微颔首。略作停顿，华会长继续侃侃而谈："请允许我与时俱进地补充一二。国人大可引以为豪的，也不是航天之强、高铁之快，更不是穿得起阿迪达斯、开得起宝马豪车……真正根源于中国而傲然于世界的，乃是饮食之美！我们博大精深的饮食孕育于我们悠久灿烂的文化，创造于我们辛勤的双手，产生于我们智慧的头脑，传承于我们善吃的口腹——中华饮食举世无双，是不是呀，马可？"我很是配合地点头称许，席间顿时活跃起来，赞和的神情、满意的笑容、捧场的掌声……"好！"华会长趁热打铁，"夏老说得很对，在中国，衣不妨污浊，居室不妨简陋，道路不妨泥泞，而独在吃上分毫不能马虎。中国人对饮食就像德国人对机械一样精益求精，只是 made in China 的'精妙'比 made in Germany 的'精妙'更美味罢了！"华会长恰如其分地瞄了我一眼，引得哄堂大笑。

华会长言之有理。联合国教科文组织（UNESCO）的关注点应该更多地聚焦于有机领域，而非无机领域。饮食是人类赖以生存的第一要素，理当备受重视。联合国教科文组织已将 5 处体现并保持了传统农业与饮食习俗的关联性和适应性的有机进化景观列入了世界文化遗产名录，略具讽刺意义的是，这些景观分布于毛里塔尼亚、马里、北欧斯堪的纳维亚、阿根廷和罗马尼亚，无一处坐落于意大利、法国或中国。中国目前所拥有的 53 项世界遗产中，居然没有哪项跟饮食沾边。这也许是由于茶树和水稻的原产地早已面目全非吧！我正思绪翻跹，华会长介绍起了秋之宴的菜谱：

冷盘：油爆河虾、苏式熏鱼、白片肥鸡、五香牛肉、糯米莲藕、盐荠毛豆、凉拌茄条、葱油红菱、干果蜜饯

热菜：太湖碧螺虾仁、苏烧黄焖河鳗、黄泥香酥煨蹄、炀帝蜜蟹拥剑、南园十丝大菜、石家鲃肺清汤

点心：桂花芋艿拉糕、时令南塘鸡头米

主食：农家南瓜面瘩

冷盘开个味蕾，热菜饱个口福，靓汤勾个馋瘾，甜点助个余兴，主食享个餍足——中餐宴席的上菜次序亦是有章可循的。

随着转盘轻旋，一道道美味佳肴在餐桌上轮流亮相，如同展示高级定制时装的一位位模特在 T 台上款款走秀。闪光灯竞相亮起，快门声此起彼伏。过足眼瘾之后，方得大快朵颐。席间，华会长频频为我夹菜，令人盛情难却。亲手布菜是中国传统的敬客之道，古时甚至有夹美食喂贵客的先例。中国的旧习俗让我联想起天主教的"口领圣体"仪式——在早先的欧洲主日弥撒中，神父会将代表耶稣身体的面饼直接放进教徒们的口中。除施受圣餐外，在西方世界中，健康成年人之间的喂食行为可是犯忌讳的。

在中国有所不同，中国人重视口腹之欲。长者和贵客尤其享有殊遇。我跟华会长聊起了布菜与喂食的话题，华会长哈哈大笑："瞧瞧，我们中国人是多么热情好客，绝不会让我们的客人错过任何一道美味！今天嘛，布菜少不得，喂你就免啦！"

圆桌消弭了人与人之间的距离感。只有同桌共食才能让中国人真正成为欧洲著名社会学家拉尔夫·达伦多夫（Ralf Dahrendorf，1929—2009）所定义的社会人（Homo Sociologicus）[1]。达伦多夫认为，社会具有两面性。一面表现为稳定、和谐与共识，另一面

【1】参见《社会人》（*Homo Sociologicus. Ein Versuch zur Geschichte, Bedeutung und Kritik der Kategorie der sozialen Rolle*）第 22 页，拉尔夫·达伦多夫（Ralf Dahrendorf）著，2006 年于威斯巴登出版。

则表现为变迁、冲突和强制。"个人存在和社会事实[2]相互交叠。只有以生活于群体中的社会人作为研究对象，才能充分理解人类社会。"达伦多夫指出了社会学研究的必由之路。在中国，饭桌社交就是社会学研究的最佳着眼点。饭局可以促使所有参与者表现出罕见的协同一致，这在一个习惯于你争我斗的社会中是非常难得的。由此可见，中国饮食文化对社会教化具有重要意义和深远影响。时下中国未能承袭此道，实在令人遗憾。还有什么比同桌共食更有助于社会性的培养？

满桌秋韵，唯有"碧螺虾仁"不合时令。"产自太湖的鲜虾配以采于早春的嫩茶！"华会长满面春风，"原本是春鲜，听说你喜欢，就特意秋行春令了！"我多少有些受宠若惊。这般逆季而食，实则大可不必。心作此想，胃口却被高高吊起。虾仁晶莹剔透，碧螺青翠欲滴，绝色佳肴，好不惹人垂涎。

品过"太湖碧螺虾仁"之后，席间蓦然雀跃起来。华会长兴致勃勃地迎向厨师缓缓推近的餐车。餐车上不知何许菜也，引得众人翘首以盼。在好奇的目光中，华会长掀起了神秘佳肴的"盖头"来。哈，厚厚实实，居然是一大坨黄泥巴！正待定睛细瞧，华会长已然手起槌落，敲出了泥中物的真面目。随着泥外壳龟裂开来，碧油油的荷叶包呼之欲出，氤氤氲氲的肉香味令人垂涎欲滴。华会长与厨师轻拆慢解，荷叶徐徐展开，谜底大白，满座欢

【2】"社会事实"是法国社会学家涂尔干（Émile Durkheim, 1858—1917）提出的一个重要概念，是指"任何对个人施以外在强制作用的、固定或不固定的社会行为或在社会总体中普遍出现的、不依赖于个人而独立存在的任何行为方式"。社会事实分为物质性社会事实（如社会、政党、教会、组织等）和非物质性社会事实（如道德、价值规范、社会潮流等）。参见《社会学方法论的规则》（Émile Durkheim 著，耿玉明译）。——译注

然:"黄泥香酥煨蹄!"华会长颇有几分"老王卖瓜"的劲头,"炖得烂烂的,炸得酥酥的,嫩荷叶一裹,黄泥巴一糊,小炭火一煨,那滋味甭提有多香了!我们苏州人对蹄髈百吃不厌,而这么好吃的蹄髈可以说绝无仅有!"隔山探海的沈宏非早已按捺不住,连连挥手将香气扇向自己,贪婪地深吸几口,心满意足地诙谐道:"众位看官,这香味可是被我先劫了!"

在哄堂大笑中,厨师推着餐车原路离开,片好的蹄髈登桌亮相。随着转盘轻旋,"黄泥香酥煨蹄"经停于我们面前。华会长并没有夸大其词,这蹄髈的确罕有其匹,入口即化的口感,若有似无的甜度,原汁原味的肉香,无异于食神的馈赠。"这可是道功夫菜!"华会长津津乐道,"先腌上3天,再煨上几小时,最后还要烤上一番,绝对是精烹细做!"怪不得中国人对巴伐利亚烤猪肘情有独钟呢,原来是文化使然!几乎所有去过德国的中国朋友都觉得德国猪肘比法国大餐或意大利美食更合口味。对猪肘的共同喜好为中德关系的蓬勃发展也是有所助益的吧!

九月团脐十月尖,持螯饮酒菊花天。"炀帝蜜蟹拥剑"一上桌,就令人刮目相看。秃黄油与蟹脚肉分盛于用南瓜雕成的一"钵"二"剑"中,望之悦目,闻之垂涎。南瓜"钵"雕工绝妙,所刻"龙凤呈祥"栩栩如生,寓"雌雄成双"之意。吃螃蟹讲究"公母搭配","钵"内的秃黄油就是用蟹膏和蟹黄合炒而成的。南瓜"剑"雕得同样精美,剑身虚空,盛着白嫩嫩的蟹脚肉。一"钵"二"剑"貌似点缀,实则体现了"分而治之"的食蟹原则,以确保蟹肉与膏黄互不串味。于我而言,蟹螯之肉最为鲜美,蒸至刚刚好,佐以姜丝香醋,那口感,怎一个"嫩"字了得。这道古法菜在历史上大有来头,与短命王朝隋朝的第二位也是最后一位皇帝颇具渊源。隋炀帝(公元604—618年在位)喜欢游幸江南，对"蜜蟹拥剑"一尝钟情，《大业杂记》中就有"吴郡又献蜜蟹三千头，作如糖蟹法"的记载。

在20世纪的革命年代，曾为皇室贡品的吴中名菜一度销声匿迹。直至1962年，新中国初建，政治风云变幻和缓，金贵非凡的"炀帝蜜蟹拥剑"才重出江湖。"为了本次秋之宴，几位大厨几经尝试，下足了功夫才做出了这道菜，百分之百还原是不指望了，只求能让大家满意！"得月楼的林总不胜感喟，"传承古菜难能可贵，就是代价过于高昂！"我耐不住好奇："如果明码标价的话，这道菜得卖多少钱？""就今天这个量，怎么着也得5000块！"华会长向我透了个底儿。古往今来，螃蟹在中国一直身价不菲，跟皇帝"沾亲带故"的螃蟹更是贵不可攀。从饮食角度来看，中国社会恍如大步回退，从鄙弃奢靡一下子返转到崇尚奢靡，帝王般的享受重又成为普罗大众的追求方向。

精致的极品蟹肴激发了席间的争论热情。两位老兄各抒己见。"炀帝蜜蟹拥剑——这名儿起得有文采！"甲君悠悠然点起一支香烟，若有所思道，"文人多美食家，美食家多文人，文人和美食家还真是趣味相投！"乙君不以为然："不见得吧！文人好吃，以形诸笔墨为乐趣；美食家好吃，以得享口福为乐趣。经文人之口，美味落纸流芳；经美食家之口，美味落肚为安。落肚不比落纸，其产物难登大雅，在饭场上不提也罢。"诙谐之语引来一堂哄笑。甲君不肯苟同："心中有莲花，所见皆莲花。我更乐见其美，关注的是对美食的享受与热爱！"乙君欲讽还休，权且颔首以应。"古代文人推崇'诗口'，正所谓'佳句本天成，妙口偶得之'，文人有了诗口，才能咏出神来之语。"甲君手不离烟，一边喷云吐雾，一边信口漫谈。"此间纵有诗口，恐怕也被香烟熏染了吧！"乙君不甘沉默，出言戏谑道，"口不清则诗不灵！文人美食家袁枚就曾说过：'诗，如言也。口齿清矣，又须言之有味，听之可爱，方妙。'"甲君不接茬儿，转而反唇相讥："有道是'非亲尝无以知味'，您诗心妙口，不妨让大家听听，您对此有何高见！"

甲君深吸了两口烟，坐等乙君回应。乙君笑而不语，用筷子夹了口尚存无几的蹄髈，津津有味地细嚼慢咽，过足馋瘾后才娓娓道来："比起'非亲尝无以知味'来，西方人对'百闻不如一见'更耳熟能详。在我的外国朋友中，知道前者的寥寥无几，知道后者的比比皆是。两句老话意思相近，但侧重点各有不同。'百闻不如一见'强调'耳听为虚，眼见为实'，听人所言总不如亲眼所见更真切可靠，论及在体验中求知，中国人始终逊色于欧洲人。'非亲尝无以知味'，重在'知味'，可溯源于儒家经典《中庸》，更富含中国哲理。"

"何以见得？"我不由得插话问道。见我诚意求教，乙君就此侃侃而谈。"《中庸》有云，'人莫不饮食也，鲜能知味也'。唯有亲尝细品，方能达到知味的境界。就像我刚才那样，不经一番用心尝，哪得蹄髈满口香？知味在于口感。美妙的口感可以怡情助兴。不谈风月，只论才情，唇齿之间的无尽感受激发了多少文人墨客的创作灵感，催生了多少文人墨客的传世之作？'非亲尝无以知味'，这句话言浅而意深，蕴含着求知与修身之道，理应为当今中国人所领会。"

"莫非我们尚未领会？"甲君不禁诘问。

乙君直言不讳："我们尚未领会个中深味，我们的祖先对口感、对知味更有见解。古往今来，好吃者众，知味者鲜。就拿美食记者来说吧，三句话不离本行，下笔千言若等闲，不是舌尖上的邂逅，就是心头上的馋恋，虽是以'吃'为业，但未必就吃透了'知味'二字！"此言一出，在座的几位记者不太自在地别过目光，流露出几分不悦之色。

乙君视而不见，兀自畅所欲言："我写了不少有关饮食的文章，目前仍笔耕不辍。随着年岁的增长，我越来越认识到，真正的知味之人寡于言而敏于品，真正的知味之人善于从一饮一啄中体悟修身，真正的知味之人于寻常果蔬中也能尽享无穷滋味。情之所钟，兴之所至，黄瓜青菜也好，蹄髈螃蟹也罢，无不可成诗入画。国画大师齐白石（1864—1957）就常常寓情于虾蟹，匠心妙笔，可谓画坛一绝。千古文豪苏东坡更是知味大家，光是以饮食为题材的诗词，就写了不下66首。在爱吃猪肉这一点上，苏东坡跟我可是同好中人！"

话到此处，乙君又情不自禁地将筷子探向蹄髈，美美地品味起来。席间一时静默，在座之人无不若有所思。中国的苏东坡可比肩于德国的海涅、席勒或歌德，为后世留下了许多文化瑰宝。

"苏东坡是胸怀天下、心系百姓的真君子！"乙君继而感慨道，"相对于富贵之流的山珍海味，他更津津乐道于寻常人家的清茶淡饭。他与'东坡肉'的不解之缘，本就是一段为民造福的千古佳话。公元1080年，苏东坡因以诗文针砭时政而获罪于宋神宗，牢狱之苦刚一结束，就踏上了漫长的贬谪之路。在谪居黄州（今湖北黄冈市）的4年中，苏东坡远离政治，寄情于丹青翰墨，创作了大量以饮食为题材的佳作。'东坡肉'能流传至今，得感谢这首打油诗：

黄州好猪肉，价贱如粪土。

富者不肯吃，贫者不解煮。

慢著火，少著水，

柴头罨烟焰不起。火候足时它自美。

每日起来打一碗，饱得自家君莫管。"

乙君兴致勃勃地背诵起苏大文豪的《炖肉歌》来。甲君忍不住出言相驳："张口闭口不离猪肉可不是苏东坡的风范！人家兴致广泛，不知写下了多少'美味'诗词！比如这首《浣溪沙》：

雪沫乳花浮午盏，

蓼茸蒿笋试春盘。

人间有味是清欢。"

"妙极！"乙君不无得意地接话道，"'蓼茸蒿笋试春盘'配'黄州好猪肉'再好不过，有荤有素，正应了那句'非亲尝无以知味'。饮食有大味，人生有大道。纸上得来终觉浅，绝知此事要躬行！""您不愧为专业美食家！"甲君由衷地点头称赞，"不仅能文善讲，而且能品善尝！"

乙君对猪肉可谓爱不释口。猪肉向来就是一个不朽的话题。自古以来，中国就有养猪吃肉的传统。养猪吃肉在古代中国的兴起，不仅因为肉好吃，更因为猪好养。养猪不同于养牛，既无须广阔的牧场，也无须讲究的饲料。随便什么陋圈蜗居，随便什么残羹剩菜，就能把猪养大。在传统农业生态系统中，猪是不可或缺的重要成分。在评论中国的农业成就时，人类学教授尤金·N.安德森就曾提道："猪是出色的化废为宝的肉食提供者。在饲料消耗量相同的情况下，猪的增重量通常是牛羊的两倍。"猪是农家宝，是将农村垃圾变为生活物资的最佳"生物转化器"。千百年来，养猪都是中国农民的一大副业。"猪粮安天下"，在谷蔬之外，猪肉为解决泱泱大国的"肚子问题"立下了汗马功劳。

中国猪肉的质量曾享誉欧洲。在《餐饮艺术讲座》(*Vorlesungen über die Esskunst*)中，德国美食家安东纽斯·安图斯赞道："据旅华人士鉴证，中国火腿是举世无双的美味，或许是饲养方法恰到好处，他们的猪肉比我们的猪肉好吃多了。"至于那个世纪中国的猪是吃啥长大的，这位通晓餐饮艺术的德国人并不了解，否则还真不好说他会不会倒胃口。养猪这回事儿呢，显然是结果重于过程，肉香就好。

　　"石家鲃肺清汤"一上桌，恰好为猪肉与螃蟹引发的热烈争论打了个圆场。通常情况下，中式宴席总是以汤压轴、以主食及甜点收尾。今日之宴也不例外。"石家鲃肺清汤"以鲜美冠绝江南，是中国最具创意的名汤之一。鲃肺汤是苏州木渎镇石家饭店的看家菜。创建于清光绪年间的石家饭店之所以闻名遐迩，与民国元老于右任不无渊源。于右任与故旧小酌于这家吴中老店，对鲃肺汤一尝倾心，遂乘兴挥毫，一诗传遍九州：

　　老桂花开天下香，看花走遍太湖旁。

　　归舟木渎犹堪记，多谢石家鲃肺汤。

　　美味可以触发灵感和雅兴。细品之下，方知这世间美好滋味。

奥灶面

昆山紧邻苏州，是一座历史悠久的江南小城。奥灶面是昆山饮食文化的代表，既被列为非物质文化遗产，其秘方自是概不外传。经朋友指点，我略有心得。

食材（两人份）：

中式面条 200 克

干辣椒若干

盐适量

酱油 4 汤匙

鱼汤半杯（以新鲜淡水鱼现熬为佳，必要时也可用速食鱼汤代替）

芝麻油少许（用于调味）

花生油适量（用于爆余）

做法：

1. 奥灶面的关键之处在于酱卤和鱼汤。我首先从辣椒和大蒜下手：江南人大多不喜辣，辣椒籽可得细细去净。辣椒切丁，红而不辣最理想；大蒜剁得越碎越好，盛入瓷碟，撒少许盐令其充分融合。

2. 起油锅，用花生油将辣椒丁爆炒至变色，以油色泛红为宜。

3. 待油温稍凉，加入酱油、盐及鱼汤，略煨片刻后出锅，分盛两碗。

4. 面条下锅，两分钟即可，以免过于熟烂。出锅后分
   盛两碗，将面条和卤汤调和均匀，拌入蒜泥锦上添
   花，淋上麻油画龙点睛，香喷喷的红油奥灶面必定
   让你回味无穷。

碧螺虾仁

　　来到苏州市区以南的太湖岸边，你会惊奇地发现，长江三角洲与荷兰低地在自然景观上竟然有那么多相似之处。每逢人间四月天，艳阳下的太湖烟波浩渺，茫茫的湖水泛起碧粼粼的波光，湖际水天一色，湖畔的茶树与虾塘融合成一幅静谧的生活图景。

食材：

　　新鲜虾仁 350 克

　　绿茶嫩芽 1 汤匙（以苏州碧螺春为佳）

　　盐 1 茶匙

　　蛋清 1 只

　　淀粉 2 茶匙

　　大豆油（玉米油或花生油亦可）

做法：

1. 将虾仁细细洗净，用厨房纸巾吸干水分。

2. 将虾仁盛入碗中，加盐、蛋清及淀粉码味上浆。

3. 将茶叶放入杯中，用开水冲泡。

4. 将大豆油倒入锅中，加热至 120 度即可。

5. 将虾仁煎至泛白，用漏勺捞出沥油。

6. 将底油旺火烧沸，下虾仁，兑入沏好的茶汁，滑炒均匀。

7. 将虾仁炒至微红，出锅、装盘，点缀以嫩绿的茶叶，悦目又馋人。

随两位行家逛菜场

次日清晨，古刹阶前，我感受着温润隽永的姑苏味道。秋雨蒙蒙，凉意微微，黛瓦幽幽，白墙隐隐，庙舍间弥散着潮湿的气息，蜿蜒于侧的小河渠盈盈若满。

约好了寺门前见。离得大老远，就看到两鬓微霜的华会长擎一把黑伞在两位女士的陪同下迎面等候。我晚到了10分钟左右，很是不好意思。华会长热情地与我握手寒暄，毫无半分不悦。《苏州日报》社会生活部主任也并未介怀，和颜悦色地体谅道："这条小巷不太好找吧？"我坦言相告："有佛塔指向，找路倒不难，是我出门晚了。"昨天采访过我的女记者也十分善解人意，笑吟吟地向我点头问好。她也是提早到场的。提早到场是对重要约会的尊重。受此待遇，我应该感到荣幸。

五人行，必有其趣焉。四人在路上，一人在囊中。囊中者何人？以美食家著称的清朝翰林文人袁枚（1716—1798）是也。在我随身携带的挎包中，300余岁高龄的袁枚隐身于小小一本《随园食单》的字里行间，陪我们漫步在苏州古城的雨巷中。菜场，我们来了。

食材的采买，风雅之士多不屑为之，华永根却驾轻就熟。食材挑得好不好，对菜肴的品质至关重要。"大抵一席佳肴，司厨之功居其六，大班之功居其四。"在中国广为流传的这句名言，就出自袁枚的《随园食单》。

食材不好，纵然神厨再世也无可奈何。四分采买，六分烹调，方得十分美味。至于享用者的角色，在随园老人的笔下，似乎微不足道。与袁枚有别，同时代的法国美食家布里亚－萨瓦兰则格外看重享用者对美味的主导作用。在《味觉生理学》一书中，布里亚－萨瓦兰以巴黎教授的口吻，就"超越感官的餐飨体验"娓娓道来，用循循善诱的笔触，从科学与哲学的角度，向世人开启了通向美食学的大门。在布里亚－萨瓦兰看来，美味的成全，享用者才是核心要素："美食鉴享是对人类判断力的考察，感受决定选择。悦我口味者，我所嗜欲也。"布里亚－萨瓦兰认为，懂食知味并非常人所能，天分使然是美食家和善厨者的共性。饮馔之美，美在鉴享的高妙，至于采买的精巧和烹饪的纯熟，似乎不足为道。于此之间，中西之别显而易见：法国美食学鼻祖热衷于宣扬学说，中国"馋宗"大师则乐于传授经验。袁大才子倡导"知味须躬亲"，集 40 年美食实践之精华，著就了垂范后世的《随园食单》。无独有偶，晚明奇才张岱也绝非空头理论家，在《陶庵梦忆》中，他老人家对自制乳酪和自创兰雪茶津津乐道，足见其兴致所在。

相对于欧洲同行的"传经布道"，张岱与袁枚的经验之作更接地气。一部《随园食单》，就是一部造福后人的食谱集锦、一部流芳百世的烹饪宝典。说到食谱，不免想到蕴含其中的中西之别。西式食谱以计量精准为特色，容易如法炮制；中式食谱则惯用"适量""少许""若干"等表述，很难复旧如初。

依照欧洲人的食谱，烹饪犹如进行自然科学实验，重在墨守成规；依照中国人的食谱，烹饪更像进行个人艺术创作，凭的是感觉，靠的是经验。没有精准量化，就没有精准复制，一问世便成"孤本"，多少美味就这样昙花一现，风华难再。岁月模糊了味道，袁枚时代的菜肴到底如何，后人已不得而知。在中国人看来，好吃乃人之本性，基于务实基因，袁枚并未就高大上的美食学著书立说，而是以一部传世食谱馈飨千秋万代。

传世之作著于垂暮之年，这是中法两位美食大师的共同之处。《随园食单》于1792年成书时，袁枚已年近八旬；《味觉生理学》于1826年付梓未久，布里亚-萨瓦兰便与世长辞。由此可见，越是阅历丰富，越能吃透人以食为本的道理。

步入菜场，把伞一合，华会长熟门熟路地开始导览。自21世纪初以来，名副其实的马路菜场逐渐销声匿迹，如此正规的室内菜场比比皆是。苏州街头，零星出没的流动小贩仍偶尔可见，或几片塑料布，或一辆三轮车，铺摆起来就可以开张卖菜，时刻准备着跟城管执法人员上演"猫捉老鼠"的大戏。既不纳税还有碍市容，成为整治对象也就在所难免了。

这家菜场的卫生状况还不错，华会长是明星级老主顾，所到之处都有笑脸相迎。进出菜场者，阿爷阿叔偏少，阿妈阿婶居多，有的为自家选购，有的为东家采买。路过生肉摊点，摊主们纷纷以"放心肉"招揽生意。近年来丑闻频发，食品不安全已成消费者心头大患。"放心肉"上盖有官方印鉴，说明"检验合格"，不至于来路不明。最初对农家自养猪的天然信赖，现已不复存在。批量养殖、群体消费、激素催长……在种种因素的影响下，从有益健康到有损健康，中国猪肉的国际声誉大不如从前。

不久之前，中国还停留在农耕社会，猪还是活杀现卖，至于什么样的猪好吃，就连文人墨客也颇有几分心得："猪宜皮薄，不可腥臊"——清朝袁枚如是说;"嘴长毛短浅含膘"——宋代蜀寺僧也有诗为例。

古人的相猪经验现如今早无用武之地,菜场内外哪还有嗷嗷待宰的活猪可供"望闻问切"? 时至21世纪,中国也杜绝了活猪现杀现卖的旧习。"要想买得好,识人很重要",华会长向我传授择购之道,"要善于察言观色——货主可信则货可信,识货不如识人,一张值得信赖的面孔抵得过成百上千的印鉴。"

一圈逛下来,头一张值得信赖的面孔非老周莫属。老周头发花白,扎一束马尾,俨然一副艺术家模样,以卖菜为生已二十年有余。老周卖菜不种菜,直接从农家进货,尽管如此抑或正因如此,颇得华会长信赖。老周这一摊子菜格外水灵,放上两天也不会有失鲜嫩。如果是欧洲超市的常客,就不难发现,按欧盟标准陈列出售的蔬菜往往"吃起来"跟"看上去"是两码事。来老周这里大可放心,保准"吃起来"跟"看上去"一样好。"没谁像老周把蒜苗打理得这么清爽,二十年如一日,这质量就从没含糊过!"华会长边说边扬起嫩黄泛白的一绺蒜苗,"老周对菜那可是真爱啊!""谢谢、谢谢!"老周憨憨地笑着,被大名鼎鼎的贵客一夸,心里美滋滋的。华会长再次强调:"老周信得过,老周的菜自然信得过!"

"马可!"听得呼唤,我循声一看,华会长站在水产摊头,笑呵呵地捧起一掬活蹦乱跳的长须公,献宝似地给我瞧:"来来来,见识一下真正的好虾!"淡水虾大多体形较小而肉质鲜嫩,外观上跟北海虾有几分相似。"怎么个好法?"我愿闻其详。"这可是正宗的野生太湖虾!"华会长所言完全出乎我的意料。受过度开发所累,在周边地区成为全球制造业基地的进程中,太湖不早就被工业废水及有害物质糟蹋得面目全非了吗? 太湖水污染可是中国环境治理的一块心病啊！也许是"太湖美，美就美在太湖水"早已深入人心的缘故吧，苏州人对母亲湖怀有难以动摇的信赖。好水出好虾，淡水虾喜欢水质洁净的生存环境。太湖浩渺依然，比4个博登湖（Bodensee，位于瑞士、奥地利和德国三国交界处）还要大，可水美虾肥之地到如今却所剩无几。"野生的太湖虾越来越少，身价自然不菲。野生虾不同于养殖虾，你要留意区别。但凡野生虾能生存的湖域，水质还是OK的。"华会长一边讲解一边展示：浅灰透亮的色泽，细黑均匀的纹路，野生太湖虾看着就分外鲜活灵动。

长须公在丹青世界可不是名不见经传的生面孔。齐白石，20世纪中国画艺术大师，以其匠心妙笔，让一只只墨虾跃然纸上。齐白石画虾不画水，通幅不见一波一纹，却把虾在水中的鲜活灵动表现得出神入化。能入大师法眼的写实对象自然非比寻常，瞧那些浑浊暗沉的养殖虾，充其量只适合在讽刺漫画杂志上露露相。

正当观虾之际，忽听从邻摊传来"砰砰砰"几声闷响，我举目一看，见识了麻利得堪比快镜头的处决场面。砧板之上，半米长的一尾鱼无助地任人宰割。随着"刀斧手"三连击，活蹦乱跳的大块头转瞬间一命呜呼。呜呼哀哉后便遭一通收拾：刮鳞、去鳃、开膛、清肚、斩首。整个过程不无血腥，华会长却早已见惯不怪："现剁鱼头配淮南豆腐，炖汤绝对香！"在美食家的脑海中，活生生立刻转化香喷喷。从物理学角度来讲，倒也不违背能量守恒定律。片刻工夫，庞然大鱼已被四分五解，头是头，块是块，纷纷落入阿妈阿婶的购物袋中。连杀带卖不过几分钟，那麻利劲儿简直跟计件工有的一拼。

周遭一片七嘴八舌。在我身旁，有两位老太太正你一言我一语地聊着闲天。这个说鱼又贵了，那个说菜价也涨了，满口吴侬软语，我勉强能零零碎碎地听懂个大概。小到柴米油盐，大到人生方向，菜场里的话题还真是广泛。"你要是能上大学就好了！"华会长对卖鱼女说。卖鱼女笑笑没接话。很显然，比起寒窗苦读来，她还是更乐意跟鱼打交道。她把自家宝贝展示给华会长，含笑回应道："我呀，对书没感觉，对鱼很在行！您瞧，我这里全都是上等货色！"顺其指点，我仔仔细细地打量起来。一方澄净的冰块上，几尾长不盈尺的小家伙井然斜卧，背色银灰，腹色雪白。还真是"鲫鱼以扁身白肚为佳"，袁枚此言不虚！

一行人兜兜转转，看罢鱼虾看豆腐。汉语中，豆腐读作"doufu"，以浊辅音及双元音开头；日语中，豆腐读作"tofu"，以清辅音及单元音开头。于我而言，"doufu"听着圆润些，比起略嫌生硬的"tofu"来，感觉上与其细腻滑嫩的质感更契合。

豆腐制品种类繁多。在苏州，豆腐皮特别受欢迎。华会长掂量着巴掌大小的一方豆腐皮，唤我近前端详："闻闻看，怎么样？"我深深一嗅，顿觉豆香盈鼻："不错！配汤配菜都不错！"华会长点头赞同："对极了！豆腐宜荤宜素，是众多食材的好搭档！你知道'扬州干丝'吧？"我有些吃不准："听着耳熟，是那道江南名菜吗？"

"扬州好，茶社客堪邀。加料千丝堆细缕，熟铜烟袋卧长苗，烧酒水晶肴。"华会长娓娓道来，"这首词为清代惺庵居士所作，生动地描绘了扬州人吃早茶的情景。风味之美、闲适之乐，令人神往吧？"惺庵居士以寥寥数语，展现出一幅江南民俗画卷：惬意的茶社、自在的食客，这个抽两口老烟、那个喝几盅小酒，肴肉嫩且酥润、干丝淡而清香……那般悠悠然的滋味，真是好享受。

采买任务尚未完成，我们随华会长在菜场中边逛边聊。华会长对豆腐赞不绝口。豆腐跟奶酪算是"远亲"，在制作工艺上，颇有异曲同工之妙，论到品种繁多，也是难分伯仲。豆腐摊位跟奶酪专柜一样琳琅满目。且不说本地当红豆腐皮，光是最为常见的豆腐块就有老嫩黄白之分。对于素食主义者和纯素食主义者来说，豆腐是理想的非动物性蛋白质来源。常吃豆腐好处多，生态意识浓厚者尤其对豆腐情有独钟。"豆腐富含蛋白质和多种氨基酸，有助于缓解动脉钙化，对预防动脉硬化症和糖尿病非常有益！"大姐自卖自夸，夸起豆腐来头头是道。

华会长连连点头："欧洲的奶酪举世闻名，中国的豆腐也应在海内外发扬光大。随着低脂健康饮食越来越受重视，豆腐必定大行其道。"想必是提到欧洲奶酪的缘故，华会长不禁微微地皱了皱鼻头。牛奶热销中国的时间并不长，奶酪更是近几年才逐渐登上超市货架。这种发酵奶制品与中国传统美食不搭调，不对华会长的胃口。欧洲与中亚地区养牛业历史悠久，奶酪历来就是餐桌上的常客。中国古代以农耕经济为主，牛是耕种的好帮手，并非供人食用。牛的养殖需要占用大片的草场和一定的空间，东方古国地少人稠，先天条件不足，养牛产奶古已有之，奶酪文化却没能在华夏大地上生根发芽。作为善吃的民族，中国人因地制宜，发明了堪与奶酪媲美的豆腐。豆腐是植物源性食品，奶酪是动物源性食品，种大豆可比养奶牛省地多了。

谈到豆腐的起源，陈姓女编辑津津有味地讲解开来。相传，豆腐始于西汉，是淮南王刘安无心插柳柳成荫的杰作。刘安，汉高祖刘邦之孙，太极养生先行者，于公元前164年承袭父爵，定都寿春（今安徽寿县）。光顾菜场的很多阿姨是安徽老乡，倘要追根问祖起来，说不定还能发现一个半个王室后裔呢。"刘安崇仙好道，欲求长生不老，广招方士造炉炼丹，结果一个不留神，灵药没炼成，反倒炼出豆腐来！"陈女士娓娓而谈，"说来也巧，多亏了某方士一时疏忽，洒落的盐卤与熬沸的豆汁不期而遇，化合出白白嫩嫩的一团物什。此乃何物？可食否？闻讯赶来的刘安与众臣下面面相觑，既满怀好奇，又心生疑虑。若是纯豆汁固化而成，想必但吃无妨吧？毕竟经过化学反应，万一有毒有害呢？淮南王刚一环视左右，便有敢吃天下先的'馋虫'主动请缨，承命上前，只取小小一块，放入口中细细咀嚼……"

讲到这里，编辑大人巧妙地故作停顿，吊足了我的胃口。"结果呢？"我脱口而问。

听者兴致勃勃，言者自然津津乐道："如何？刘安颇有些迫不及待，眼巴巴地望着自甘效命的'馋虫'，等他开口说话。妙极！'馋虫'见自己安然无恙，不由得雀跃起来，真乃天赐美味！闻听此言，早已按捺不住的刘安当即亲口一尝，嗯，其味甚美。再看个端详，白如玉、细如脂，何尝不是绝佳的发明？"豆腐从此问世，刘安也就无意中成了豆腐业的祖师爷。末了，陈女士补充道："如今有很多商家用石膏点豆腐，图的是成本低、产量大、利润高。相比之下，传统的卤水豆腐更有吃头，质优价高的豆腐一般都是用盐卤点出来的。"

绝望悲啼、拼命扑棱、垂死挣扎……在菜场一角，某雄科动物好一番负隅顽抗，终告徒劳。面对如此动静，华会长一不慌二不忙，驾轻就熟地把束爪就擒的活鸡倒提起来，任由它无助地摇头摆翅。"瞧，这才叫好鸡！毛羽紧，力道足，一看就是散养的，炖出来肯定满锅香！你看它鸡冠红红的，肉质绝对差不了！"华会长的语气中略带兴奋，"前不久我在这里买过一只鹅，那家伙浑身是劲，跟个小孩子似的。"

活禽零售价格从每斤 11 元到 48 元不等。摊主专挑最贵的供我们选。"手无缚鸡之力喽！"华会长自叹不复当年之勇。如今也无须亲力亲为，宰好洗净后，摊主会送货上门。"瞧这鸭子！"华会长一把抓起那扁嘴的家伙，"扑腾得多起劲儿！叫得多响亮！煲汤再好不过了，改天一定买来尝尝！"我翻了翻随身携带的《随园食单》，"谷喂之鸭，其膘肥而白色"，关于好鸭的标准，袁枚可没说有"嗓门大"这一条。

从歇斯底里的嘎嘎乱叫中逃离出来，我如释重负。菜场门口人气爆棚，大排长龙的景象令人瞠目不已。究竟是何方神圣，竟然如此抢手？难怪呢，原来是全苏州最好吃的烧饼！外行看热闹，内行吃门道。"不惜排队几小时，只为买到心头好。这家烧饼入口酥香，甜咸都不错！"华会长对此颇有心得。

卖烧饼的小伙子招呼我近前来，不由分说就塞给我一个烫手的烧饼。受此特殊待遇并未引起众怒。耐心等候的大队人马好奇地观望着"老外"的反应。

"味道怎么样？"

"香极了！"我实话实说。香是真香，烫也是真烫。一口咬下去，香得我啧啧咂舌，烫得我嘶嘶吸气。我欲罢不能，甘为美味受虐。烫就烫点吧！这么多吃客眼巴巴地排长队，有人甚至肯出价来换到前面去。为了后到先得，花钱买时间也是值当的。咱能享受外宾优先的礼遇，小烫一下也无妨。看着我那龇牙咧嘴的吃相，华会长不禁乐出声来："不经其累，不知其味。烧饼就要趁热吃，刚出炉的烧饼最香！"

青菜豆腐

　　没有蔬菜，就没有菜场的五彩缤纷。鱼也好，肉也好，往往会被酱汁或浓汤夺去本味；蔬菜则"天生丽质"，原汁原味就十足解馋。水灵灵的青菜配白嫩嫩的豆腐，成就了大味至简的一道中式佳肴。本味之美取决于材质之优，若色拉之鲜，若翡翠之纯。

食材：

　　嫩青菜（类似于德国菁莲菜）2—3 棵

　　老豆腐 1 盒

　　鸡汁 1 杯（用于调味）

　　盐适量

做法：

1. 先将豆腐切块，再将水锅烧开，随即撒盐、下豆腐、倒入鸡汁，待小煮 5 分钟后，将豆腐装碗待用。

2. 起油锅，先下菜根快炒，再下菜叶快炒。

3. 青菜一出汁，豆腐就入锅，炒匀即盛盘。青菜水嫩，久炒易老，保鲜之道，快炒为妙。

月│酒

时已向晚，好味在后头。叶放微笑着秘而不宣，不肯透露要往何处去。正值下班高峰，三轮车夫不停地按响车铃，载着我们穿街走巷。一路左拐右绕，且待停车下客，却恍如置身于历史电影的片场。墨瓦白墙，古巷新韵，茶社与咖啡小屋比邻，酒店与青年旅舍对望，传统的姑苏情调与互联网时代的国际风尚水乳交融。当地的文化旅游产业方兴未艾，民营企业家程宏让百年老宅重焕神采。我随叶放步入其中一座院落，迎候我们的是一位标致的苏州姑娘，身段娇美、容貌秀丽、发髻典雅、衣着时尚，缺了一袭丝绸裙衫，亦尽显东方美人的独特魅力。

东方美人冲着我嫣然一笑："我叫小芳，是程总的助理，很荣幸带您参观礼耕堂。""就我一个人？"我略感意外。"是的，程总特意关照的！"小芳笑吟吟地点点头。我跟众人打过招呼，约好回头在前厅会合，便随着小芳从边门穿庭进院。

礼耕堂共有六进，层楼叠院，错落有致。小芳一路讲解："这里原是潘家祖宅。康熙年间，35岁的潘麟兆从商发迹，迁居卫道观，初建礼耕堂。潘家经营有道，家业渐庞，富甲一方，历经康乾盛世，生意越做越大，声震大江南北。丝绸和茶叶源源不断从江南运往塞北，为潘家带来了滚滚财源。潘家广开商路，投资了饭店、茶楼、酒肆，创立了许多百年老字号。我们力求回归传统，要把礼耕堂打造成体味吴地风华、享用姑苏菜肴、品鉴各色茗茶的一大好去处。"

在小芳的引领下，来到深沉幽静的庭院中。夜幕低垂，月色正美，光影朦胧中，瓦檐的墨黑与屋墙的烟青形成鲜明的对比。小芳亭亭而立，面如皓玉眸含黛，不语自娉婷。

进至侧厅，与叶放不期而遇。叶放向我介绍了今晚的食友：一位男作家，著有《姑苏食话》的王稼句；两位女记者，素未谋面的同好中人。一行人上得楼来，雅室飘香，圆月临窗，顿觉赏心悦目。

"佳酿待嘉宾！今晚我们喝十八年陈！"宴席已备好，小芳将酒菜一一报来。

王稼句赠给我一本有其亲笔签名的《姑苏食话》，我道了谢，承诺回去好好拜读。

轩窗未关，月色撩人，小芳端起小巧的锡壶，为大家斟上陈年黄酒。"当年的苏州名流都喜欢去'元大昌'吃酒。元大昌是潘家名下的产业，潘老板也是自家酒栈的常客。元大昌酒栈自酿自销，秘方概不外传。谁敢剽窃，谁就得为此付出惨重的代价。潘家财大势大，官府大老爷肯定为其出头，侵了潘家的权，保不准就丢了自己的命。"中国古代的刑罚可不是吃素的，般般种种，光是想想就令人不寒而栗。

酒已斟好，只待开席。"花间一壶酒，独酌无相亲。"叶放诗兴大发，引得哄堂大笑。王稼句连忙将目光投向窗外的夜空："举杯邀明月，对影成三人。"叶放随即接了去："月既不解饮，影徒随我身。"

笑声迭起中，我猜了个八九不离十："李白的'月下独酌'？"

小芳对我挑了挑大拇指："然也！这首诗多应景啊！叶老师和王老师出口成诵，那我就狗尾续貂吧！"说罢，小芳琅琅吟来："暂伴月将影，行乐须及春。"

叶放不失时宜地改了一个字："行乐须及秋！李白哪里晓得，我等邀月对影正逢秋！"

王稼句妙语点评："对友胜于对影！举杯吧，朋友！"举杯而不是干杯，品酒而不是拼酒，席间其乐融融，更风雅也更称这杯中的吴中佳酿。十八年陈口感醇厚，跟珍藏于橡木桶中的雪利酒有的一比，远胜过陈列在连锁超市货架上的五年陈或十年陈。

中国的黄酒类似于西班牙的雪利酒，特性很是微妙。酒龄的长短、贮存的好坏、陶坛的优劣，无不决定着黄酒的品质。十八年甚至二十年的陈酿是黄酒中的上等佳品，凉啜温饮总相宜。暑去寒来，温一壶黄酒，暖一身风霜，最是通体舒泰。

前菜已登桌亮相。"满园秋色关不住！"小芳又来妙语。怎的？难不成还要联诗？见我惶惑，小芳不禁莞尔："这道什锦拼盘的名字够有诗意吧？"餐盘中美点荟萃，有红、绿、白、赭，有糯米糕、萝卜块、酸梅干、寿司卷。寿司是舶来品，苏州厨师在传统菜品中加入了国际流行的时尚元素。下道菜俨如独具匠心的金秋写照：绿油油的菜叶上，整整齐齐地码着四四方方的红烧肉，颇有些"人间天堂，轻红随秋深"的意味。

大家乐在其中，相互举杯敬酒，细细品味这姑苏的秋味。叶放提议道："中国文化吃出来，咱们也行个酒令？"

瞧瞧，中国人在饭桌上也玩心不减。"一人轮一句，每句必须是以'吃'字开头的俗语，说不出就自罚一口酒！"我有些心虚，本是外国人，跟一帮江南墨客行文字令，不醉晕乎了才怪！还好大家体谅我，由我来起头。"吃饭！"我脱口而出；"吃不开！"叶放随口就来；"吃不住！""吃官司！""吃惊！"女记者们快口接龙；"吃苦头！"王稼句作一脸难受状；"吃里扒外！"叶放紧跟其后；"吃力！"小芳的反应也很快。令人惊叹的是，在中国，"吃"字博大精深，无论苦乐爱憎，都可以落实到"吃"上。

令行得顺溜，酒闲在一旁。罚酒未成，敬酒再来。小芳与我碰杯，我把酒杯放低一分，她就把酒杯放低两分。我俩的酒杯低了又低，叶放见状乐不可支："你是贵客，小芳的酒杯总归要低于你的酒杯，你是低不过她的！"

中秋已过，明月渐亏，清辉不减。每每举杯，王稼句和叶放总要起身向月，敬一敬远在天边的酒友，真是酒不醉人人自醉啊！

我尚留几分清醒，向千杯不醉的小芳请教，用锡壶盛放黄酒是何讲究。小芳一副成竹在胸的样子："待会儿你就知道啦！"虽是初识，小芳跟我已然弃"您"称"你"。中国人不同于德国人，对友称和尊称没那么敏感。小芳对我频频举杯，兰花指微翘，说不尽的优雅练达。

酒助诗兴，叶放又吟诵起李白的名作来。李白生活于 8 世纪，仕途不得意，诗酒一生。叶放声情并茂，高咏的正是中国古典文学中最广为流传的五言绝句——《静夜思》：

床前明月光，疑是地上霜。

举头望明月，低头思故乡。

王稼句有感而发："故乡……李白的故乡远在蜀中，而非苏州。于我而言，苏州文人笔下的故乡情更能引起共鸣，比如沈复与芸的闲情逸趣。"王稼句翻开我随身带来的《浮生六记》，朗声读道："七月望，俗谓鬼节，芸备小酌，拟邀月畅饮。夜忽阴云如晦，芸愀然曰：'妾能与君白头偕老，月轮当出。'余亦索然。但见隔岸萤光，明灭万点，梳织于柳堤蓼渚间……

"中秋日，至间壁之沧浪亭，携一毯设亭中，席地环坐，守着烹茶以进。少焉，一轮明月已上林梢，渐觉风生袖底，月到被心，俗虑尘怀，爽然顿释。"读罢，王稼句还书于我。叶放连连颔首："稼句兄言之有理！人是姑苏美，月是姑苏明！"

一片会意的笑声中，我为之一畅。幸也！如今还有中国人在古典文学方面有如此深厚的造诣！酒至半酣处，文采仍飞扬。天时、地利、人和、菜香、酒美——在这种恰好不过的氛围中，沉睡的学识不知不觉就焕然苏醒了。幸甚至哉！这不正是我梦想中的中国吗？此时此地，我真切地感受到梦想已成现实。

或香清气逸，或赏心悦目，或诗情画意，或汁浓味厚……一道道精美菜肴接连亮相，让人目不暇接。熏熏然间，压轴汤的天然芬芳直撩鼻息。这味汤大不寻常，用松茸配鲜蔬熬制而成，精华尽在醇郁的汤汁中，汤汁盛于小巧的紫砂壶中。像品尝名贵乌龙茶一般，一人一壶一盏，自斟自饮，让微醉的身心更觉煦暖、舒畅。

酒正酣时，兴正浓时，王稼句熏熏然对月高吟。近千年以前，皓月当空，美酒盈樽，怀着对诗仙的敬意，苏东坡吟就了这首《念奴娇·中秋》：

"凭高眺远，见长空万里，云无留迹。桂魄飞来光射处，冷浸一天秋碧。玉宇琼楼，乘鸾来去，人在清凉国。江山如画，望中烟树历历。

"我醉拍手狂歌，举杯邀月，对影成三客。起舞徘徊风露下，今夕不知何夕。便欲乘风，翻然归去，何用骑鹏翼。水晶宫里，一声吹断横笛。"

王稼句的吟诵赢得了满堂彩。我暗自汗颜，从未感到过自己如此才疏学浅，竟然连一首德语诗都不能完整地背出来。幸好诗美不如食美，十八年陈与松茸汤足以聊慰吾心。

斟斟饮饮，不知不觉中，一壶见底。小芳看在眼里，笑吟吟地接过壶去，直愣愣就地一掷，咣当当吓我一跳。未待我缓过神来，已有服务员乐颠颠地闻声而至，及时雨般地奉上满壶一把。小芳依旧笑吟吟地一边替我斟酒，一边道出原委："身为家主，说一不二是潘大爷的一贯作风。但凡有所需求，必得随叫随到。酒壶空了可不成，他老人家可没耐心干等着，一个上酒不及时，就可能惹其大为光火。在北方经商的旅途中，催酒的场景时有发生。稍不耐烦，食客就会拿起酒壶在桌子上一顿乱敲，咣咣当当，往往是催来了小二也损坏了物件儿。看在眼里，计上心头，潘先生命人打造了不易破碎的锡制酒具，摔着豪爽，听着响亮，催起酒来立竿见影。在'元大昌'开喝，摔壶已成惯例，伙计们听见响动就会马上过来添酒。今日作客潘家老宅，咱们也效仿古人，来个掷地有声！"有意思吧，江南的婉约风格与塞北的豪放派不期而遇，融合成如此有趣的习俗。

月 酒

　　圆月之于中国正如香气之于美酒，不可或缺。美酒当前，有月则多分情调，无月则少分味道。闲坐于姑苏古宅的内庭中，紧闭的院门将 21 世纪的喧嚣隔绝于外。寂月皎皎，清辉脉脉，瓦檐的墨黑与屋墙的烟青形成鲜明的对比。杯盈壶满，酒温风暖，临轩邀月，把盏言欢……

食材：

　　绍兴黄酒几坛（酒龄 10 年以上）

　　温酒锅具 1 口（内盛热水备用）

　　古雅酒壶 1 把

　　小巧酒杯若干

　　当空圆月 1 轮

　　深夜良辰几许

做法：

　1. 取酒入壶，置壶于锅中，热水加温 10 分钟。谨防过度加温，以免酒精挥发殆尽。

　2. 斟酒入杯，若无佳人代劳，则亲手把盏奉客。

　3. 举杯邀月，开怀畅饮。唯愿当歌对酒时，月光长照金樽里。

黑帆下荡舟野餐

在苏州多加逗留，全因叶放的食诱。"天气尚暖，我们去太湖荡舟野餐，你来不来？"我毫不犹豫地一口答应。如此良机，岂容错过？还是隔天再作别苏州吧！沿江而上，也可前往镇江去看望一下我在那里的亲戚。

此行的同游者大多来自台湾地区。大巴轻车熟路，载着我们驶向东山半岛的南端。一路上景随路转，丛丛簇簇的夹竹桃和橘子树从湖畔一直延伸到山坡上。

黑拙粗笨，随波晃荡着一帆孤舟。太湖上的七桅渔船，曾经帆影点点，如今仅存 4 条。某商人艺术家慧眼识珠，购得其一，加以修整补缀，使其重焕新生。暖风徐来，黑帆懒斜，再现江湖的清代舟楫散发着神秘而沧桑的气息。

次第登船后，叶放把一位精壮的中年汉子介绍给大家："这位就是船老大，太湖三山岛人。"顺着叶放手指的方向，极目望去，依稀可见三峰相连的一座小岛，影影绰绰于烟波浩渺中。"阿贵是那里的岛民，当过很多年村支书。"阿贵微笑着点头致意。"没有阿贵，咱们今天就不可能与古船结缘；没有阿贵，咱们今天就不可能有美食相伴！"阿贵显然是位全能高手——不仅对太湖了若指掌，而且集村干部、店掌柜、船老大和厨大师于一身！不久前，阿贵在三山岛上开了一家客栈，颇受文人雅士的青睐与信任。官商民三合一在中国并不自相矛盾，多重身份让阿贵左右逢源。曾为一村之首的阿贵首先是不折不扣的"当地通"。多少年来，阿贵始终致力于改善岛民及家族的生活状况，为家乡岛的发展尽己所能，也曾为插队落户的知识青年提供过帮助与支持。

历经百年风浪长达 36 米的七桅渔船就绪待发。驶得动这条老爷船的太湖艄公如今已寥寥无几。阿贵启动了柴油发动机，索具嘎嘎作响，帆篷鼓鼓有声。

简单寒暄中，来自台湾地区的同游者告诉我，他们的祖籍都在这里。1949 年，蒋介石仓皇败退台湾，一大批富商和学者随之背井离乡，其中亦不乏江南子弟。江南自古多才俊，对各方政权都深有影响。面对动荡时局，为求安稳度日，许多江南精英不得已远赴孤岛，从此阔别故里。怀着寻根问祖的心愿，这 20 位游客从海峡彼岸远道而来，登古舟、访太湖，虔敬地踏寻自家先辈的足迹。

"这可是百岁高龄的老古董！"叶放透露道，"归私人所有的清代老船，全太湖只此一条！朋友为此花了 3 万多欧元（约合人民币 23 万），船到手后，又进行了谨慎而细微的现代化改造。"现代化改造？有些夸大其词了吧？瞧那黑帆上的大小补丁，不就是修漏补缺嘛！顺着我的眼神，叶放看出了我的心思，接着说道："你还别说，光这船帆就不简单！面料早已绝迹，就连制作工艺也失传了！"

可惜呀，多少传统绝活都成了历史绝唱！我对此深有感触。在上海也是一匠难求。建于 20 世纪 30—40 年代的老房子难免窗棂破败，待修缮的旧木窗比比皆是，能胜任的手艺人寥寥无几。与中国现代化进程相伴而生的，是一波又一波的流失潮。传统手工艺首当其冲，濒临被遗忘的危险。

古船逐细浪，优游而宁和。闲坐甲板上，静沐湖光中。太湖无时不美，烟雨朦胧之际最动人。今日小晴，太湖亦别有意境，山色缥缈，波光潋滟，水天寥廓，令人心旷神怡。约一炷香的工夫后，游客渐渐活跃起来，聊天的聊天、打牌的打牌。从船舷右侧极目远眺，三峰毗连的小岛若隐若现，悄然矗立于浩渺烟波中。故地重游的某位男士望之神往："那里就是太湖白虾的最佳产地！"

风鼓帆扬，柴油发动机沉寂一旁。激动人心的时刻到了！阿贵等人手脚麻利地铺排开来，桌凳碗筷，一应俱全。琴师也出场了，悠悠然校音调弦。古琴是中国最早的弹弦乐器，有文字可考的历史有3000多年，据说孔子就是一位操琴度曲的高手。指动弦鸣，浑厚而深沉的乐音幽幽响起，与森森太湖融为一体。

香气袅袅中，酒菜陆续上齐，为灰乎乎的木桌及黑黢黢的甲板增添了缤纷色彩。琴声悠远，余音延绵，浑然天成于水天之间。船帆懒洋洋地迎风舒展，三山岛依稀在望，一切都那般和谐。

举杯开席，我对大厨满怀赞赏，简舱陋灶之间，居然能变戏法般地捣鼓出如此美味！几色秋蔬、几尾鳜鱼、几对螃蟹……皆是当地时鲜，好不赏心悦目。秋意微凉，黄酒正暖，日本友人邀我共酌。虽非奇肴珍馐，难得的是道道可口、鲜美。压轴的是阿贵精挑细选、活杀慢炖的土鸡，汤已浓，肉未老，滋味刚刚好。

阿贵让一船的文化精英见识了中国农民的本事。他是本乡本土的内行，就算在农药化肥横行于中国大地的时代，也能开发出生态食品来。他对当地食材了如指掌，无论水陆荤素，都能够恰到好处地善加烹饪。这年头，精于此道的人恐怕已属稀缺动物了。

地势平坦的水乡泽国，素有荡舟野餐的习俗。苏州如此，欧洲某些地区亦如此。英国作家塞缪尔·佩皮斯（Samuel Pepys，

1633—1703）在其流传后世的日记中，就记录了在泰晤士河上乘船饮食的经历。

与佩皮斯同好，苏州文人亦乐此不疲。在叶圣陶（1894—1988，中国现代著名作家、教育家及出版人）笔下，"正式的船菜花样繁多，菜以外还有种种点心，一顿吃不完。非正式地做几样也还是精，船家训练有素，出手总不脱船菜的风格。拆穿了说，船菜之所以好就在于只准备一席，小镬小锅，做一样是一样，汤水不混合，材料不马虎，自然每样有它的真味，叫人吃完了还觉得馋涎欲滴"。

在水天一色的太湖上荡舟数小时后，我们意犹未尽地返回码头。"知道吗？"叶放有感而发，"人同自然、文化和谐一体，在大自然的氛围中尽享简单而极致的美味，才是畅心满意的关键。饮食文化、社会结构、自然环境，在苏州总是三者相融。何食？何法？何人？何季？何地？统统合而为一。"秀色可餐，无景不成味，此等认识为21世纪的中国画了个惊叹号。

阿贵的土鸡汤

　　鸡是农家一大宝，在中国尤其如此。中国的版图轮廓宛如一只健美的雄鸡。神州大地，只要是连锁超市和时尚餐饮店鞭长莫及的乡村，就可以处处闻鸡啼。20 世纪 90 年代期间，城里人也饲养家禽，我当年在南京就是天天闻鸡起舞的。苏州郊外，太湖中央，许多土鸡在三山岛上茁壮成长。阿贵就是用三山岛土鸡为远方来客烹出一道举国无双的鲜汤。阿贵厨艺高妙，令我望尘莫及，我不吝东施效颦，偶尔也挑只整鸡炖来尝尝。

食材：

　　活杀土鸡 1 只

　　干香菇或鲜香菇 15 个

　　大葱 1 根

　　鲜竹笋 200 克

　　鲜姜 1 块

　　料酒 2 汤匙

　　煲汤锅 1 口

　　清水适量

　　食盐适量

做法：

　　1. 干（鲜）香菇水发后切片，大小适口即可；笋切丝，姜切片，葱切段。

2. 土鸡洗净入锅，加姜片、香菇、笋丝、料酒，开灶同炖。

3. 先高火快煮，后文火慢炖，直至骨肉将离，加盐调味。

4. 下葱段，再炖三五分钟。

5. 出锅，慢享。鸡汤鲜美，亦可为多品菜肴打底提味。

冒死吃河豚

　　河豚，水族之奇味……每念及此，怯从中来，悔不该草率地答应去吃团圆家宴。东方鲀，日语称为"fugu"，每年都有好食者为之送命。"河豚可是扬子江中第一鲜。"内兄向我献宝，我却打起了退堂鼓。虽说发誓对美味来者不拒，可若是剧毒之鱼呢？

　　意味深长的沉默透露了我的心思。内兄力图打消我的顾虑："别怕，不会有事的。我差不多每年都要尝个鲜。供应河豚的饭店必须有经过专门培训的厨师，包你安然无恙。放心吧，老弟！"宽解并未奏效，我除了忐忑还是忐忑。

　　在日本，"fugu"可谓声名昭著，散发着近乎神秘的气息，一朝食髓知味，十年欲罢不能，令美食家难戒其诱。相比之下，德国人可没这么痴狂，德国出台了禁食河豚的法律，冒死尝鲜之辈少之又少，比不得日本人和中国人，为了一饱口福，就把安全需求尽抛于九霄云外。

　　"蒌蒿满地芦芽短，正是河豚欲上时。"自古以来，清明前后的河豚最为肥美，肉质那叫一个细腻，毛刺那叫一个软嫩。而今，河豚多有人工养殖，早已成为一年四季均可品尝的美味。

　　犬子决定半口也不碰，着意强调："我才12岁！"妻子、嫂子和岳母大人则跃跃欲试，并不反对以身犯险。

饭店是内兄精心挑选的，以善烹河豚闻名，拥有相应的资质。我略感安心，暗暗松了口气。饭店的王经理是自家远亲，宾主寒暄后，他请我在上首落座。开弓没有回头箭，我不由得隐隐期盼，要是河豚售罄就好了。可惜呀，咱这如意小算盘毫无悬念地落了空。

王经理出言相慰："本店的厨师都是老手，法定资格自不必说，掌刀功夫绝对一流。河豚含剧毒的部位，尤其是眼球、内脏和脊骨，都会被灵巧而细致地剔除得一干二净。"

下刀时，切忌伤及肌肉，否则毒素渗入，口福就会变成口祸。王经理讲解道："摄入微量河豚毒素的话，就会感觉飘飘欲仙，就像吸食轻度麻醉品，可以在人体内产生欣快感。河豚特有的鲜甜口感能够让人体会到别样的愉悦滋味。"显然，这位老兄吃河豚已上瘾。瞧着吧，好戏还在后头呢。

说话间，河豚上了桌，一人一份：佐以红汤，配以竹笋，皮弛肉陷，无头无眼无骨，不声不响不动。

"别害怕！大着胆子尝尝看！"内兄和王经理一同为我打气。"厨师试吃过了。老规矩，谁掌勺，谁担责。河豚一出锅，厨师先动筷，一刻钟后安然无恙，方可给客人上菜。"话是这么说，我终究有些信不过：其一，我不知道厨师是否此时此刻还活着；其二，就算他还活着，他所亲口尝验的跟我将以命作赌的未必就是同一份。

其他人都镇静自若地解起馋来。就连我那平日里慎而又慎的妻子也毫不迟疑地动了口。儿子忍不住也尝了尝，说是没猪排好吃。全家人都把自己押给了河豚，我不大好继续退缩。好吧，大不了今晚就长眠于此了。想当初我怎么会单单挑了这个选题？！

从此往后，我再也不可能怀疑食在中国的重要性了——今天可是吃了个生死攸关呢！

我举起筷子，拨开竹笋，夹来鱼片。半小时前，这鱼片还长在河豚的腹壁上，这腹壁还包裹着含有剧毒的内脏。我强迫自己去相信内兄和王经理的稳妥、相信中国厨师的高妙。平生第一次吃河豚肉，待其落肚，我紧张地静观其变。会出现中毒征兆吗？比如说四肢麻木？没有，什么不适也没有！我心胆大壮，每吃一口，微甜一分，此物的确回味甘鲜。飘飘然的欣快感？在我身上并未降临。

"再来点儿鱼皮！"内兄鼓励我大开吃戒，"这东西营养价值特别高，对胃很有好处。"河豚皮与鲨鱼皮类似，棘刺满布，据说有健胃之功效。

中国人普遍患有胃部不适的老毛病，尤其在业绩至上的快节奏社会。有鉴于此，"拼命吃河豚"在长江流域年年盛行也就不足为怪了。在中国，几乎每道菜肴都具有某种保健功效。中医强调食补胜于药补，食中有医，医中有食，吃出健康来，是为"养生"之道。在台湾地区，人们尤为热衷于此。随着东风西渐，古老的"五行饮食"理念在海外亦备受推崇。

自第一口河豚肉下肚后，一刻多钟已然过去，我丝毫异常也没感觉到，就连轻微麻痒也没有，安然无恙，如此甚好。一颗心总算落了地，连鱼带汤，我把自己的这一份吃了个精光。内兄和王经理乐得看我笑话，他们的河豚早已入腹为安了。

我刚想大喝一口啤酒，却被王经理拦住了。"一小时之内，最好啥也别喝。"什么？我连忙放下酒杯，顿觉惴惴不安。就在几分钟前，我喝过一小口，这可怎么办？王经理忍俊不禁："禁饮是为了不破坏鱼皮的健胃功效。喝得太早、太多，有效成分很快就被冲没了。"

我长舒一口气，边回味边寻思：这河豚吃起来并无太过惊艳之处，跟鱼翅、燕窝、海参之类差不多，同是以淡取胜的珍品。

冷不丁，内兄悠悠地说了句："这河豚再怎么吃也不会有事的。""为什么？"我很是纳闷，"难道这是假的河豚？""假倒不假，只不过是人工养殖的。应用控毒技术培育出来的河豚几乎不含毒素。化不可能为可能是我们中国人的强项，比起让天上的云彩下雨、让地上的河流改道来，让水里的河豚无毒算是小意思。就目前来说，因烹饪不当而引发食客中毒死亡的，都是清明前后的野生河豚。野生河豚少得要死又贵得要命，你又不是河豚迷，请你吃纯粹是浪费。"

一桌人听了哄堂大笑。瞧我那宝贝儿子，刚才还一副怂小孩的模样，现在竟笑得前仰后合，差点儿从椅子上掉下来。他们故意捉弄我，轻而易举地向我证明了，我还是个无知的老外。好吧，上个小当好过丢了小命，懊恼转瞬烟消云散，我也不由得开怀大笑起来。

广东 *Guangdong*

广西 *Guangxi*

湖南 *Hunan*

连州 *Lianzhou*

佛山 *Foshan*

茂名 *Maoming*

中山 *Zhongshan*

珠海 *Zhuhai*

湛江 *Zhanjiang*

海南 *Hainan*

澳门 *Macao*

DER FÜNFTE GANG

五道风味

广东：天下为食用

第五味

　　乘夜行列车从上海直抵华南。雾霾沉沉中，天将将破晓。既无亚热带地区常见的晨曦明媚，也无北回归线地带应有的色彩斑斓。目之所及，屡见不鲜，全然是 21 世纪的中国城市风貌：摩天楼、高架路、立交桥、工业园、住宅区……不见树木郁郁葱葱，但见建筑群密密匝匝。广东省和上海都市圈是带动中国现代化的两大"引擎"，均属人口密度极高的地区。珠三角与长三角境况相同，工厂棋布，高楼林立，农业用地被挤压得一缩再缩。一座座城市无序蔓延，湮没于千篇一律的钢筋水泥丛林中。

　　此番南下，目的地不是鼎鼎有名的大都市。我不去广州（千年商都，港口名城，广东省会）、不去香港（经历过英国殖民统治的"东方明珠"，政治上进行着"一国两制"的实践，文化上保留着华洋融合的个性），也不去深圳（珠三角第三大城市，直追广州和香港的后起之秀）。

　　此行直奔惠州，一个我前所未闻的地方。美食相诱，老友相邀，我巴巴地跑到惠州来，只为一饱口福。妻子丹丹一路同行，我俩都对头一顿接风宴心存期待，欣欣然向城中的一座小岛进发。"欢迎到我的岛上来做客。"朋友惜话如金，我未得其详，反正应

251

邀前往就对了。能在中国拥有私家岛屿的可谓凤毛麟角，自古贵人不多言嘛！小岛坐落于惠州西湖中。惠州西湖以杭州西湖为蓝本，千百年来风姿冠绝一方。

湖岛未至，惊喜先来。远远地望去，捷足先登的某位老相识悠然迎候。下了出租车，我们立即趋前致意，暂且把美岛佳肴搁置一边。"有朋自远方来，不亦乐乎？"老相识巍巍然迎风伫立，被惠州百姓静静地簇拥着。铜塑的老相识可不是小人物，而是一代文豪及美食泰斗苏东坡！此前已两度谋面：在四川，我曾尝过他"亲手所赠"的东坡肉；在苏州，我曾随他尽情地"把酒问青天"。

绍圣元年（公元 1094 年），青年天子以"讥讪先朝"为名，降罪于苏东坡，苏东坡左迁惠州，一路上历尽舟车劳顿。那个时代交通不便，从中原到岭南，几千里长途跋涉，数月来风餐露宿，实无乐趣可言。苏东坡在官场上屡遭排挤和贬黜，虽以诗文名世，怎奈仕途多舛。政敌一上台，苏东坡便被朝廷一贬再贬。与当权者政见不合，降职外放是宦海生涯的家常便饭。

先贬黄州，尚且有东山再起的希望，"东坡肉"的诞生被后人传颂为千古佳话；再贬惠州，却只余暮年末路的悲凉，当朝新贵巴不得这尊不合时宜的榆木疙瘩一去不复返。北宋谪官何其多，被流放至岭南的，苏东坡是头一个。

苏东坡时年 57 岁，一路跋山涉水，历尽千辛万苦，直至翻越大庾岭，通过了这道"既长又险的鬼门关"[1]，才总算是活着踏进了远离中原的南荒之地。

【1】参见《苏东坡传》(*The Gay Genius: The Life and Times of Su Tungpo*)，林语堂著，2009 年北京出版，第 427 页。

未踏足之前，苏东坡对岭南、粤东有何感想，今人无从获悉。有文字描述的是，甫到惠州，苏东坡顿觉眼前一亮："广东地处亚热带，举目四望，柳橙、甘蔗、荔枝、香蕉、槟榔……林木葱郁，果园飘香，这里就是中国的南方，跟先前所想象的不一样……"[2]真可谓"岭南万户皆春色"啊！苏东坡幸甚，喜出望外地"不辞长作岭南人"。

年近六旬的苏东坡名满天下，到了惠州，深受当地官民的敬重和厚待。苏东坡诗以记之："仿佛曾游岂梦中，欣然鸡犬识新丰。吏民惊怪坐何事，父老相携迎此翁。"惠州太守对苏东坡礼遇有加，隔三差五地就会派自家厨师上门献菜，供时运不济的美食家一享口腹之乐。寓地虽宜居，谪官毕竟是谪官，名望高归名望高，日子还得清苦着过。苏东坡对自己的处境有清醒的认识，以其微薄的俸禄，不得不以节俭为生。因节俭而创新，苏东坡在惠州也开发出不少美食。在给弟弟的家书中，他津津有味地写道：

"惠州市井寥落，然犹日杀一羊。不敢与仕者争，买时嘱屠者，买其脊骨耳。骨间亦有微肉，熟煮热漉出，随意用酒薄点盐炙，微焦食之，终日摘剔牙綮，如蟹螯逸味。率三五日一铺。吾子由三年堂危，所饱刍豢灭齿而不得骨，岂复知此味乎？此虽戏语，极可施用。但为众狗待哺者不悦耳。"[3]

在信中，苏东坡详细地描述了烤羊脊的独家心得。解人馋而惹狗怨的"东坡羊排"就此问世。同因苏东坡而得名，东坡羊排虽不及东坡肉名满天下，却也流传甚广。几个世纪以来，东坡肉的创新版层出不穷（在四川，我造访过张总创办的"三苏文化"主题餐厅，品尝

【2】参见《苏东坡传》(The Gay Genius: The Life and Times of Su Tungpo)，林语堂著，2009 年北京出版，第 428 页。

【3】参见《苏东坡传》(The Gay Genius: The Life and Times of Su Tungpo)，林语堂著，2009 年北京出版，第 431 页。

了别具一格的"东坡回赠肉"），东坡羊排的新做法也是不胜枚举。

广东并非只是贬官谪士的流落之地。岭南与内地的交流古已有之，移民潮推波助澜，促进了不同文化的融合，带动了当地饮食的繁荣。

八方食韵于此交汇，异域风味于此流传。早在苏东坡寓居惠州的时代，许多舶来品就从广东登陆中国。明朝时期，经由葡萄牙人之手，西方食品大举入华。19世纪中叶以前，广州是各种外来品的集散地，辣椒就是由此红遍大江南北的。此前访川，我就曾大饱辣福。世界各地的风物纷至沓来，对广东的饮食文化产生了深远的影响。

苏东坡抵达惠州33年后，北宋王朝土崩瓦解。金兵入侵，半壁江山易主。战乱频仍中，汴京士庶不得不逃离天下第一繁华大都，纷纷南下避难。一波又一波的中原人被迫翻越峻山险道，求生于岭南之地。南迁汉人客居于粤赣闽边区，与当地土著杂处通婚，逐渐演化形成"客家"民系，英文名称为"Hakka"。"客家"一说让人联想到二战后涌入德国的"客籍工人"。古今中外，移民潮此起彼伏。20世纪，大批客籍劳工寄居于德国；12世纪，大批客家先民流落于岭南。

客家先民带来了中原的餐飨习俗，融合了当地的风物特产，形成了自有的饮食文化。坐拥西湖的惠州位于东江之畔，客家菜的水系流派因而得名，"东江菜"与"广府菜"及"潮州菜"三足鼎立，共同构成了名扬四海的"粤菜"。

暂别苏东坡，我们登上小岛。在古香古色的中式小屋前，岛主悠然而立，迎候远道而来的客人。岛主是客家人，人皆称其为"阿程"。历经几代，阿程一族早已落地生根，这一代可谓根基深厚。阿程经营茶馆十分了得，多地开花不说，还把分店开进北京的故宫里。

在惠州，阿程的茶馆位于西湖中的小岛上。他留着精干的板寸，挎着实用的皮包，少言而健行，属于邓小平口中的"实事求是"派。二话不多说，我们直奔餐厅。移步换景，满园客家风情。

阿程携妻女尽地主之谊，主厨作陪，我与丹丹为客。人少、意美、味好。"香！"阿程言简意赅，"客家菜以香为本。香被视为第五种基本味觉，你来品品看。"第五味？听起来宛如第六感一般神秘。第五味难道不是辣吗？"非也！"阿程笑答，"我们客家人不喜辛辣。辣，其实是一种痛感，多食无益，反而会破坏人体内部平衡。"广东是辣椒在中国的最早传入地，却从无嗜辣之风。

阿程不多言，直接请主厨以"香"飨客。主厨欣然离席，不多时便端出一道用纸包着的珍馐来。承其美意，我和丹丹饶有兴致地揭开"盖头"一睹芳容：橙黄的嫩鸡卧于雪白的盐粒之上，散发出诱人的香气，令见者动心，使闻者垂涎。"香！简直太香了！"丹丹禁不住连声赞叹。这就是那神秘的第五味吧！香气宜人，香味可口。"请！"主人言简意赅地劝菜，客人乐得恭敬不如从命。一尝之下，满口溢香，如此饱满的鲜美肉味还真是难得一遇，妙不可言却别具一格，浓郁得令人惊艳。阿程简评道："古法盐焗鸡现在已经很少见了，大多数饭店只是用盐往鸡身里外抹一遍，简了工艺，寡了肉味。"阿程所指的古法我心领神会，费盐、费工，整只鸡是埋在盐粒中用文火慢慢焗熟的。"谁说不是呢！"我对此亲有体会，"本家叔叔是职业屠夫，他给我们露过这一手，这样焗出来的味道就是不一般！"

盐焗鸡带我回到童年，回到德国乡间，回到那余韵悠长的田园风味中。以粗盐焗肉，水分尽吸入盐中，香味尽渗入肉中，口感爽嫩，自是令人叫绝。客家人深谙此道，古法盐焗鸡皮滑肉美，怎一个香字了得!

香字一词多义,好闻的、好吃的、好喝的,皆可谓香。按阿程的说法,在酸咸苦甜之外,香是人类的第五种基本味觉。相对而言,前四者皆为中性(以酸为例,酸牛奶是酸鲜可口的,酸了的牛奶却是酸腐败胃的),香则不会给人以负面的感觉。在中国的岭南之地,我深切地感知到了香的独到。德国人不乏美味肉食,亦善煎焗之法,却未对香所呈现的味觉特性予以如此重视。

最先就此进行科学研究和客观描述的,又是善于吸收外来精华并发扬光大的日本人。1908 年,池田菊苗(Kikunae Ikeda)品汤偶得,发现了某种超乎寻常的美妙味觉,遂将其命名为 umami(鲜味),该词由 umai(鲜美的)与 mi(味道)组合而成。如此鲜味,不仅富含于海带中,亦可提取于香菇及鲣鱼等类。"鲜"同"香",可意会却难以用西方语言完全表述出来。经研究试验,池田菊苗得出结论,产生鲜味的主要成分是谷氨酸。这一发现促成了味精的问世。可悲的是,一经问世,味精便被滥用成风,成了诸多东亚快餐店和中国小饭馆蒙混食客味蕾的增香法宝。

客家人,起码是重古法、尊食俗的客家人,对味精并不热衷,更乐于通过煎、烤、炖等烹饪手法让香味自然而然地充分释放,正如盐焗鸡,正如随盐焗鸡早早上桌的那道汤。我有些纳闷,中国人大多习惯于餐后喝汤吧?"不尽然。"阿程笑道,"在广东,尤其是我们客家人,最讲究无汤不开饭。以汤开胃,既能促进消化,又能增加食欲。"无独有偶,我不由得联想到德国老家的周日午餐,母亲用带髓牛骨精心煲成的餐前汤,何尝不是开胃良选?身为客家人,阿程深谙其妙:"餐前喝汤润喉舒胃,有助于食道通畅。广东人对汤情有独钟,宁可食无菜,不可食无汤。广东靓汤素有美名,不靠味精提鲜,香就香在海陆食材的原汁原味上。"随后，阿程恰到好处地卖了个关子，让我对接下来的口福充满了期待。"这汤好香啊！"丹丹被熬自髓骨的鲜醇味道彻底折服，一勺接一勺，喝了个欲罢不能。

接二连三的菜品上桌，道道别致，鲜香。脆皮糯米鸭，肉质鲜嫩至极，跟盐焗鸡有的一拼，给人以独特的味觉体验；客家炒时蔬，清清淡淡，先荤后素，营养更均衡。举箸品谈间，宾主推杯换盏，以葡萄牙红葡萄酒佐餐助兴。"葡萄牙红葡萄酒最初登陆中国之时，恰好是我家祖先南下惠州之际。""哦？是在什么时候呢？"阿程冲我耸耸肩，小酌一口，笑而作答："大约400年前！我们客家人讲究吃，你们西方人讲究喝，论起酿酒来，还是你们在行。"这句话貌似有理。放眼世界，最好的葡萄酒和最好的啤酒无不产自西方。每每与中国人宴饮，除了那苏州黄酒外，几乎没有什么本土佳酿令我醉心。

接风宴临近尾声时，我向阿程求教："为什么客家菜肴以醇厚香浓居多？"阿程摇首感叹道："或许是客家人对家和土地始终无比依恋的缘故吧！"我深以为然。自古以来，客家人一贯秉持向心凝聚的传统，以家为根本，以宗族为核心。在毗邻广东的福建省，至今留存着最富客家色彩的圆形土楼。历史上，闽地匪患频仍，迁徙而来的客家人建土楼聚族而居，既便于"御外"，又利于"凝内"。一座土楼，就是千人同宗的大家庭；一座土楼，就是百年同族的古村落。向心凝聚，是客家民居的文化内涵，亦是客家风味的形成根源。正因如此，客家菜质朴而香浓，非他者可比。于客家人而言，"家"是生活的重心，"香"是菜肴的灵魂。这顿饭吃下来，鸡鸭汤肉，无一不香。压轴菜似曾相识，我不禁说道："大有东坡肉的风范嘛！"阿程点点头，其妻接话道："这是加了惠州梅干菜的粤版东坡肉！苏大学士名满天下，在惠州颇受礼遇，虽是谪官，却可以派两位厨师专程去杭州学艺。厨师进修归来，将杭州经验与惠州特产完美结合，进而成就了'东坡梅菜扣肉'。"原来如此啊！一大美食家，光靠烤羊脊来塞牙缝，如何在惠州滋润过活？这番用心着力，想必是出于对"香"的渴望与追求吧！梅菜扣肉的问世，是厨师之功，是苏东坡之福，是惠州百姓之幸。

东坡羊排

循着苏东坡的足迹初到岭南，顺着苏东坡的灵感一展厨艺，
因材施用，寄寓陌生地，得享好味道。有精选羊排下锅，有东坡
诗词助兴，我乐在其中。

食材：

精选羊排 1250 克

黄酒 50 毫升

香葱 15 克

大蒜 3 瓣

桂皮 1 小块

花椒 1 茶匙

干辣椒 1 汤匙

鲜姜 1 块（去皮切片）

酱油 3 汤匙

盐适量

做法：

1. 将羊排斩剁成块（长约 5 厘米，宽约 3 厘米），可
由卖肉师傅代劳。

2. 将羊排放入锅中，加水漫过羊排。

3. 开高火，将羊排煮至断生。

4. 将羊排捞出漂净。

5. 置砂煲，将羊排倒入浸于水中（水量以 1 升为宜）。

6. 洒入黄酒。

7. 加入花椒、桂皮、干辣椒、香葱、姜片、酱油、盐等。

8. 先高火煮沸，再文火慢炖，直至骨肉将离。

9. 关灶火，拣出花椒、桂皮、干辣椒、姜片等，在酥香的羊排上撒些盐和胡椒粉，调味收汁。

盐焗鸡

东江客家菜的口味，正中老饕下怀。并列于酸咸苦甜之后的第五味，日本人名之曰"umami"，中国人称其为"香"。在惠州，托阿程的福，有幸领略了古法盐焗鸡的香郁绝伦。盐焗鸡由来已久，溯源于清朝时期，诞生于东江一带，由盐工无意中创制而成。

食材：

    土鸡 1 只（3 斤左右）

    粗盐 3 斤

    锡纸 1 张

    茴香少许

    丁香 1 茶匙（或用五香粉代替）

    麻油少许

    葱花 1 茶匙

    姜末 1 茶匙

    精盐 1 茶匙

    白糖 1 茶匙

    黄酒 1 汤匙

做法：

    1. 将鸡洗净，吊至窗口或阳台，彻底风干。

    2. 将五香粉、葱花、姜末、白糖及黄酒调和均匀，充分涂抹于鸡身内外。

3. 将鸡身内外搽上精盐。

4. 将烤盘备好。在瓦煲内铺一层锡纸，在锡纸上铺一斤粗盐。

5. 将烤箱预热至 200 度，待煲底粗盐受热变黄，置鸡于内，覆上其余粗盐，盖煲慢烤，直至鸡身外焦里嫩。

6. 将鸡出煲装盘，色香俱佳，令人惊艳。

大厨提示：中西合璧的改良版易于尝试，火烤而成的客家古法盐焗鸡更香一筹。

美食天堂的阴暗面

　　惠州距广州不远。我买到一张快车坐票，早上9点即可抵达中国的千年口岸。千年口岸已不复千年古韵，与别地毫无二致，华南大都会也是一副现代感十足的时兴模样。自21世纪以来，攀高比奇之风日盛，哪座大城市不坐拥一二引以为豪的地标？中国第一高电视塔，高达600米的"小蛮腰"，就亭亭玉立于羊城大地上。

　　摩登曼妙的广州塔中看不中吃，暂不为之分神。我一心寻访的地方坐落于珠江之畔的老城区。20世纪90年代末，我曾到此一游。时隔多年，忙乱嘈杂的旧街闹市不知是否换了模样。"清平市场！"一听我报出目的地，出租车司机便心领神会，外国人到广州的必游之地！

　　个把钟头后，下得车来，举目可见，清平市场果然是外国游客扎堆的所在——形形色色，来来往往，背着相机，推着童车，带着猎奇的目光……长长的街市一眼望不到头，数以百计的商铺挤挤挨挨，按序编号的门面千篇一律，名噪八方的清平市场如今已旧貌换新颜。"这里的动物都可以买卖吗？那是什么？蠕虫？"十几岁的金发小姑娘语气兴奋，好奇交织着害怕。"天哪！现杀活剥啊！"来自纽约抑或华盛顿的小小观察家瞠目于近在咫尺的血腥场面，再一开口便只剩下惊惧了。顺其所指，只见女摊主正以出神入化的手法宰杀黄鳝，开膛破肚，瞬息可就。再往旁侧一看，那边也是出手不凡，眨眼之间，活生生的甲鱼就被剖解得利利落落。"天哪！甲鱼居然有牙齿！"听得出，这孩子对新奇发现比对杀生过程更感兴趣。携女看稀罕的妈妈此时也发了声，活脱脱一副美国科幻剧《星际旅行》（*Star Trek*）中斯波克（Mr. Spock）偶遇太空新现象时的口吻："有意思，很有意思！"

我一边溜达一边观瞧，眼前的美国父子吸引了我的目光。老爸操弄着小型摄像机，用镜头记录着市场实况。小哥俩则目瞪口呆地盯着3个红色塑料桶，难以置信桶里满满当当的全是蝎子。见洋娃如此神情，档主大婶忍俊不禁，一伸手便拎出一只小毒物来，麻利地来了个"擒蝎先擒尾"。"徒手抓蝎子！真是令人不可思议！"洋爸不失时机地边摄像边评论，鉴于8岁幼子在场，继而有所保留地讲解道："瞧，那些都是蝎宝宝，据说味道还不错。"

几店之隔，好些欧美游客半是猎奇半是反感地在活禽区驻足旁观。旁观者中，尽管不乏香酥炸鸡、北京烤鸭、鸡排汉堡等禽类美食的拥趸，可直面这血淋淋的屠宰场面，也未免触目惊心。卖家功夫也是了得，三下五除二就完成了杀鸡宰鸭的现场秀。

在另一爿店铺前，聚拢了不少看客。走近一瞅，原来是家活鱼档。一尾尾披鳞带鳍之辈各形各色，前一秒还欢蹦乱跳，后一秒就身首异处了。"它还活着呢，你们快看！"耳边传来德国小姑娘的惊诧之声，"太可怕了！"的确，一刀剁下，头未断气，鱼嘴拼命翕动，在塑料砧板上挣扎着。

清平市场的规模很可观，沿街商铺多达2000家，日均客流量60000多人。一路看过来，动物交易比比皆是，生鲜活品应有尽有，海陆干货亦琳琅满目。蛇、海马、鹿茸……形形色色，林林总总，以中药材的名目，待价而沽。药材区毗邻鲜活区，这样的布局反映了药食同源的关系，寓医于食即药膳之理。

我继续走马观花。要把 2000 家商铺逐个细逛，不花上几天工夫根本下不来。本着舍轻顾重的想法，我把目光集中在外国人扎堆的地方。哪里外国人多，哪里就上演着中西文化大碰撞。目睹高等动物被活杀现卖为盘中餐，尤其令外国人无法淡定。譬如此时此刻，我刚靠近外围，耳边就传来一道惊呼："啊？居然还在抽搐，怎么可能这样！"红发女子的声音里充满了恐惧。循着她的摄影机镜头，只见片刻之间，一米半长的大蛇就已魂断刀下，一剁数十段，被蛇味馆厨师采买一空。

一路看过来，杀生场面随处可见。刀俎之下，无不充斥着垂死挣扎的惨相。或好奇或新鲜或惊骇，夹杂着种种感受，到此一游的外国人在清平市场里瞧了东家逛西家。活跃其间的是熙熙攘攘的中国主顾，精打细算，讨价还价，挑三拣四，称斤论两，力求花最少的钱买到最多的鱼、蝎、蛇、鳖……

"东方就是东方，西方就是西方，二者永不相会。"英国诗人吉卜林（Rudyard Kipling，1865—1936）曾如是说。置身于清平市场，我却另有一番感觉。东西方文化在此相会，有冲撞却无交融。在西方大城市，食用动物的活杀现卖现象久已不复存在。对于来自西方世界的观光客而言，清平市场上的血腥场面是相当陌生的。"这里简直就是动物园和饮食界的杂交体。"大蛇受戮之际，同为目击者的加拿大小伙有感而发。

菲利普亲王早年到访过港穗两地，说不定对清平市场并不陌生。"四条腿的除了桌子，长翅膀的除了飞机，水中游的除了潜艇，都会成为广东人的盘中餐。"1986 年，菲利普亲王再现英式幽默，一语广为人知。这位向来口无遮拦的英国亲王至少在这一点上说的没错：广东人最称得上无所不食，是终极杂食动物。在这个泱泱大国，最能体现"中国人简直什么都吃"这一特色的，非广州莫属。还有什么地方能把Hommivore[1]的含义诠释得如此淋漓尽致？该词由法国社会学家克洛德·费席勒（Claude Fischler）所创，用以表示人类的杂食性。采买于清平市场的主顾，遍布于广州街头的餐馆，把自然界的生物竭尽可能地为食所用：选购、屠宰、蒸煮、熏煎、煸炒、熘炸、焗烤、焖炖……为满足口腹之欲，完全毫无顾忌。在费席勒看来，人类是天生的杂食动物，杂食本性决定了人类在饮食方式的选择上百无禁忌。杂食性是饮食方式多样性的基础。如果不受宗教信仰或伦理道德等文化因素的约束，人类的确可以无所不食。无论是佛门信众或动物保护者选择吃斋茹素，还是极地因纽特人困于极端气候条件自古以渔猎为生，都是人类饮食方式多样性的表现之一。在其漫长的文化历史进程中，广东人任其杂食本性得以充分发挥。就此话题，林语堂曾在其《论肚子》一文中幽默地建议："……西方人须向东方人学习怎样品赏花鱼鸟兽……"林语堂一语双关，道出了中国人对待动植物的一贯作风：可作为审美对象来欣赏，更可作为食用对象来品享。

对于广东人而言，万物皆可落肚为食。这不仅造就了名震全国的清平市场和风味餐厅，而且折射出无所不食行为的阴暗面。蛇也好、鳖也好、蝎也好，在西方国家多见于各类动物园中，虽

【1】参见《饮食社会学》(*Soziologie des Essens. Eine sozial- und kulturwissenschaftliche Einführung in die Ernährungsforschung*)，埃娃·巴略希乌斯（Eva Barlösius）著，1999年魏因海姆／慕尼黑出版，第29页。

266

不是最受宠爱的生灵，但也是人类的朋友。直到现在，我还清楚地记得，我的"初宠"就是一只陆龟，昵称"彼得"，是我于20世纪70年代在荷兰北海泰瑟尔岛上邂逅的。换作在清平市场，陆龟恐怕得称斤论两，甚而早已一命呜呼、血尽尸干、悬晾于挂肉勾之上了吧？我的脑海中不由得浮现出德国爱犬以及上海邻家小狗的身影，在别处是宠物，在此处是食物。沦落到清平市场，猫猫狗狗也摆脱不了论斤卖的命运，便宜到每斤只要几块。其他同类亦然，狐狸、獾鼬、花栗鼠……乱撞的乱撞、狂啮的狂啮、急窜的急窜，无论在牢笼中如何做最后挣扎，到头来还得丧生于刀俎之下。触目惊心的是杂食饕餮的欲壑难填，是无底肚腹的劣习不改，是动保人士的重任在肩。时至今日，关注动物权益的中国人越来越多，尤其是跟猫猫狗狗相伴过的年轻人，就算生长在广东，也跟众多已将护生观念深植于心的西方抵制者一样，完全接受不了虐食动物的残忍行径。

　　边行、边看、边思，喧杂的清平市场渐行渐远，德国哲学家费尔巴哈（Ludwig Feuerbach，1804—1872）的经典之言则越品越有味——人如其食，食相即世相。

太史五蛇羹

当晚跟老陆有约。老陆是土生土长的广东人，在美食评论界很有影响力。6点时分，我准时而至。门面装饰华丽，赫然写有一个大字：蛇！我顿时了然。朝为刀下鬼，暮成盘中餐，大蛇变身小菜，终究难逃入人口腹的下场。置身粤地，真正领教了无所不食的民风。

进得店来，就见老陆迎面相候，矮墩墩、胖乎乎，留着一小撮略显滑稽的山羊胡。"哟，来啦！"他简短地打招呼，我点头致意。非金碧辉煌，也非新巴洛克风格，与遍布大江南北的诸多粤菜酒楼有所不同，这家蛇味馆看上去并不富丽。正待寒暄，又一位矮胖人士来至近前，大鼻头，高颧骨，热情满面。"这位是侯大厨师，这位是马可！"老陆率先介绍，侯师傅连道"欢迎"，乐呵呵地递过一本我未见过的大部头菜单。"马可先生，请先过目！"老陆眼含笑意，言语中颇有些打趣的意味。

恭敬不如从命，我逐页翻阅，大有目不暇接之感。光是鲜蔬一类就数以百计，猪肉菜式也五花八门，烹饪方法更是无所不有。鸡、鱼、蚝、贝、蜗牛、鱼翅……凡是叫得出名来的山珍海味不胜枚举，煲炖、煎炸、清淡、香辣……各色蛇馔一应俱全。我看得眼花缭乱，到底是粤菜，还真是包罗万象，灶神受用着准保满意。"眼都挑花了，太难选了，我放弃。"见我如此说，老陆哈哈大笑，"看单点菜难免受局限！到老侯这里解馋的，都是奔着'心头好'来的！什么对胃口，完全是肚中有数！"

老陆一示意，老侯便凑近跟前，两人叽里呱啦改说广东话，我一句也听不懂。广东话之于普通话，好似挪威语之于德语，对于零基础的人来说，听上去跟外语一样陌生。

老侯听罢点点头，一转身便下厨去了。"只点了一道菜，其余的全由老侯看着配！"老陆对我解释道，"太史五蛇羹，经典粤菜名品，我曾在此一饱口福，时隔多年，真不知老侯能否还原当初的味道……"我张口结舌，一蛇倒也罢了，竟然还五蛇一锅端！"菜单上也有这个？"我好奇心大胜。老陆笑答道："当然没有！五蛇羹不是寻常菜品，蛇味馆里也不多见。老侯跟我是老交情，我提前几天就打了招呼，特意请他为今晚准备这道菜。刚才啰嗦了几句，就是在跟他回味当初，高汤如何、配料如何、鲍鱼如何……那可是吃过就一辈子也忘不掉的味道，不晓得侯大厨师领会没有……"

中国食谱往往语焉不详，用量含糊，制法笼统，烹饪全凭感觉和经验，传世名菜很难原味复出。一如这道贵得要命的太史五蛇羹，熟客和厨师一起跟着记忆走，凭借回味来确定如何配料和烹制，以求重现绝佳美味。在老侯的饭店里，食客和厨师的记忆相当于隐形的菜单，远非那本大部头可容纳。"那老侯为啥还要印这菜单？"我略有不解。"有些人并非过齿不忘，有些人更乐意看单点菜，并不是所有人都像我一样肚中有数啊！"老陆笑着拍了拍他那肚子，"自己不记得或不想记，就听厨师的。知你口味者，莫过于厨师也，在满足你口福方面，厨师比老婆更上心。"

显而易见，老侯比老婆更让老陆信得过。老侯是高手，来老侯这里吃蛇，不仅吃得香，而且吃得安。不经意间，前半晌在清平市场的所见所闻不断浮现，我不由得回想起那刀下断魂的大家伙。"毒蛇？"我有些忐忑。"当然！"老陆不以为意，"别担心！我们只吃嫩肉，不吃蛇头！"我表面镇静地点点头，手却因紧张而微微发抖，食欲顿消。以毒蛇为餐，连我也开始无所不食了。自在镇江冒死吃河豚以来，这是我第二次以身犯险。

　　"太史五蛇羹是粤菜中的一大经典，颇有些政治渊源。"老陆道。"哦？"我洗耳恭听，仿佛又回到了在中国北方游历的情景，"烹饪与政治"是个不老的话题，中国历史上第一位贤相不就是厨师出身吗？老陆的讲解拉回了我的思绪："20世纪初，时值晚清年间，京城有位风云人物，名叫江孔殷，为末代翰林，人称'江太史'。今古不同，在学而优则仕的帝制时代，科举入仕者往往官居要位，江孔殷就曾出任广东道台，委实权重一方。辛亥革命后，帝制终结，江孔殷辞政从商，以其显赫的影响力，叱咤粤地好些年。中国政客历来讲吃喝，善经营，江孔殷亦是个中高手，从商后财运亨通，将自家的'太史第'打造成了百粤第一食府。仕途老友、商贾名流、新朝权贵……江宅内高朋不断，太史私家菜备受各方追捧。生于广东名门望族，江孔殷对粤菜自然颇有心得，稀奇古怪的山珍海味早已司空见惯，蛇羹更是不在话下……"

　　恰在此时，老侯端上桌来一瓦煲，语含郑重："太史五蛇羹！""棒极了！"老陆一边赞赏一边拭目以待："怎么样，马可，来尝尝吧！"在他俩意味深长的关注下，我满怀迟疑地瞄向煲内，所见并不出奇，跟木耳香菇鸡茸羹没啥两样，于滑稠细腻中若隐若现着些许嫩肉丝。

　　这丝丝缕缕的是五种蛇肉？老侯似乎看出了我心中所想："依

照江家所传，主料为五种野蛇。天地合五方，阴阳合五行，在中国文化中，'五'这个数字大有讲究。做这道羹时，咱也不折不扣地来了个'合五为一'！"见老陆点头认可，老侯继而道来："眼镜蛇、金环蛇、银环蛇、眼镜王蛇、水蛇，五蛇齐备是最理想的搭配。""蛇从哪儿来？稀有蛇类不是受国际公约保护的物种吗？"老侯和老陆齐齐看向我，显然对外国人的迂论颇有不屑。"我有我的供货渠道。太史五蛇羹不比寻常，只有老主顾和亲朋好友带贵客上门时，我才偶尔露一手！"老侯解释道，"通常情况下，食客们最爱点干煎香辣蛇段，人气旺而造价低，以普通草蛇为主料，不像太史五蛇羹，非得用野生毒蛇才够味儿。"

正聊间，老陆从瓦煲里盛出一碗羹，笑呵呵地递到我跟前。盛情难却之下，我就斗胆尝一口吧！举箸轻点，我小心翼翼地夹起一丝蛇肉。"手气真好！"老陆赞道，"头一筷子就挑中了眼镜王蛇——世界第一大毒蛇！"就那3厘米长短的一小丝儿吗？白白嫩嫩于筷缝间，看上去跟鸡肉或鸡鱼差不多嘛！见我尚有几分迟疑，老陆边笑边劝："来吧，尝尝看，保证无毒无害！"既如此，那好吧，眼睛一闭嘴一张，细细咀嚼，这眼镜王蛇的味道……居然如此绝妙！不是鸡鱼，胜似鸡鱼，口感细腻鲜美，恰到好处地凸显了重原味且尚清淡的粤菜风格，很难跟那体长可达4米以上的恐怖之物对上号。

"出乎意料吧？"老陆对自己的精心之选煞是满意，"外隐而内敛，眼镜王蛇的肉质倒是很符合其性格特点！"食蛇亦知蛇，看来老陆还是挺有研究的。我食欲大增，尝罢这个尝那个，管它金环银环，管它水蛇王蛇，逐一品了个遍。老侯给我们来了个"七星伴月"，除五蛇羹外，还配了七道拿手好菜，真真令我们大饱口福。"不光蛇味，凡是粤菜名肴，老侯无一不精！"老陆的赞赏之意溢于言表，"老侯是顺德人。食在广州，厨出顺德，自古以来顺德是有名的厨师之乡，广州是淘金的地方。"

值得称奇的是粤菜的独到之处，不靠麻辣添香，不借葱蒜提辛，不仗酱油润色，重本味而尚清淡，因材制宜，无论蔬肉禽鱼，皆鲜美可口。我有种感觉，粤地厨师本能地知道如何尽善尽美地呈现可食之物的天然味道。在满足口腹之欲方面，无所不吃必然无所不识。显而易见，知味善烹也是广东饮食文化的一大要素。

饱了口福，长了见识，我腹满意足地仰靠而坐。老陆悠悠然点上一支烟，把先前的话头接起来："江家几代英才辈出，食界玩得转，政界吃得开。就拿江权颖来说吧，那可是跟孙中山共过事的议员之一。孙中山也是广东人，1866 年出生于香山县（今中山市），辛亥革命后被推举为中华民国临时大总统。1917 年，孙中山掀起了护法运动，国会议员纷纷南下，在广州召开非常会议。中华五千年，有会必有宴，民国之初也不例外。值此时机，江权颖大宴各地同僚，尽显地主之谊。身为江太史的三公子，自然少不得以江太史的得意之作款待座上宾。考虑到多数议员并非本地人，江氏父子事先并未言明每味食材的真面目。广东人吃蛇成俗，历史文献早有记载。以蛇为食多见于南方，外乡客十有八九会闻蛇色变。若是坦言相告，恐怕事与愿违。于是乎，在不明真相的情况下，众议员吃了个津津有味，尤其对那道压轴羹赞不绝口，一直以为是鲍鱼与鸡肉的鲜美结合……

"一宴将罢，东道主这才揭晓谜底，将太史五蛇羹的悚人配料细细道来。在座来宾中，除粤地同乡外，无不惊得目瞪口呆。先是愣了神，转瞬间回过味来，一个个狼狈离席，连呕带吐倒也罢了，有位议员竟惶恐得直奔医院洗胃去了。

"江太史父子啼笑皆非。经一事，长一智，自此以后，凡以蛇肴宴客，江府必在请柬上加以注明，以便忌讳者知难而退。剧毒之蛇在当年也身价不菲，太史五蛇羹金贵得很，无此口福就不该暴殄天物。知道咱们今天所吃之蛇的毒性有多强吗？足以在短短几分钟内致 5 人于死地！"我摇了摇头，胃部不适感悄然而生。"为了避免中毒，我们从来不碰蛇的头部。广东人毕竟是中国人，再怎么食胆包天也不会顾吃不顾命。比不得日本人那般狂热，为体验极致的味觉享受，甘冒生命之险去品尝剧毒的河豚内脏。人生在世，吃喝二字。嗜吃归嗜吃，咱可不会拿生命当儿戏，轻率地丧失尽享天下美味的机会！"我点了点头，胃部不适感悄然而消。"从太史五蛇羹的故事不难看出，对此类风味美食，大多数中国人并不习惯。"老陆补充说。我引以为然："林语堂就曾写到，自己在中国生活了 40 年，从未吃过蛇，也从未见任何亲友吃过蛇。""在这件事情上，马可先生可是领先于林语堂大师了！"老陆打了个趣，"蛇羹再美，恐怕也很难让您故味重尝了！"真被老陆言中了。于我而言，吃蛇经历仅此一次就已足够。中国人普遍善解人意，在这一点上，南方人跟北方人不分伯仲。

深圳品海

次日别离广州，我一路南行，直奔与香港仅一河之隔的深圳。天色已暮，我抵达了这座中国经济发展的奇迹之城。自 1980 年建立经济特区以来，深圳从边陲小渔村一跃发展成为现代大都市，人口规模超千万，其庞大程度远非香港可比。从 20 世纪 80 年代起，各地弄潮儿纷纷涌入深圳，工资水平高居榜首，学历水平也在国内遥遥领先。

令我感兴趣的不是如今的摩登大都市，而是当初的淳朴小渔村。中国的岛屿海岸线长达 14500 公里，渔业资源相当丰富，海鲜应该在各地食谱中占据重要地位吧？其实不然。在我看来，中国饮食一贯"陆强海弱"。即便在上海，在这个名中带"海"的地方，极好的海鲜市场也并非随处可见。平常市场里，待沽者无非就那么几样，与如此之长的海岸线实在不相匹配。就此而言，东部省市给我的印象都差不多。究其原因，大概可归于两点：要么是捕渔无度，中国近海水域几乎已被网罗一空；要么是力有未逮，许多中国人对海洋生物无从下手，反而对出自江河湖塘的水产更游刃有余。第一种原因就目前而言并非空穴来风，第二种归因与中国的历史背景不无关系。中国自古便是典型的大陆文明国家，以农立国，赖以生存的根基在陆地。屡见经传的郑和下西洋也只是昙花一现，既没有能够征服欧洲的远洋舰队，也并未在开疆拓土上为中国赢得威名。不难设想，因农耕意识根深蒂固，中国历来重陆轻海，若不是广东人敢食天下先，出现在中国人餐桌上的海鲜菜肴恐怕更加少之又少。

当年的深圳，以渔为生的小城，是中国海鲜菜肴的摇篮，为满怀激情以及擅长宫廷风味的南北厨师提供了用武之地，将中国的海鲜烹饪水平不断推向新高。对于乐于尝新的广东人来说，海洋生物跟丛林野味一样不容忽视。19世纪中后期，在其《古往今来话中国：法律与习俗》（*China: A History of the Laws, Manners and Customs of the People*）一书中，时任英国圣公会香港教区副主教的约翰·亨利·格雷（John Henry Gray）对广东海岸进行过如此描述："目之所及，全是大大小小的渔船……一只只渔船拖着一张张渔网，一张张渔网里满是活蹦乱跳的海鲜……"

时至21世纪，昔日盛况早已杳然无踪，中国近海几乎已无鱼可捕，大部分鱼虾蟹贝都产自海水养殖场。尽管如此，行走在深圳的大街小巷，我还是能感受到十足的海味。无论是精品餐厅，还是路边排档，海鲜应有尽有。找个排档吃海鲜，恰合我的心意。

扑鼻而来的鱼腥味不言而喻，我找对了地方。海鲜排档一爿接一爿，不到深夜不打烊，嘈杂地临街而开，简床陋厨窝在棚后，高门大嗓争相吆喝，琳琅满目的生猛海鲜在玻璃缸和塑料盆中嬉戏。"新鲜，绝对新鲜！"一家家都直拍胸脯招揽着生意。新鲜自是没得说，品种也多得不像话，近半海洋水族都在这里嗷嗷待售，就连产自热带、色彩绚丽的刺尾鱼和小丑鱼也栖身其中凑热闹，更不必细数那些海参、海葵、海贝、海螺、海蟹、海笋、螯虾、龙虾、章鱼、鲍鱼……

"来来来，老外这边请！"一路走过，一路被揽客。"谢谢，不用了，我就随便逛逛！"我友好地一路谢绝。"来吧，给你最优惠的价格，随便选，随便坐！"有位精明男店主不屈不挠，献宝般地递上一条海鳝。出于求生本能，那海鳝敏感地扭来转去。我不为所动，笑着摆摆手，继续信步向前。成十上百家排档，成千上万只海鲜，翘首以待食客的青睐，或买好带走，或现做现吃，塑料桌椅随时恭候，简易锅灶随时待命。

溜达饿了，我就近选定一家排档，挑好海虾和银鲳，讨价还价一番，店主额外送我两只虾，我还可以在灶前旁观。"白灼?"店主征求我的意见，我点头回应。

左躲右跨，在缸缸盆盆间跟跄穿行，我跟随店主来到后厨重地。在弥漫着煤灰的逼仄空间里，锅灶透露出生意的红火。白灼是粤菜的一种经典技法，多用于海鲜或蔬菜，以滚水沸汤，将其由生烫熟。

白灼的成败关键在于滚水沸汤的调制：滴油入水，加葱白、姜片、白酒以去腥提鲜，用旺火煮开。"水温不能太高，虾眼水刚好。"掌勺之人边演示边讲解。"虾眼水"是烹饪术语，指水将沸未沸，水温在 80 度至 90 度之间，水中微微冒出小如虾眼的气泡。若再略煮至沸，则称"鱼眼水"。无须温度计，全凭视觉印象，中国厨师就能十分精准地把握水温。眼前的掌勺者手艺精湛，把一锅汤水调制得恰到好处。

活虾入锅，翻滚几下后，通体青灰瞬间变为红白相间，十分惹人眼馋。微沸略灼，色鲜肉嫩，绯红的海虾在洁白的瓷盘中列队呈现，令这简棚陋厨刹那间蓬荜生辉。就餐环境完全不重要，美味如斯就已足够。配上一小碟用酱油、麻油、辣椒等调制而成的独特蘸酱汁，更是突出了虾肉的鲜嫩、清新。粤式调味汁别具一格，多以油配酱油打底，截然不同于"尚滋味，好辛香"的西部食风。

稍后，清蒸银鲳也上了桌，地道的潮汕风味，在香菜与番茄的陪衬下，可口又悦目。鱼虾鲜美，啤酒冰爽，终于，在中国，我品味到了渔风海韵。一条清蒸鱼、几只白灼虾、些许蘸酱汁，于一座超大城市中、一爿街头排档处、一摞空啤酒箱旁、一排通风管道下，让一片汪洋大海在我心中熠熠生辉。

蒸鲳鱼

　　海鲜是潮州菜的主打食材。潮州菜与广府菜和客家菜成鼎足
之势，是粤菜的重要组成部分，为粤菜注入了丰富的海洋韵味。
烹制海鲜极为讲究手法，白灼便是首选。此番南下，潮州匆匆而
过，汕头匆匆而过，倒是在深圳街头的海鲜排档，我品尝到了极
简约而又鲜美的潮汕风味。满目琳琅，我选择了深受上海和东南
亚青睐的银鲳。一道蒸鲳鱼简简单单，却让我没齿难忘。

食材：

　　　　银鲳 1 条

　　　　樱桃小番茄 4 只

　　　　酸菜丁半杯

　　　　咸酸梅 2 粒

　　　　鲜姜 4 片

　　　　香葱 3 根

　　　　红辣椒 2 个

　　　　清水 4 茶匙

　　　　花生油 1 茶匙

　　　　白酱油 1 茶匙

　　　　黄酒 1 汤匙

做法：

　　1. 鱼盘之上铺葱姜，葱姜之上卧银鲳。葱姜是去腥法

宝，烹制海鲜必不可少。

2. 起蒸锅，小火慢蒸 3 分钟。取出鱼盘，清空腥水。

3. 将鱼另行盛盘，覆上鲜姜、香葱、樱桃小番茄、红辣椒、咸酸梅、酸菜丁，淋入白酱油、花生油、清水和黄酒。

4. 起蒸锅，大火旺蒸 10 分钟。一道潮州特色菜出锅即成，清淡而鲜美，若以香菜、嫩葱加以点缀，则色香味更胜一筹。

白灼菠菜

调味精简是粤菜的一大独到之处。粤菜对调味十分讲究，调料的选用以突出主料的本味为原则，绝不喧宾夺主。"灼"是由生烫熟之意，粤菜厨师显然不满足于仅仅由生烫熟，烹饪成果不失清新本色才是他们的追求，遂冠之以"白"，用不加任何有色调味品的清油纯水来煮烫，故而称其为"白灼"。油和水互不相融，水油并用则可提鲜提色，令菜肴既可口又悦目。绿叶菜与白灼法最是相得益彰，成品水灵鲜嫩，引人注目垂涎。

食材：

　　新鲜菠菜 200 克

　　大蒜 2 瓣

　　蚝油 3 汤匙

　　白酱油 2 汤匙

　　盐半茶匙

　　油适量

　　清水适量

做法：

1. 菠菜择好洗净，蒜瓣切末。

2. 碗中倒入 100 毫升清水，加蚝油、白酱油、盐，调成酱汁待用。

3. 锅中加水、油、盐，煮至微沸。菠菜下水略煮 1 分钟，出锅后盛于白瓷盘中。

4. 锅中倒入酱汁及蒜末，熬至黏稠，均匀浇于菠菜之上。

从叹早茶到夜宵直落

次日早餐，我要美美地一饱口福。像国王一样享用早餐，是我喜爱的德式生活习惯。在我看来，美好的一天始于丰盛的早餐，这是德国饮食最可圈可点的地方，简直可以荣登世界文化遗产名录。在德国人的早餐桌上，吃的有香肠、火腿、烤肉、鱼类、蛋类、果酱、奶酪、夸克干酪、酸奶、水果……喝的有果汁、茶饮、咖啡……论起品种繁多来，那可真是举世无双啊！中国人似乎并不重视早餐，扒拉几筷面条，吸溜几口热粥，吞嚼几根油条，一日之计就这样草草开始了。

广东之行改变了我的看法。抵达深圳之前，妻子就高瞻远瞩地通知了当地亲戚，很有必要打破我对中国早餐的负面印象，事关国人颜面，宜早不宜迟，务必让我一来就见识一下底蕴深厚的广东早茶文化。于是乎，当天傍晚才品过海鲜，次日早晨9点便被邀去"叹早茶"。舅父舅母、表兄表妹齐齐上阵，带我去了一家远近闻名的茶楼。该茶楼生意兴隆，在国内开有多家分店。经营成功后快速扩张在餐饮行业并不少见，我在四川就见过火锅连锁企业的例子。细胞分裂式增长在中国很受追捧，但凡在一地立稳脚跟，就会开启复制及扩展模式，力求在全国遍地开花。

在一家三代人的簇拥下，我步入茶楼。名叫茶楼，却并非以茶为主。寥寥几种茶，实在乏善可陈。红茶居多，菊花茶、普洱茶、绿茶只是些许陪衬。几乎每桌饮品都是全球普及且价格亲民的红茶。如果茶品与餐品同等质量的话，我们大可转身而去。见我不知其然，一众家人为我答疑解惑。原来，茶在广式早餐中只是配角，早餐饮红茶是为了暖胃去腻。广东人称"早餐"为"早茶"，以茶佐餐，也符合其中的逻辑。

表兄解释道："所谓'一盅两件'原本是'一壶茶两笼点心'的意思，如今早已约定俗成为'叹早茶'的代名词，这可是个谦虚得不能再谦虚的说法，不信你回头看！"我回头一看，不得不信服。一辆辆推车上叠摞着一屉屉竹笼，一屉屉竹笼里盛放着一道道茶点，一道道茶点摆满了一张张餐桌，一张张餐桌清空了一辆辆推车。正目不暇接间，推车已到跟前，一家三代人齐挑共选，何止一盅两件！随着服务员行云流水般的动作，笼盖掀掀合合，偌大一张餐桌瞬间被各色茶点摆了个满满当当：豉汁凤爪、芋香排骨、水晶虾饺、菜肉煎饺、叉烧酥饼、潮汕肉丸、蜜汁腊肉、葡式蛋挞……。推车离去时，尚有好多笼茶点未曾露面，让我不禁心痒，在那千篇一律的笼盖下，会是什么样的绝色风味呢？感兴趣归感兴趣，桌面已满，容不下更多选择。"想吃什么随便点，在菜单上打勾就成。"舅父热情地关照我。那菜单形似于彩票，跟我在四川火锅店里见过的差不多。扫了眼陈列在桌的美食阵仗，我果断地谢绝了舅父的盛意。已经够丰盛了，足以与德国的周日早餐相媲美。我一样一样地尝过来，就连平时敬而远之的凤爪也没放过。鸡爪，中国人美其名曰"凤爪"，是一道经典小吃，除了皮就是骨。于我而言，食之无味；于我的中国妻子而言，却是大有啃头。吃了这么多年中国饭，口感却未完全中国化，见她啃得陶醉，我实在无法感同身受。恕西方人牙拙齿钝，我还是挑那些好吃不费力的下口吧。虾饺玲珑剔透，看上去就分外诱人；蛋挞松软香酥，味道丰厚却甜而不腻……在逐一品尝时，我不由联想到葡式蛋挞起源于葡萄牙首都里斯本贝伦区（Belem），经澳港粤而风靡中国。葡式蛋挞最初在澳门的发扬光大，想必与澳门葡商啃不惯凤爪有关系吧？相对于凤爪来说，还是来自西方世界的甜点更合西方人胃口吧？我们这一桌品东论西，你啃你的凤爪，我尝我的蛋挞，一笼笼美食配一盅盅红茶，怎叫个津津有味。

粤地多产红茶。退回 19 世纪，广东红茶可是走俏英美的奢侈品。反观此时，红茶在这茶楼里却再寻常不过。表妹介绍说："广东早茶在吃不在喝，广东人一日三茶：早茶、午茶、晚茶。""每天几点开吃？"我问道。"夜宵结束后，早茶开吃时！"表妹夫调侃道。如此说来，广东人真有口福，从早到晚都是享用美食的好时光。

早茶开张自凌晨 4 点，夜宵直落到凌晨 4 点，周而复始，上顿接下顿，随你吃多勤，随你吃多久，随你吃多少。"广东人称'吃早茶'为'叹早茶'，'叹'是方言用语，含有'享受'的意思。"谢过舅母解字释义，我四下环顾，同楼"叹茶"者不下几百人。恰逢周末，无考勤之焦心，无案牍之劳形，聚亲会友，谈天说地，浮生半日闲，尽在早茶间。茶楼里无话不谈，孙辈考上大学啦，房价高得离谱啦，新买的德国原装进口车有几大优越性啦，做什么生意前景看好啦等。闲聊之外，茶楼绝对是个谈生意的好地方，从晨到昏，由昏入夜，今夕未了事，明朝接着谈，此店刚打烊，邻家已开张。早茶——午茶——下午茶——晚茶——夜宵，此歇彼续，"得闲饮茶"是广东人的乐趣所在。

叹茶习俗并非由来已久。19 世纪时期，粤人饮早茶的风气才日渐兴起。追溯其时，广州出现了名叫"一厘馆"的街边茶肆，设施及餐饮十分简陋，挂着"茶话"招牌，摆着粗木桌凳，供路人歇脚谈天。随着人气渐旺，"一厘馆"成了聚会消遣的好去处。逗留时间一长，难免肚子会饿，光饮茶、嗑瓜子就远远不够了，吃点心日益成为重头戏。茶点一丰盛，"一厘馆"更火了，跟风者遍地开花，"一盅两件"从此风靡了整个广东。

中午已过，我们仍在茶楼里小坐。此时的茶楼依然座无虚席。邻桌跟我们同步，点餐已两轮，竹笼成排成摞，乐在其中几近 4 小时。不知不觉中，叹早茶直落到午后。"直落"在粤语中指持续之意。我不免联想到起源于西方的 Brunch（早午餐）。顾名思义，Brunch 是早餐（breakfast）和午餐（lunch）的结合体，比广东早茶略晚问世，始于 19 世纪末，近年来日益广受欢迎。Brunch 的应运而生，无疑是职场人士的福音。早茶文化在广东乃至全国的悄然走红，亦有异曲同工之妙。上班族也好，生意人也好，生活紧张压力大，难得周末偷个闲，上茶楼一举多得，不失为赏心乐事。

"为名忙，为利忙，忙里偷闲，饮杯茶去；劳心苦，劳力苦，苦中作乐，拿壶酒来。"

表兄朗诵了一副对联，博得邻桌一片掌声。两桌人把盏言欢，你为他执壶斟茶，他向你屈指叩桌。表妹告诉我，这叫"叩手礼"。刚相识的邻座茶友闻言谈兴大发："在接受别人斟酒倒茶时，广东人会'叩手'致谢。这一习俗据说还跟乾隆皇帝有关呢。乾隆在位 60 年，先后 6 次下江南，留下了不少趣闻逸事。乾隆特别喜欢微服私访，某日，君臣在一家茶馆中小坐，兴之所至，乾隆顺手就给臣下斟起茶来。臣下顿时诚惶诚恐，要是搁在皇宫里，那还不得三跪九叩谢主隆恩啊，可是眼下一身平民打扮，该如何是好呢？臣下灵机一动，将食指和中指弯成屈膝下跪状轻叩桌面，以示磕头谢恩。久而久之，这一礼节便在民间传开了。"

午后时光悄然流逝，我们这桌意欲打道回府了。小朋友已感无聊，大朋友腹满意足地看起了手机，玩起了游戏，妻子果断宣告撤离。若是下午茶直落晚茶的话，又要不可避免地对那一笼笼海陆美味大开吃戒了。起身告辞时，邻桌茶友已然意犹未尽地研究起菜单来。

在这座全天直落的饕餮之城，晚餐以后仍有余欢。九十点钟一过，夜宵时段登场，继早茶之后掀起又一波高潮。难怪南方胖子并不少，照这从早吃到晚的架势，一不留神就会发起福来。各种媒体一再发出警告，过晚、过饱进食对健康大大不利，尽管如此，广东年轻人还是对夜宵情有独钟。每当夜幕深垂，一天工作近12小时的深圳白领纷纷逃离办公室，直奔各自心仪的夜宵好去处。每当周末来临，或情侣约会，或朋友小聚，去宛如迷宫的夜宵排档把酒言欢，更成了年轻人休闲娱乐的不二之选，既比泡吧、蹦迪省钱，又可直落到天明。

夜宵是充满魅惑的，若能于悠悠口福中尽享漫漫长夜，谁又肯早早入眠呢？如此暧昧渲染，实则源于夜宵的初始地。据记载，最早的夜宵是在青楼里享用的。在旧时广州欢场，恩客钟意妓女，不能直接肉帛相见，先得摆酒设宴，方可一度春宵。美味怡情，秀色可餐，把盏言欢的慰藉，浅酌低唱的风情，是古代风月场上的雅兴。这席宴原称"拦台饭"，后沿用"夜宵"之名，逐渐发展为一方食俗。想当年"两岸青楼接酒楼"的所在，道不尽"万星灯火夜无收"的香艳。

昔日风月已远去。自新中国取缔妓院以来，这一食俗久已"香"而不"艳"，少了风尘味，多了烟火气。夜宵时段约定俗成：

茶楼餐馆一般营业至凌晨 2 点，食街排档一般营业至凌晨 4 点。夜宵品种不胜枚举：五花八门的蒸点、应有尽有的烤串、形形色色的甜品、林林总总的卤味……完全可以吃到天亮不重样。一路逛吃下来，连贪嘴的妻子也力不从心了，本想从夜宵直落到早茶呢，结果还是功亏一篑。

直落 17 小时之后，我们提前结束了马拉松式的饮食享受。未能完成从早吃到晚的壮举，全怪食量不济。通过这次身体力行，我们有理由相信，在竞吃场上，广东人是当之无愧的耐力赛世界冠军。人生苦短，美味当前，食在广东，恨不得一天多于 24 小时才好。

广东老汤

　　汤，虽为流质，却具固性，在日常饮食中不可或缺。宁可食无菜，不可食无汤，广东人对汤怀有特殊情结。家有靓汤，男人不容易移情别恋或流连于灯红酒绿处；煲得一手好汤，女人自是引人赞赏并宜家宜室。

　　汤中自有大味道。汤之于广东人，既不是可有可无的小馔一道，也不是清汤寡水的充饥之选，而是养生保健的滋补妙品。

　　返程前夕，亲戚们特意选在深圳最精致的粤式餐厅为我们饯行。不以蛇肴出奇，不以海鲜取胜，不以烧腊走红，令其一座难求的是滋味独到的老火靓汤。偌大一座城，好餐厅多了去了，偏偏独选这一家，还得要提前几周订位，图的就是一盅汤。

　　离得大老远，就看见餐厅门口人头攒动。要没个把钟头，根本等不到空位。吃字当头，中国人往往会一下子变得耐心起来。上前取号，一旁坐等，甚至甘愿站着排队，为了一饱口福，不吝耗时费力。又不是只此一店，另寻别家不好吗？"别家没有这么好的汤，品味过好汤，不枉你来深圳一趟！"在经过候餐长龙时，舅父悄声对我说。舅父今年85岁，托他老人家的福，我们优先入了座。

为了不扫老爷子的兴，我没有直言，欧洲人其实对汤很在行，即便在古代的日耳曼尼亚，汤也是家常便饭。我没有指出，文艺复兴后期至巴洛克时代，汤在欧洲王室曾风靡一时。我没有提及，法国出个了奥古斯特·埃科菲（Auguste Escoffier，1846—1935），这位国宝级厨艺宗师享年89岁，除众多创新杰作外，还效法卡尔·冯·林奈（Carl von Linné，1707—1778，瑞典博物学家，动植物双名命名法的创立者），为欧洲各种汤建立了分类体系。窃以为，在烹汤、品汤方面，欧洲人丝毫不逊色于广东人。埃科菲把汤分为"清汤"与"浓汤"两大类，归于前者的有"清肉汁"和"浓肉汁"，归于后者的有"菜茸汤""奶油汤""稠糊汤""杂烩汤"以及自成一派的"名特汤"。后人在此基础上进一步细分，又衍生出"牛汁清汤""鸡汁清汤""蔬菜浓汤""鱼肉浓汤"等不同种别。就拿经典而独到的法国蔬菜牛肉浓汤 Pot au feu en cocotte 来说吧，作为名特汤的范例、杂烩汤的始祖，跟生物界的腔棘鱼有的一比，并未在达尔文进化论法则下成为被淘汰的物种，在历经了欧洲汤文化的漫漫演变过程之后，居然以几乎最原始的形态幸存到了今天。自从埃科菲对汤进行了划时代的分门别类以来，德国牛尾汤的演化可谓妙趣横生，时而汤色清澈，时而汤色浓郁，全看调味配比。清汤还是浓汤？这是个问题。

在汤的问题上，就连一向受我敬重的林语堂也未免有失偏颇。在《生活的艺术》中，林语堂写道："西方汤品种类单调，其原因可归为两点：其一，不谙荤素混搭之道，其实只需巧用五六种基本食材——诸如虾米、菌菇、竹笋、冬瓜、猪肉之类——便可熬配出成十上百种好汤来。其二，不善利用海鲜水产……"如此看来，欧洲汤文化的博大精深并非人人了解。面对德高望重的舅父，我选择了笑而不语。

笑而不语直至眼前一亮：小小的一把紫砂壶，俏俏的几个紫砂盅，以品茶之雅，享饮汤之乐，如此斟饮情致，我之前只是在苏州月下把盏时体味过一回。食趣无穷，创意无限，中国人于此之处总能给人以惊喜。相比之下，尚理性重科学的欧洲人却表现得过于死板乏味。在欧洲人的餐桌上，汤品可谓五花八门，餐具却是千篇一律。寥寥几种深底汤盘，寥寥几种带耳汤碗，以功能性和实用性为重，与严格的餐桌礼仪相适用。欧洲人喝汤太过拘泥，不得吸溜，不得牛饮，汤快见底时须将盘子向外倾斜着舀，舀起来的汤切忌从汤匙往下流，这不行那不可，不成文的规矩一大堆。

　　随着文明进步和乡土文化式微，欧洲的汤文化已沦于退化或正趋于退化。与此相反，广东的汤文化却生机盎然。广东人喝汤不拘一格，可啜可饮，可斟可酌，正如此时此刻，倾壶把盏品几盅，说不出有多么轻松随意。细细品来，汤色泛金透亮，精华尽融其中，滋味尽汇其间，宛如高厨化灵丹为仙浆的杰作，点滴沁香，回味悠长，那感觉不亚于欧洲人品葡萄酒或威士忌般美妙。一向以来，中国人重吃，欧洲人重喝，就在此时此刻，我感受到了中西之间的差异与趋同。表兄开口道："老火靓汤绝对是广东慢食生活的代表作。广东人煲汤，一煲就是三四个钟头，文火慢熬，融各种精华于一味。体健千般福，家和万事兴，能煲一手好汤的人，往往健康长伴美满相随。"我不明就里地看向他，同桌者皆一副愿闻其详的表情。表兄接着说："广东人笃信好生活离不开好汤水。生活就在汤煲中。煲中自有好营养，煲中自有好滋味，煲中自有好福气。一煲好汤，不仅好在味道上，而且好在功效上。小到清热解毒，大到养心抗癌，每款汤都各有千秋。广东老汤讲究药膳合一，最能体现医食同源的真谛。这家厨师是煲汤高手，这道排骨汤就煲出了两全其美，既香醇又滋补。"

"汤还有助于家庭美满？"妻子问道。表兄对此也有说法："广东老汤的情感养分甚至比保健功效还重要。一煲好汤就是维系一家和美的浓情厚爱。生活如汤，越熬越香，同入一家门正如同入一煲汤，唯有细熬慢融为一体，才会越来越有味道。生活和美，家庭就固若金汤。"

汤的味道象征着家的味道。我又一次深切体会到，中国社会是"吃"出来的。从北到南，自古而今，人际关系是在一餐一饮中形成的，治国为政是在"和羹调鼎"中进行的，一家之福是在老火靓汤中煲融的。品味及此，感触颇深。且饮一口老汤，与我的中国家人共享美好时光。

广东老汤

　　广东人与众不同，他们执着于粤语文化，热衷于无所不食，钟情于老火靓汤。广东人习惯于餐前喝汤，这在中国并不普遍，反倒与欧洲人不谋而合。广东人饮汤如饮茶，倾壶把盏品几盅，不亦雅哉！我学做的这道广东老汤具有增强免疫力的功效，荤素巧搭配，滋补又美味。

食材：

　　鸡翅肉或鸡腿肉 500 克

　　苦瓜或黄瓜 2 根

　　白萝卜半根或小红萝卜 5—6 个

　　鲜姜 1 块

　　黄酒 1 汤匙

　　盐少许

做法：

　　1. 将鸡肉切块。鸡胸肉偏干，选鸡翅肉或鸡腿肉为好。若两人食用，约需一两个鸡腿的肉量。

　　2. 将苦瓜去籽切片。苦瓜尤具保健功效。

　　3. 将萝卜洗净切块。

　　4. 将煲中加水至半满，依次放入鲜姜、黄酒、鸡肉和萝卜，文火慢炖 1 小时以上，加盐调味即可。无须其他佐料，不压食材本味。

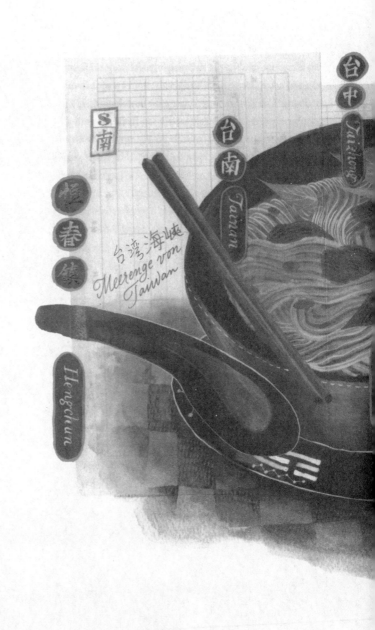

DER SECHSTE GANG

六道风味

台湾：小吃大味

美食家

中国宝岛台湾有传统文化的味道，台北还留存着中华传统文化的风韵。在台湾地区，人们总是这么说。著名媒体人唐湘龙曾评论，台湾地区浓缩了很多传统文化，"不只是故宫这种高档宫廷文化，更多的是食衣住行的庶民文化"。[1]如此论调难免带有"王婆卖瓜，自卖自夸"的成分。若真如此，则在台北乃至全岛必能探寻到中华饮食文化之精髓。品台湾要小中见大，小吃有大味！带着在大陆交往的、有酒肉之谊的朋友的金玉良言，我满怀好奇地踏上了宝岛寻味之旅。

飞赴台湾已非难事，台湾相距上海600多公里，大约是京沪航程的一半。曾几何时，从大陆飞台湾得耗上4倍以上的时间，只能先南下再北上经香港中转。自2008年两岸直航以来，旅客再也不必费此周章了。乐得省时省力，我选择了就近航班，独自飞往台北。飞行不到一小时，即可步下舷梯。在逼仄感十足的东航客机上，空姐也曾例行公事地发放餐盒，经验丰富如我，自是一笑拒之。登机前美美饱餐一顿是极其明智的。旅华20年，我始终

【1】参见《美丽中国菜》，梁幼祥著，2008年台北出版，第4—5页。

难以理解，为什么大多数中国航空公司提供给国内乃至国际航班的飞机餐总是那么难吃，与美食大国的形象丝毫不相匹配。台湾地区素来以美食取胜，但在飞往台湾的航班上还是只图省钱不顾旅客口味。

抵达台北时，我已饥肠辘辘。辞别深圳之后，我跟妻子分头行动，她回上海，我直接由港入台。承蒙诸友牵线搭桥，我在台北并不会举目无朋。初来乍到，我首先要联系的朋友的朋友名叫舒国治，正巧是位作家，颇合我意。一下飞机，我就和他通了电话，约好下午两点在酒店附近的捷运站碰面。在此之前，我有充裕的时间办理入住手续。

放下行李，简单垫垫肚子，我离开酒店去赴约。台北不大，远不如上海那么拥挤不堪，到处给人以一目了然的感觉，除了捷运站。捷运站人头攒动，往来者行色匆匆，熙熙攘攘中，素未谋面的两个人能顺利找到对方吗？

已经两点一刻了，人流源源不断地自捷运车厢涌进涌出。人人对我视而不见，似乎都在赶时间，与我毫无关联。舒国治能认出我吗？好在欧洲面孔并不多，我还比较醒目。这要换在上海某热门地铁站，从我面前经过的西方人不多出两倍来才怪。我不由得淡定了几分，如此看来，只要如约赶到，舒国治就不难在人群中发现我。

两点过半，我稍感不耐烦。不见有谁翘首顾盼，但见人潮漠然涌散。我举目四望，不错过每一个有文人气质的身影。不经意间，一道视线迎面而来，随自动扶梯由下而上，随眼中笑意从探询到肯定。我上前求证："舒先生？舒国治？"来者上前握手致意："抱歉，迟到了，一不留神把时间给忘了。"我莞尔道："没关系。"未多寒暄，舒国治带我径直上了一辆在路边候客的出租车。跟大陆不相上下，台北街头也不乏出租车。车行路转，我顺便端详。舒国治，瘦高清癯中透着几分闲逸散漫，泛旧的卡其色衬衫松松垮垮地荡在骨感身架上，典型的东方学者脸上高挺着独特的西方罗马鼻，露齿一笑便暴露出烟瘾君子的本色。

舒国治看上去不像奢吃之人，倒像个穷中计吃的觅食者。觉察到我在打量，舒国治微微一笑："我并非所谓的美食家。奢食贪享是台湾之病，如今在大陆也广为传染了。"

此话怎讲？舒国治点燃一支烟："答案很简单。过去，家家开火起灶，自家做饭自家吃，味道自然差不了，不会动辄把美食挂在嘴边；现在，人人想当美食家，就连小孩也不例外，对哪家奶油培根意面最地道了如指掌，对下厨却不感兴趣，好吃而懒做，退化成了单纯消费者。这是现代社会的一大弊病，在台湾是老问题，在大陆是新症候。

"贪图享受远不止在'吃'字上。无论在台湾还是在大陆，消费至上越来越受追捧。在这一点上，中西大同小异，只是程度和规模不同而已。如今的中国人养成了善吃不善做的通病，消耗多而创造少，大有蝗虫过野之势，与早先很不一样。早先的中国人常被比作勤劳的蚂蚁，辛辛苦苦地自给自足，规规矩矩地勤俭度日，保持着农耕文明的质朴之风。就在不久前，大陆还是乡土本色，一餐一饭皆来得用心。"

我深以为然，不禁联想到尤金·N.安德森的研究结论。相对于欧洲农民而言，中国农民历来食谱广泛，靠山吃山，靠水吃水，除粮蔬鱼肉外，凡可食之物皆充饥果腹。舒国治徐徐道来："我以前常去大陆，曾多次漫步于上海原法租界街区。想当年，上海阿婆在弄堂口一坐，洗洗、弄弄、切切、煮煮，忙乎半天烧出4道菜，每一道都惹人垂涎。这一忙就是老半天，什么打电话付账单去邮局等零碎小事统统暂抛脑后。买汰烧（买菜回来，烧火做饭）是很花工夫的，尤其是中式烹饪。边啃面包边工作在德国是家常便饭，在中国却不大可能。中国在经济和科技上落后于西方，跟中国人的饮食习惯不无关系。一天至少两顿正餐得正儿八经地张罗，在吃上颇费精力，哪还有闲心去搞研发？现如今，西风东渐，中国人也不大喜欢下厨了，坐享美食家生活，一门心思地筑高楼，建高铁。"寥寥数语，舒国治为我描绘了中国的变化和世界的局势。照此说来，美食对一个国家的发展足以产生深远影响。稍作停顿间，舒国治打了个大哈欠，似有自我疏离之感。

哈欠过后，舒国治自己也乐了："请见谅，我是个喜欢晃荡的散漫之人，巴不得一日之计始于午。早起也没多大意思，好的小吃摊、小吃店都还没开张。台北的街头小吃实在太诱人，把我都退化成单纯消费者了。""中国人是闻名的、伟大的悠闲者。"我脱口而出。舒国治表示赞同："很妙的一句话，指的是想当年吧！"我解释道："这是林语堂的经典之语，出自 20 世纪 30 年代。"舒国治有感而发："是啊，只可惜时过境迁，台湾不再悠闲，大陆更无悠闲可言。林语堂当年还说过，'美国人是闻名的、伟大的劳碌者'，中国人步美国人后尘，在这句话中完全可以取而代之。"

舒国治顿了顿，凝视着在指间烟雾缭绕的手卷雪茄，微微笑道："品味好雪茄也是一种悠闲。点燃一支烟，享得一时闲，瘾君子大多乐在其中。对于悠闲者而言，吸烟未必不健康。对于不懂悠闲者而言，再好的烟草也是危害生命的。在紧张忙碌的现代生活中，禁烟风愈演愈烈，不能随心所欲地享受嗜好，不懂烟中偷闲者本身难辞其咎。悠悠然吞云吐雾，说不尽的心旷神怡。您体会过这种美妙滋味吗？您莫非不吸烟？"得知我并非烟友，舒国治略一打量便瞧出个八九不离十："您是位吃家，对品酒也颇有见地。""何以见得？""当然凭生活经验喽！"舒国治笑答道。

出租车停了下来，车外是熟悉的中国。人群熙来攘往，霓虹灯广告绚烂得刺目，24小时便利店灯火通明，初创于美国得克萨斯州的7-11连锁店随处可见。高效、快速、实用，台北市中心充满了活力。舒国治要带我去闹市之中的"鼎泰丰"。"我们去吃独一无二的小笼包！"闻听此言，我心下叹息，小笼包有什么稀罕，又不是在上海没吃过。台湾"小吃教主"怎么会以上海传统名点来开启一位"上海通"的台北寻味漫游记呢？原因不言而喻，在台湾人心目中，台湾味道总归略胜一筹。"……鼎泰丰的服务与管理几十年来极周到又和颜悦色，并且绝不因服务太好而令你不轻松……最受欢迎的小笼包每天要蒸出不知多少屉，又要数十年如一日地维持高水平，内有汤汁又不易破，当然不容易，而鼎泰丰还真做到了……"在《台北小吃札记》中，舒国治对其赞赏有加，台湾是难以被模仿的。鼎泰丰映射了台湾气质，好些东西在北京、上海、苏州也不稀缺，在台北却更见品位。价格高不了多少，始终如一的优质却是大陆同行难以企及的。

店前大排长龙，鼎泰丰大名鼎鼎，毕竟冠绝一方，免不了一座难求，不排上个把钟头估计没指望。好在舒国治是常客。众人口中的"舒哥"笑容散漫地晃荡过候位长队，便被彬彬有礼地迎至楼上就座。后来先得也未引起丝毫不满。

舒国治问得煞有介事："有没有吃过炸酱面？"我差点儿脱口而出，老北京炸酱面举世闻名，不知吃过多少回，倒也并未觉得如何惊艳。转念一想，在台湾不妨客随主见，换种回答更中听："吃过炸酱面，可没吃过台湾炸酱面。"舒国治兴致盎然："好极了，鼎泰丰最近刚推出炸酱面。"难怪这么多食客翘首以待，为了一尝鼎泰丰新品，等再久也甘心。舒哥谈兴极佳："多年以前，我开始跟朋友们探街访巷地寻味台北小吃，常常会瞥见有意思的景象。"最有趣的莫过于觅见店家自制自食。好几次，我张望得津津有味，店家免不得邀我共尝，由探看而终获一吃，其乐更甚。与炸酱面的初见便是如此。厨师与食客分享创新之作，那种味道远非一般可比。"尽管这绝佳时机已然错过，正式登上了鼎泰丰菜单的炸酱面还是值得一尝的。"

　　未及久候，小笼包和炸酱面就已登桌亮相。在宾客满堂的情况下，高效如一，周到不减，这服务水准确实可圈可点。小笼包名不虚传，皮薄褶细，馅嫩汁鲜。炸酱面与《台北小吃札记》中的描述毫无二致："……它不怎么黑，肉末比较松散，豆干切成小丁。毛豆也炒得恰好，不特糊，不发黑，却也不生。豆瓣酱也不会太浓，像极了家庭自己随手调出的那份清淡感，并且，最难得的是，像是业余者的清新手笔，完全没有寻常店售炸酱面的那份职业腔下的大缸黑腻……"细细品嚼，舒国治之文诚不我欺也。不愧是小吃教主，其评鉴妙趣横生而确可信据。《台北小吃札记》囊括了大江南北的小吃，读之余味无穷。试问还有哪位中国作家对探觅小吃如此情有独钟呢？

　　舒国治喜欢"晃荡"，闲逸于都市之深，沉浸于巷弄之美，痴味于探觅之乐，称他为"逛吃达人"也不为过。品识过鼎泰丰后，舒国治就带我走进了尺度亲切的巷弄。信步由之，放眼而望，觅食为乐，便是"舒氏生活方式"。在古今中外的"都市漫游者"（flâneur）中，波德莱尔（Charles Baudelaire，1821–1867，法国19世纪最著名的现代派诗人、象征派诗歌先驱，代表作有《恶之花》）无疑是最著名的一位，"他游荡于大街小巷，通过视觉、听觉、味觉、嗅觉等感官来感知所在的都市"。以此经典评语来描述舒国治，应亦恰如其分。漫无目的徜徉，随心所欲的品尝，两全其美于寻常巷陌中，舒国治对台北的感知别有滋味。

小笼包和炸酱面并未完全满足胃口。小吃未得大饱，饿意刚好助兴，两个闲人意趣浓厚地漫步于霓虹闪烁的台北街头。舒哥时不时地随性驻足，访东家店，逛西家摊，跟新交旧识寒暄几句，将随行之客介绍一二，饮杯茶、喝口啤酒、吃块法式咸饼或王阿婆米糕……我跟着舒哥一路逛吃，越逛越吃越有兴致。有限空间，无限美味，一岛囊括南北小吃，台湾的确大有嚼头。在"活地图"的引领下，每一步都有滋有味。汀州路康乐意包子、延平北路汕头牛肉面、永乐布市对面清粥小菜、金华街炭烤烧饼、内湖老张胡椒饼、双连圆仔汤、归绥街粥饭小菜、天母刘妈妈担担面、民乐街猪脚汤、延平北路旗鱼米粉、旧万华戏院旁大肠面线、捷运站旁古亭果汁吧、贵阳街永富冰淇淋、公馆水源市场甘蔗汁、华山市场阜杭豆浆……逛了个腹圆意满，却仍感意犹未尽。烧饼闻着就香，实在不忍不尝；担担面看着垂涎，留作下次解馋；猪脚汤听着不错，别处逛逛再说。旗鱼米粉？稀罕！大肠面线？浓酣！古味冰淇淋？经典！现榨水果汁？新鲜！最后来杯甘蔗汁或纯豆浆？当然！

小吃复小吃，小吃何其多！台北的小吃世界太大了，大到不知止境，大到不知需要多久才能把每样小吃都浅尝一遍。即兴创新源源不断，堪与川菜相媲美。我边逛边吃，不仅胃口大开，而且思路大开。什么样的人生大趣造就出这么多的坊间小吃？此时此刻，我很想重复冈仓天心（Kakuzo Okakura）对西方人的规谏："谁若不能感知自身伟大之中的渺小，谁就容易忽视别人渺小之中的伟大。"

舒国治把目光投向小吃大味，以疏离者的视角，徜徉于大街小巷，寻味于大城小肆，在不期而遇中品尝，在悠然自得中信步。

他在都市中闲逛，"在人群中寻找着自己的避难所"[2]。较之西方的"flâner"（漫游），中国的"逍遥"含义更深广。法国人喜欢漫游，中国人追求逍遥，其鲜明程度不亚于德国人注重计划。"flâneur"（都市漫游者）这一概念来自动词"flâner"（漫游），其源头可回溯至19世纪的巴黎街头。"逍遥"出自《庄子》，更古老也更无所限。《逍遥游》是这部道家经典的开篇之文，早在1912年就被卫礼贤（Richard Wilhelm，1873—1930，著名汉学家）译成了德文。"北冥有鱼，其名为鲲，鲲之大，不知其几千里也。化而为鸟，其名而鹏，鹏之背，不知其几千里也；怒而飞，其翼若垂天之云……"庄子借"鲲鹏"意象表达"逍遥游"思想。无所束缚的悠游自在，无所依赖的从容自得，"逍遥游"是理想的人生境界，在中国社会中尤难企及。能以"逍遥"的态度和"漫游"的方式应对现代生活，更是难能可贵。台北的舒哥为我做出了榜样。

在科妮莉亚·奥蒂斯·斯金纳（Cornelia Otis Skinner，1899—1979，美国女演员兼作家）笔下，也曾勾勒过此类漫游者形象："存心漫无目的步行者，无拘无束，不紧不慢，生为法国人，难免节俭成性，什么都不浪费，包括自己的时间。以美食家那种从容不迫的鉴赏方式，把时间花在城市中千滋百味的品尝上。"[3]

斯金纳所作的譬喻与舒国治所过的生活不谋而合。在《生活的艺术》中，林语堂写道："……窃以为，中国人和法国人最为相

【2】该语出自《巴黎，十九世纪的首都》（*Paris, die Hauptstadt des XIX. Jahrhunderts*）第179页。作者：瓦尔特·本雅明（Walter Benjamin，1892—1940），20世纪最具影响力的文学评论家和哲学家之一。

【3】参见 *Elegant Wits and Grand Horizontals*，Cornelia Otis Skinner 著，1962年纽约出版。

近，在幽默感和敏感性上大致旗鼓相当，这从法国人著书和饮食的方式上可以清楚地看出来……"两脚踏东西文化的林语堂落笔为桥，从中国人和法国人在饮食上的相近之处挥毫着墨，拉近了中欧之间的距离。诞生于中国的"逍遥"与源自法国的"漫游"同样契合了彼此的文化，二者气质相通。如果换上巴斯克贝雷帽和长棍面包，"台北舒哥"也会给人以"巴黎漫游者"的印象。

路过一家手工巧克力店，我们信步而入，逍遥中邂逅小吃。自然成形的松露巧克力上，自由散漫的纹路透露出随心所欲的意韵，小吃中品味逍遥。从口感微苦的樱桃巧克力到奶香浓郁的太妃巧克力，女店主边数家珍边请我们品尝。舒哥笑吟吟地沉醉其中，轻轻一口咬下去，跟鉴享小笼包时一样饱含深情。"给生活带来甜美滋味者，小吃也！"舒国治大有古代文人逸士之风。昔日中国不乏安贫乐道的饱学之士：着一袭长袍常年穿，养两盆兰花应时开，尝三只饺子对烛饱，乐得个自在逍遥……舒哥、小店、质朴的巧克力，宛如一帧静物画，散发着台湾气息。

挥别甜美小店，信步来到谁家宅前。"在台湾，串门的习俗尚未消失。叩门而入，坐坐聊聊，不事先预约也无妨。"舒哥边说边敲起门来。未几，门一开，戴副红框眼镜的男士现身而出。"舒哥，请进！"简单一声招呼，透着熟稔和随意。片刻之后，宾主已登堂落座。在我们的背后，依墙而设的书架上满满当当的全是有关饮食话题的书籍。在我们的杯中，是产自西班牙里奥哈河谷（Rioja）的名贵红葡萄酒"丹魄"（Tempranillo）。舒哥愉悦地把盏品喷，宅主冯光远津津有味地聊起了他所创作的漫画和剧本。

冯光远便是蜚声国际的"Neil Peng"。礼尚往来，舒国治称之以"冯哥"。不言而喻，冯哥的得意之作也跟饮食有关。《喜宴》是李安导演的成名作，该片的编剧之一便是冯光远。推动故事情节高潮迭起的，少不了经典的三角关系和阴差阳错，更少不了那场喜庆欢闹的婚宴。对于中国人而言，婚宴是嫁娶礼俗的重头戏。

聊到《喜宴》就聊起了李安，冯李二人是多年好友。李安，享誉国际的华人导演，两度荣获奥斯卡最佳导演奖，对烹饪也很钟情。悠悠中华几千年，最早的政治家是厨艺高手，最成功的导演也是厨艺高手。李安所写的有关饮食的作品就摆放在冯哥的书架上。一手好厨艺尽被李安融入了电影里。1993年的《喜宴》和1994年的《饮食男女》，皆得益于李安的烹饪造诣，皆对"食"与"性"进行了诠释。《礼记》中孔子有云："饮食男女，人之大欲存焉。"影片中，退休名厨老朱也曾感慨："饮食男女，人之大欲，不想也难。""食"与"性"同为人的基本需求，历代统治者心知肚明，从古至今，莫不为巩固统治而提倡禁欲。欲望小了，臣民也就忠顺了。于是乎，"青灯对青卷"而又忠义无双的关羽被推崇为教化万民的榜样。孔子所言极是，为政者又岂会不知。

品过里奥哈名酒，再品波尔多（Bordeaux）精品，我举杯遐思，红酒热潮在中国大陆方兴正艾，这股流行风会不会也是从海峡对岸吹过来的呢。

多年来，宝岛来风源源不断：从李安电影到流行音乐、从新潮发型到时尚鞋款……新富阶层对高档葡萄酒的追捧，也是火自这里。红酒在中国红得发紫。中国啤酒消费量早已跃居全球第一，而葡萄酒消费量正在向着世界冠军的宝座迈进。葡萄酒在中国大受青睐，这从另一个侧面反映了中国人与法国人趣味相投。从2005年到2009年，中国葡萄酒消费量翻了一番，还在持续强劲增长；至2012年，中国葡萄酒消费量年增长率在13%左右，远高于中国经济增速。产自澳大利亚、南美、法国和意大利的葡萄酒最受中国消费者欢迎。中国是意大利葡萄酒的重要出口市场，每 5 瓶葡萄酒中就有 1 瓶销往中国。[4]

谈论到大陆近来兴起的葡萄酒热，冯光远有感而发："我们都是老一辈喽！葡萄酒什么的舶来品，舒哥和我很早就在玩了。我们也是听着滚石乐队（The Rolling Stones）和大门乐队（The Doors）的歌曲长大的。"冯光远顺手一指，书架上齐齐整整地排列着他所收藏的黑胶唱片和 CD。不少唱片已是铜绿斑斑，说不定比我上幼儿园的那个年头还要老。"大陆的葡萄酒爱好者还处于孩童阶段。对新富阶层来说，葡萄酒已成身份象征。葡萄酒大热，并非因口味取胜，而是西方千百年来形成的葡萄酒文化正好契合了中国崛起时代的消费需要。"舒哥如是说。我深以为然："品名酒、驾豪车，为的是彰显身份尊崇。在北京和上海，很多年轻人只喝贵的不喝对的，以此来表明自己成功步入了富人行列。进口酒如进口车，价格越昂贵越好，产地越知名越好。"冯光远表示赞同："中国人热衷葡萄酒出于三合一心理：一为彰显身家地位；二为体验异域文化；三为品尝美酒滋味。这顺序可不能搞错！"

近年来，中国葡萄酒产量也呈增长态势。中国目前每人每年平均消费一瓶葡萄酒，一年的消费量高达 13 亿瓶以上，除进口外，大多产自本土。中国已跻身于世界葡萄酒生产大国之列。早在 2008 年，中国啤酒产量就已突破 4100 万千升，稳居世界第一。估计用不了多久，全球第一大葡萄酒生产国的桂冠也会被中国收入囊中。

多年以前，通过对新石器时代陶器内壁附着物的研究，考古人士发现，中国人用野生葡萄酿酒的历史或可追溯至公元前 7000

【4】参见 www.rotwein-weisswein.at。

年[5]。葡萄酒起源于中国的说法据此而来，助长了中国文化自豪感。今晚在台北对酒当歌，无所谓中国学者有何新发现，无所谓拉菲酒庄（Chateau Lafite）的传世干邑是否让自己高贵起来，我们品味着红酒，只因为红酒是我们多年来的嗜好，只因为红酒最适合今晚的随性小聚。

【5】参见《睡莲与醉鸡——中国饮食文化史》（*Schlafender Lotus, trunkenes Huhn: Kulturgeschichte der chinesischen Küche*），贺东劢（Thomas O. Höllmann）著，2010年慕尼黑出版，第146页。

白菜粉丝汤

　　白菜粉丝汤是理想的小吃，简单得不能再简单，却体现了舒哥在台北街头的心得及袁枚在《随园食单》的主张：极朴素、极省便、极清香。白菜粉丝汤在海峡两岸都广受欢迎，获得过北京老友李兄和台北名人舒哥的一致好评。在经济繁荣及肉食当道的当今时代，白菜粉丝汤罕有地保留了古老中国的极简味道。

食材：

　　白菜 100 克

　　粉丝 50 克

　　嫩葱 10 克

　　盐 1 茶匙

　　麻油少许

　　鸡汁 1 杯

　　味精或其他调料视口味喜好备用

做法：

1. 取白菜嫩叶洗净切丝。

2. 将粉丝浸入温水泡软。

3. 起油锅，将葱花煸出香味，放入白菜均匀翻炒。

4. 倒入鸡汁和粉丝，适量加水，小火慢炖 10 分钟，淋麻油，视口味喜好加味精或其他调料。

台湾牛肉面

在冯宅把盏到黎明，跟舒哥约好次日再会，约会时间自然不会早于正午。"最好是下午两点以后，睡眠刚好饱足，食欲刚好觉醒。"临别时，舒哥特意叮嘱我。

两点时分，我准时等候在外。舒哥约我到这里来找陈新民。陈新民，一个在苏州就有所耳闻的名字，又一位朋友的朋友的朋友，台湾饮食界知名人士。通了名报了姓，待门卫人员打电话联系妥当，经过形同平常机场般的安检通道，我便置身于会面场所了。舒哥踪影未现，陈新民倒已捷足先至。圆乎乎的身材、圆乎乎的脸，儒雅和善的他热情熟络地把我迎进办公室。步入其间，第一感觉便是此处有德国的味道。主人解释说："我曾在德国攻读法学。德国基本法给了我们很多借鉴。"陈新民，1955 年生，德国慕尼黑大学法学博士，讲一口流利德语，聊德国法律好似聊德国汽车一样头头是道。目之所见，环列于室的书架上，德语读物占"半壁江山"，有法律典籍、历史文献、文学作品。若是换在德国法官办公室里依隅而坐，想必别有一番空阔肃穆的感觉吧。陈新民的办公室既不空阔也不肃穆，书画充盈，颇有几分小小古玩店的氛围。在这种氛围中，我们聊得很愉快，从艺术聊到德国葡萄酒、从阿尔（Ahr）酒区聊到凯撒施图尔（Kaiserstuhl）酒区……

正聊得兴起，一位女士悄然现身。陈新民略加介绍："这位是Sabrina，过后由她来关照您。""欢迎来台湾！"Sabrina冲我笑笑，"喜欢这座小岛吗？"我由衷地回答："当然！从大法官到小笼包，都喜欢！"哄笑声中，舒哥溜达了进来。老友会聚，谈兴更加益然。在座皆是同好中人。陈新民所著颇丰，对美食和美酒也多有涉猎。

聊着聊着又聊到了台北小吃。今天尝尝什么好呢？蚵仔[1]抑或大肠面线、凉面配鲜蔬猪血汤、脆皮烧鹅、生炒花枝？顺街望过去，可选项还真不少。"牛肉面！"舒哥一锤定音。牛肉？对西方人而言，牛肉可算不得稀奇。

陈法官娓娓道来："没有牛肉面的台湾不叫台湾！千百年来，古人忌食牛肉，就像魔鬼避讳圣水一样。在当时的观念中，吃牛肉是野蛮之举，是西方人的专属，这与他们喜欢生食、爱吃奶酪、须髯蓬茸、体味浓重很是相配。谁也不曾料到，有朝一日，远离于人文鼎盛的中原，在孤悬海外的一方小岛上，牛肉面会成为台湾独创的本土小吃。[2]

"台湾牛肉面初创于20世纪50年代，由四川老兵将家乡小吃'小碗红汤牛肉'配上手工长面自创而成，冠以'川味红烧牛肉面'之名，逐渐发展成为台湾一大招牌美食。为生存计，四川老兵以一碗牛肉面起家，把饱含乡愁的风味小吃从岗山眷村带到台湾全岛。"小人物创造大味道，台湾牛肉面又是一个具有说服力的例子。在德国也不乏此例吧？比如赫塔·霍伊韦尔（Herta

---

【1】学名"牡蛎"，别称"生蚝"，闽南语叫作"蚵仔"。

【2】参见 www.foodsion.com.tw

Heuwer），于 1949 年发明了咖喱番茄酱配香肠的吃法，让咖喱香肠（Currywurst）从柏林美占区小摊头最终走向整个德国；又比如麦赫迈特·艾贡（Mehmet Aygün），于 1971 年在柏林街头推出了改良后的土耳其旋转烤肉（Döner Kebab），使之成为西欧最流行的快餐之一。反观那些星级名厨，就算是西餐泰斗保罗·博古斯，其影响力也不过尔尔。小吃大味，台湾牛肉面就是一个很好的例证。

陈法官继续讲道："川味红烧牛肉面甫一推出，就引得原住民目瞪口呆。想当年，台湾原住民普遍不吃牛肉。一来对辛苦耕种的好帮手不忍下口；二来深受印度敬牛观念的影响。再者，退役老水牛肉质韧涩，味同革履，口感实在难如人意[3]。""本省人"万万没想到，"外省人"居然吃牛肉，牛肉和面居然可以如此烹制，如此烹制的牛肉面居然很好吃。一来二去，尝新者和跟风者不断涌现，在兼容并蓄和推陈出新下，美味又实惠的牛肉面走进了千家万户，成为新老居民无不喜爱的全民吃食。

聊着走着就到了，舒哥停了步，一笑指向街对面："绝对清真！"同行 4 人，皆非穆斯林。陈法官对小吃教主的眼光很是认同："选得好，舒哥，这家店以新鲜著称！"

有陈法官亲口判定，去这家自然错不了。进门落座没多久，4 碗牛肉面就热腾腾、香喷喷地上了桌。佐味之品也有讲究，以酸菜、葱花、盐、醋、辣油或辣椒酱为标准配置，每桌每客无一例外。

夹一块细细品嚼，肉嫩汁浓，不老也不柴，是大陆街头店所

【3】参见《中国食物》（*The Food of China*），尤金·N. 安德森（Eugene N. Anderson）著，1988 年出版，第 177 页。

无法比拟的。不尝不知道，快餐小食竟也可以如此美味！Sabrina
似乎读出了我的想法："川味红烧牛肉面应运而生，标志着台湾快
餐文化的开端，为麦当劳登台开店铺垫了便利。'顺手牵羊'是
三十六计之一，用来比喻乘便得利；台湾偶得牛肉面，或可比作
'顺手牵牛'。发展到今天，牛肉面已是台湾人的挚爱。没有了遍
布街巷的牛肉面馆，台北就不成其为台北了。"

　　成为"世界牛肉面之都"让台北引以为豪。台北牛肉面被官
方纳入了文化遗产[4]。自 2005 年以来，"台北国际牛肉面节"一年
一度在金秋时节举行，厨神争霸赛角逐激烈，美味嘉年华精彩纷
呈，台北市政府不遗余力，集业界之精华，向全世界推介中国台
北的都市品牌，吸引数以千计的各方来宾共襄盛举，虽远远不能
与德国慕尼黑啤酒节（始于 1810 年，游客规模多达 600 万）相提
并论，但台北牛肉面的知名度及受欢迎程度越来越高。

　　多年以来，这里悄然经历了一场饮食变革，大陆也被潜移默
化。简言之，中国"牛化"了。吃牛肉是富裕的新象征。国际航
班上也有牛肉餐可选了。牛肉在中国大行其道。统计数据显示，
仅在 2000—2006 年，中国牛肉消费量就增长了近 50%。台北领
风气之先，受西方文化影响较深的大城市成为消费主力军。在消
费量增势上，牛肉已远超猪肉。尽管猪肉在居民肉类消费结构
中仍占据主导地位，但其比重却不断下滑，1980 年还高达 83%，
2008 年已降至 65%。与此同时，牛肉和禽肉则一路高歌猛进，美
式快餐的流行助长了这一发展势头。

　　中国古代为何会有"戒牛"一说？究其原因，当今学者形成
共识，宗教观念倒在其次，经济因素才是根本。中国台湾经济学

【4】参见 www.chinapost.com.tw/taiwan/2007/09/12/122172/Hau-kicks.htm。

家赖建诚从"畜谷争地"的角度诠释了禁忌缘由，同时为近几十年所经历的食俗变革做了注解："中国的经济史几乎都没跳出马尔萨斯陷阱：粮食产量跟不上人口增加量，一旦超过负荷，就靠天灾人祸来平衡。靠农业技术的突破来增加粮食当然是解决的方式，但还是跟不上人口在承平时期的激增速度。在这个基本限制之下，只好在既定的农技水准之下，让每个单位（亩或甲）的土地生产最大数量的卡路里，来养活众多的人口。若以精耕的方式种稻，而且在江南地区能两熟的话，每亩地所能生产的卡路里，一定高于以同面积的土地种牧草养牛羊所得的肉类卡路里数量。牛羊需要活动面积，而且也不能一年两熟，也就是说，要获取 10 万卡路里的热量，种稻米要比养牛羊省地。在人口庞大的粮食压力之下，种稻麦尚且不足以养活众生，哪有余地去养牲畜来当作食物？在稻麦与牲畜争地的情况下，汉民族自然缺乏肉类蛋白质的来源，而只好靠植物性的蛋白质来补充：豆类及其加工品，如豆浆、豆腐等。但肉类还是人体所需，所以自然会去开发不占耕地的肉类资源：鸡鸭类与猪。鸡鸭养在屋院，吃五谷与田地内的虫螺；猪养在房舍边的圈内，利用人类剩余的粮食。总而言之，鸡鸭猪和人类是共生的关系：人以剩余的粮食与不占耕地的空间养它们，它们以动物性蛋白质回报。"【5】

"戒牛"一说已成过往。台湾不断更新着自己的历史。在赖建诚看来，随着时代发展，牛不再是农家耕种的好帮手，以牛为食也不必有心理负担，牛肉面在台湾日渐广受欢迎。

【5】引自赖建诚（Cheng-Chung Lai）所著的《汉人与牛肉》（发表于 http://blog.ylib.com/lai/Archives/2006/06/07/112）；参见其学术论文"Beef taboo in Chinese society"（发表于 International Journal of Social Economics, 2000, 27(4):286-290）。

于永康街一家小馆，4 人津津有味地品尝着台湾牛肉面。腹满意足后，一直没搭腔的 Sabrina 欣然提议："如果您愿意的话，我来陪您在台湾游览几天吧！"如此美意岂可辜负。Sabrina 接过了舒哥手中的接力棒，带我进一步见识台湾的小吃世界。暂别之际，Sabrina 赠书与我，书里记录了野趣十足的宝岛风情，令人心旌摇荡。我们约好当天下午晚些时候一起去品尝豆腐。Sabrina 盛情邀请："台湾豆腐别有风味，您无论如何也要尝尝。"

台湾牛肉面

　　汤面（比如拉面、荞麦面或乌冬面）在东亚备受青睐。台湾
地区以自创了世界上最好吃的牛肉面而自豪。台湾牛肉面有"红
烧"和"清炖"之分。我选"红烧"小试牛刀。所谓"红烧"，
就是用酱油佐味着色。

食材（4人份）：

　　牛肉 500 克（以牛腩或牛里脊为佳）

　　洋葱 1 个

　　番茄 1 个

　　辣椒 1 个

　　蒜 5 瓣

　　姜 8 片

　　葱 4 根

　　五香粉 1 包（八角茴香必不可少）

　　香辣豆瓣酱 2 汤匙

　　酱油 1 汤匙

　　料酒 1 汤匙

　　胡椒粉和盐适量

　　中式拉面 500 克

做法：

　　1. 将牛肉切成 5 厘米大小的方块。

2. 番茄切瓣，洋葱切丝，辣椒切丁，葱切段，姜蒜切片。

3. 将肉块入沸水汆烫后出锅。锅内换清水，加葱段及姜片和五香粉烧开，肉块入锅，以水面刚好漫过肉块为宜，加料酒，文火慢炖10—15分钟，肉块和肉汤分别出锅备用。

4. 起油锅，倒入洋葱丝、辣椒丁、蒜片和葱段煸出辣味，加番茄翻炒均匀。

5. 肉块再次入锅，加香辣豆瓣酱煸炒。

6. 淋入肉汤和酱油，大火煮沸，撒入胡椒粉，文火慢炖半小时，期间适量加水。

7. 烧水煮面。比起用硬质小麦粉制成的意大利面来，中式拉面省时快熟，几分钟后即可出锅。将面条分盛4碗，倒入浇头，独具一格的台湾红烧牛肉面就可以热腾腾、香喷喷地上桌了。仅以此面，向台北的陈法官致敬！

豆腐趣味

　　豆腐是中国的一大发明，属于初见无感、再见钟情的美味。初见豆腐，多半会因其寡淡无味而有所失望，无论是看上去还是吃上去，豆腐本身的确没什么味道，多多品阅之后，就会为豆腐的千姿百态而惊艳。豆腐如演员，换一种装扮，变一种味道。时而是麻辣诱人的川味名品，时而是温润可口的蔬汤良伴，时而与法国蓝纹奶酪"臭"味相投，时而化身为香嫩甜点，时而冻成蜂窝状让火锅一族恋恋不舍……与奶酪相比，豆腐更善变、更实惠、更清素。豆腐是富含蛋白质的植物性食物，脂肪含量基本为零，吃豆腐比吃奶酪"负担"轻多了。

　　在台湾地区，女人似乎特别钟爱豆腐。白白嫩嫩的模样、滑滑腴腴的质感、千妆万容的可塑性，豆腐天然散发着女性韵味。于是乎，应 Sabrina 的邀约，是日午后，我们不去共度咖啡时光，而去共赏豆腐风情。在台北的闹市街头，我们寻得一处小店。放眼窗外，高架路上车流滚滚，混凝土墩柱阻断了望向对街的视线。环顾四下，让人联想到 20 世纪德国经济腾飞年代最早出现于街头的意式冷饮店，薄荷绿的柜台灯光和半壁墙围，其余皆为白色背景，清清爽爽，利利落落。顺 Sabrina 所指，我的目光落向陈列于柜台里厢的小圆木桶和不锈钢碗。Sabrina介绍说："这是豆花，不同于用来煎炒烹炸的豆腐块，豆花滑软细嫩，与甜料特别般配，可媲美于新鲜的夸克奶酪。豆花人人皆宜，口味依喜好而定。"店不大，豆花口味却不少：花生碎、红豆酱、绿豆酱、燕麦片、紫薯圆……随食客任意组合。没有西式甜点的常见配料。某些配料我叫不出名字，色艳而味浓，让我想起了小时候吃过的多彩冰淇淋。在《台北小吃札记》中，舒哥就曾抱怨："……原本我10多年前便在纳闷，何以豆花变了？而且很奇怪，没有一家维持住老风味，全部是那种粉细细、碎屑屑的，清一色地进入台湾豆花的化学期，再也不堪返回古风的制法矣……"按舒哥的说法，糖汁是豆花的基底。糖汁浸白玉，恰合我意，配点儿花生也不错。

不多时，两碗豆花各就各位，口味各异反映了性格各异。乐于冒险的Sabrina选的豆花五彩缤纷，与她那绚丽时尚的耳坠非常相配；我那碗一如我本人，白嫩嫩的豆花、幽幽的糖汁、碎灵灵的花生，清简而朴素。我听从随园老人袁枚的劝导，重"口食"而戒"目食"。舀一勺豆花细细品尝，上舌即化，离齿留香，若甜丝丝的奶油配脆生生的坚果。在中国文学史上，豆腐屡屡见诸笔墨。苏州女诗人郑允端（1327—1356）曾挥毫《赞豆腐》："种豆南山下，霜风老荚鲜。磨砻流玉乳，蒸煮结清泉。色比土酥净，香逾石髓坚。味之有余美，五食勿与传。"古往今来，咏豆腐者不在少数，郑允端此诗堪称妙笔。女诗人寥若晨星，也许是同质使然，唯有女人心，最知豆腐美。舍去现代化的五色乱目，屏蔽高架路的车流涌动，一碗豆花清爽下肚，我不禁莞尔，Sabrina笑靥嫣然。

按传统工艺制作豆腐可是个辛苦活儿，跟制作奶酪不相上下。旧谣有云："咕噜噜，咕噜噜，半夜起来磨豆腐……"磨豆腐全靠体力，能靠挽畜帮忙就很不错了。"磨砻流玉乳"，从半夜磨至天明，才能磨出足够的豆汁。煮豆汁，点盐卤，"蒸煮结清泉"，才有这"色比土酥净，香逾石髓坚"。尽管我难以体会如何"香逾石髓坚"，但对郑允端所感所言并无疑义。豆腐制作有赖于对豆腐制作者的信任，而豆腐制作者的匠心往往禁不住速凝剂的诱惑。急功近利的无良厂商在生产过程中肆意掺添，疏于严谨且罔顾卫生者大有人在。在图快钱的风气下，郑允端言之凿凿的"玉乳"和"清泉"不复存在，劣质豆腐充斥于世。更有甚者，谋求暴利的生产者不惮滥用对人体有害的工业石膏，爆出了一桩又一桩"黑心豆腐"的丑闻。

做豆腐是良心活儿，也是男人活儿。"咕噜噜，咕噜噜，半夜起来磨豆腐。黄豆子，磨成浆，放在锅里用水煮。待到水开浆熟后，加上石膏或盐卤。盛到模里包上布，一压再压成豆腐"。古时的豆腐店多为家庭式作坊，丈夫辛苦了大半宿，白天自然需要休息，日常生意就交由妻子来打理。早餐过后，勤劳的妻子开门营业，筋疲力尽的丈夫则赶紧补上一大觉。帮工一般雇不起，妻子就权当小伙计了。

在豆花店里，我俩边吃边聊。Sabrina 翘起涂着丹蔻的兰花指，优雅地捏着小调羹，款款地舀起一小点儿豆花，慢慢地往唇边送。红唇亲启，巧笑情兮："据传，汉朝年间，长安城中开了一家夫妻豆腐店，妻子生得美若西施，比丈夫做出来的豆腐还白嫩水灵。'豆腐西施'懂得卖弄风情，招揽顾客很有一手，吸引了不少回头客。当时的豆腐以冷食为主，盛在碗里伴着佐料一小块一小块地切着吃……"恰在此时，第三碗豆花上了桌，摆放在 Sabrina 面前。她为自己点的吧？纯白的豆花湛蓝的碗，翠绿的葱花浓褐的汁，着实让人眼馋。我禁不住诱惑，尽己所知的中文表达，冒昧地开口征询："我可以吃一点儿您的豆腐吗？"一句话问得 Sabrina 瞪大了眼睛，盯视我片刻后放声大笑。"就在这里？"她狡黠地反问。"不在这里在哪里？"我感到莫名其妙，那碗豆花不就近在眼前么？ Sabrina 乐不可支："那您恐怕要失望了！吃一位女士的豆腐可没那么容易，更别说在这大庭广众之下了！""我说错话了吗？"非母语者的忐忑不请而来。Sabrina 笑眯眯地望着我："您不知道吃女人豆腐有什么特殊含义吧？""不知道。"我实话实说。"那您还是听我把'豆腐西施'的故事讲完吧！"Sabrina 不再故意逗我，"很多回头客都是冲着风情十足的老板娘来买豆腐的，借授受之机，顺便调个情、摸个手什么的。一来二去，坊间流传开来，吃豆腐日渐成风，豆腐店遍地开花，豆腐西施层出不穷，馋嘴的男人们乐此不疲地登门光顾甚至流连忘返，吃醋的女人们因男人们'又去吃豆腐'而埋怨不已。由一地传至全国，'吃豆腐'成了男人调戏女人的流行语。切记切记，身为男士，对不太相熟的女性，千万不可以说想吃人家豆腐之类的话。"

我也乐了："这个故事很可爱！有史可证吗？"Sabrina 略带嗔怪地看了我一眼："故事可爱不可爱不是重点吧？'吃豆腐'的另一种说法可信度更高，含有嘲讽意味，来源于上海周边的旧时丧俗。""啊？"我洗耳恭听。Sabrina 解释道："江浙一带，旧时办丧事，要把沉重的尸体从居所移到坟地去埋葬，举丧之家需邀人手来帮忙，乡邻们也乐意出把力。葬礼结束后，丧家要摆席酬谢助力者，这顿饭就叫'豆腐饭'。丧事尚白，以豆腐答谢再合适不过。丧席之上，免不了有人浑水摸鱼蹭饭吃，这种光占便宜不出力的行径就被揶揄为'吃豆腐'。"

"吃豆腐"的色情意味还得拜大城市所赐。20 世纪 30 年代，"吃豆腐"在上海滩时髦起来，很快就成了男人占女人便宜的代名词。"吃豆腐"亦是风月场上的惯用语,吃女人豆腐等同于在女人身上揩油。十里洋场害得豆腐不再纯洁,吃豆腐有了性隐喻,"饮食男女,人之大欲存焉"。无论在上海品蟹,还是在台北品豆花,都让我体味到了"食"与"性"的交融。说到底,正视人的基本欲望,才是正确的态度。

豆腐花

"豆花"又名"豆腐花"。豆腐以甜点的面目出现，堪与西方的夸克奶酪相媲美。磨豆成汁，点卤成膏，豆腐好吃不好做。要想一试身手，可以"偷工减料"。我从亚洲超市买来现成豆汁和天然盐卤（Nigari），以"卤水点豆腐"向淮南王刘安致敬。相传，豆腐是淮南王刘安无心插柳柳成荫的杰作。

食材（4人份）：

豆汁

天然盐卤（主要成分为氯化镁）或食用石膏（主要成分为硫酸钙）

做法：

1. 将豆汁煮至八九十度将沸未沸。

2. 将盐卤用水化开，匀速滴入豆汁中。边点卤边搅拌，豆汁约一刻钟后凝结成形。

3. 将纱布蒙在筛子上，将已凝豆汁倒在纱布上。去芜存菁，留在纱布上的便是白白嫩嫩的豆腐花。

4. 将豆腐花盛入碗中，或配以红豆酱，或配以各色蜜饯，一道中式甜点就大功告成了。台式豆花比夸克奶酪更有益健康，乳糖不耐受者大可放心享用。

 备注：此法权作尝试，不一定百分百大获成功，但一定百分百乐在其中。

创意中国菜

中国台湾称得上小熔炉荟萃大味道，各地饮食精华尽汇集其中。发挥一下想象力，台湾岛像不像一口拉长的平底锅？南部是锅柄，中部和北部是锅底，将最多元的味道高度浓缩于一锅。台湾烹饪源源不断地融故纳新，津津有味地品旧尝新，创享独具台湾特色的食物味道。成长于全球化浪潮中的后代们不再像父辈那样深怀乡土情结。新一代与时俱进，不囿于地域传统，更重视多元融合。饮食疆界越来越模糊。在《美丽中国菜》自序中，梁幼祥所言亦同此意。身为"少帅禅园"餐厅主人的梁幼祥便是从眷村中走出来的知名人物。禅园深隐于台北市郊北投山脚的林荫间，如今是就餐饮茶泡温泉的雅集会所。在 Sabrina 的陪同下，我寻山问绿向禅园。

梁幼祥，深谙中华饮食文化，集厨师、作家、节目主持人等多重身份于一身，是位上得了殿堂又下得了厨房的美食家。自接手以来，梁幼祥力求寻回少帅居所的神韵与味道。禅园如今焕然一新，撷取张学良的表字和乳名，打出了"汉卿美馔""双喜汤屋"和"小六茶铺"的招牌。入园落座，梁幼祥尽地主之谊，以创意中国菜飨客，请我细品滋味，慢嚼哲理。

纵观两岸饮食，台湾地区以文化韵味见长。说到创意菜，引领者还是在台湾地区。梁幼祥如是说。梁幼祥是一位开发创意菜的引领者。头道菜一上桌，便可略见一斑：薄脆嫩鲜的黄瓜片码得很有艺术感，配以清醇蘸汁，盛放在精致细腻的瓷器上，极简又极有味道。三分颇有法国名厨保罗·博古斯或米歇尔·盖拉尔（Michel Guérard）之风，恍如源于法国新式烹调（Nouvelle cuisine）教科书；三分兼具日式格调，至简、小贵、极其考究；一分基于中餐食料，突出本香本色。创意中国菜渐成时代潮流，梁幼祥便是其中的弄潮儿。轻挑慢蘸咀复嚼，我们一边吃着黄瓜一边聊着闲天。在梁幼祥看来，食在精而不在多。20 世纪 70 年代初，台湾正值经济起飞时期，吃喝风曾一度盛行。大陆起步较晚，90 年代才基本解决温饱问题，发展到现在，还处在热衷于大吃大喝的阶段。

细品之下，果然不负所望，小小的几片黄瓜，小小的一碟酱汁，居然可以如此赏心可口而回味悠长，又是小中有大！在细小处下功夫，在台湾地区已习惯成自然，小的哲学深化于日常生活。大陆还流行大吃大喝，小岛已精于小食小酌。对梁幼祥而言，用心于细微是其首要原则，也是其创意中国菜的哲学立足点。梁幼祥懂吃又健谈，以一道道别出心裁的美味佳肴，为我们演绎出一口口意趣深长的禅味哲思。可口的黄瓜小菜让我回味起悠远的姑苏小屋。小轩窗下，兰心蕙质的芸与清寒儒雅的沈复琴瑟和鸣，盛一碟卤瓜拌腐乳，举箸言欢，把盏对月，把穷书生的小日子过得有滋有味，小情趣未必不是大福气。提及这一话题，彼此都有同感。梁幼祥又道："此外，中国的古老智慧告诉我们，物极必反，乐极便会生悲。反之，如果适可而止，不一味地贪大求多，于细微处用心，不断创新，就会食有味而乐无穷。小吃的深意正在于此。"我若有所思，儒家推崇中庸之道，"中庸"是中国古人修身齐家治国平天下的核心价值观和方法论，是为人处世把握两极臻于平衡的最佳状态。"无过之亦无不及""恰到好处"，既不放纵于狂饮暴食，又不羁困于忍渴挨饿，如此一生，最是身安体健、益寿延年。"中和之美"是东西方先哲共同探究的议题。在中国，公元前5世纪初，孔子有曰："中庸之为德也，其至矣乎！民鲜久矣。"在希腊，公元前4世纪初，亚里士多德在《尼各马可伦理学》中指出："过度"与"不及"皆为恶，"中道"才是至善至德。在印度，在中希两大文明古国之间，释迦牟尼在说法时，主张应"远离二边，至于中道"。三者之中，唯有中国人在日常饮食上将中庸智慧发挥得淋漓尽致。小到台北一隅创意菜的适度原则，大到流行于华人世界的五行养生理论，皆深得其妙。

"养生"二字在台北小吃街随处可见。各种各样的养生汤品俯拾皆是，调节阴阳"致中和"，以维持人体平衡。中国的养生之道错综复杂，可谓不可胜数。在弘扬传统的基础上，台湾又发展出现代饮食新理念：慢的艺术，小的美学。食在禅园，每一道菜肴无不于精微处见惊喜，不知不觉就让人沉浸在细品慢赏的意趣中。庶民小吃也好，创意美馔也好，皆让所有感官在悠然慢食中惬意享受。耳闻、目睹、鼻嗅、口尝，那美妙的滋味，从筷尖漾至舌尖，从舌尖漾至心尖。一碟清新的黄瓜小菜，一款精致的鸡肉小面点，让享用者自然而然地舍弃了不健康的狼吞虎咽。七八道"梁氏独创"吃下来，饱而不撑，感觉刚刚好，完全不同于若干年前在德国品尝极简创意菜的亲身经历，完全用不着一餐之后还得跑到街角买份炸薯条来补两口。

那款花朵状鸡肉小面点尤其有味道，将梁氏创意菜理念内化其中。梁幼祥略带三分自我陶醉："赏心悦目吧？这是馄饨皮，价廉物美，最便宜最常见的食材之一，绝大多数中国人都会用来包馅吃，可大可小，可荤可素，比如上海风味的汤煮馄饨，比如香港风味的油煎馄饨。"然也！说起上海馄饨来，我可是如数家珍。梁幼祥侃侃而谈："因循守旧对我来说太乏味了。老菜可以新做，粗菜可以细做，何不用创意赋予传统吃食新生命呢？把馄饨皮用油炸一炸，炸成花朵形状，把鸡肉丁略加煎炒，盛放于花心处。鸡肉丁的轻嫩与馄饨皮的薄脆相得益彰，消减了油炸料理的厚重感。"创意成果十分令人信服，馄饨皮脆而不韧，油炸火候恰到好处，鸡肉丁嫩而不寡，好似在白葡萄酒中腌渍过一样。我的猜测被梁幼祥否定了。鸡肉之所以嫩，跟葡萄酒无关，而是归功于淀粉的适量调和。淀粉是中式烹饪的常备品，可以让肉质更滑嫩、更润亮。

梁幼祥继续聊下去，有道是"不富三代，不懂吃穿"，没有经过长时间熏陶，暴富者不可能懂得饮食真谛。老话又说"富不过三代"，不懂得饮食真谛者，也很难富过三代。很多人没有真正体悟到其中深意，新富乍贵，炫吃、炫喝、炫排场，宁滥毋缺，宁贵毋对，动辄鲍鱼、海参、燕窝、鱼翅，还没学会品味滋味，就把家底败光了。所以说，让寻常食材焕发出不寻常的味道和含义来，才是更高境界。有此境界者更懂生活，更有可能一富好几代。

一席谈未了，一道菜又至。主人介绍："这是我的得意之作——凤汁玉窝白雪，名字够美才好！"我打趣道："味道够美才好！"梁幼祥甩给我一个"那还用说"的眼神："这道菜选用了名贵食材，貌似有悖于就简原则，其实不然。食不论贵，在于精心采选与巧妙烹制。请看！"众皆凝神举目，梁幼祥兴致勃勃地说道："这道菜将中华餐饮美学展现得淋漓尽致。想象一下，晶莹的玉窝配以香润的凤汁倚在皑皑白雪上，光是那意境就妙不可言！"

无限联想，偶尔不免有牵强造作之嫌，却是新式烹饪喜闻乐见的命名之法。中国菜自不必说，法国菜也不乏天马行空、不知所云的创意命名。受中华文化的熏陶，无论在大陆还是在台湾，都追求赋予菜品独特的艺术韵味与人文魅力，取名便充满了审美情趣和美好联想。幻想世界的凤凰、现实世界的宝玉，均可为菜品增添诗情画意。

"玉窝"乃何方宝贝？揭开面纱，原来是它！燕窝是中国传统名贵食材，本身没什么味道，属于以淡取胜的珍品。之前在北京，在品尝所谓"宫廷御膳"时，我曾领略过大味至淡的精妙。燕窝、驼蹄、海蜇、海参……淡味一族枝繁叶茂，在中华饮食文化中独具一格。燕窝是金丝燕用唾液粘结羽毛等物质所搭建的巢穴，主要产地集中在东南亚，蛋白质含量高达六成，一向被奉为滋补圣品。燕窝兼具壮阳益气之功效，在追捧者心目中，更添三分珍罕。如今的燕窝质量良莠不齐，非天然野生者不在少数。浸发燕窝是一门学问，优质燕窝一般有六七倍的"发头"。梁幼祥无疑是此中高手。

燕窝摇身一变成"玉窝"，少不得凤汁的滋润。世本无凤，汁从何来？神禽罕至人间，家禽以身相代，鸡汁摇身一变成"凤汁"。凤汁玉窝一相逢，便胜却人间无数。燕窝的美味是鸡汁浇出来的。好鸡汁堪比点金液，与淡味一族是天作之合。比如说，鱼翅再名贵，若无鸡汁相伴，则无鲜美可言。梁幼祥对这道菜的热忱溢于言表，让我真切感受到，中国高厨多么痴迷于无味生有味，化淡为美，赋予新生命，焕发新滋味。

有了玉窝和凤汁，那皑皑白雪从何而降呢？梁大厨师自透"天机"：将深海圆鳕鱼细细切成泥，配以蛋清和滑嫩的鲜奶，用快火烩出雪花微凝的白润轻盈。收官之笔倒是很接"地气"：纤纤土豆丝炸至爽脆金黄，宛如冬日阳光下的稻草堆。稻草堆上卧白雪，白雪堆上卧燕窝，好一道赏心悦目的美味！

　　梁幼祥的得意之作在国际上大获成功。在"日本京都芽生会"所组织的"国际美食之旅"年度盛会中，在料理美学胜地众厨界精英面前，梁幼祥班门弄斧出手不凡，以一道"凤汁玉窝白雪"惊艳四座。值得玩味的是，台湾新式烹饪深受日本美学原则的潜移默化，从造型、色彩、风格到意境，多有趋近的表现。我再一次深切地感受到，美食无疆界，对美食的追求和向往或可融合彼此之间的政治和社会鸿沟。

凤汁玉窝白雪

化干戈为玉帛，化干戈为美味，还有什么比一桌好菜更容易引发共鸣、消弭隔阂呢？美食家梁幼祥以一道"凤汁玉窝白雪"烹出了和谐、美好的意境。

食材：

燕窝 1 盏

深海圆鳕鱼 250 克

蟹黄适量

热鸡汁适量

蛋清适量

淀粉 1 茶匙

葱花少许

熟猪油 1 汤匙

鲜奶适量

盐 1 茶匙

胡椒粉少许

洋葱生姜汁少许

绍兴黄酒少许

土豆 1 颗

做法：

1. 燕窝身价不菲，需小心侍弄，宜凉水浸发，时间要充分，水质要纯，容器要洁净无油。

2. 浸发成功后，将燕窝泡在热鸡汁中静置 10 分钟。

3. 将熟猪油入锅加热至融化，将葱花煸出香味，倒入蟹黄及黄酒，撒入盐和胡椒粉，炒匀后盛出待用。

4. 将圆鳕鱼蒸熟，用汤匙挤压成泥。

5. 在鱼泥中加入蛋清、盐、淀粉、洋葱生姜汁，调和均匀。起油锅，开中高火，倒入鱼泥及鲜奶，快烩出白雪微凝状。

6. 将土豆切细丝入油锅炸至金黄，精心盛入如雪似玉的白瓷盘中。

7. 将鱼泥铺在土豆丝上，将燕窝铺在鱼泥上。效梁幼祥妙法，"凤汁"润"玉窝"，"玉窝"戏"白雪"，中国菜美丽如斯。[1]

【1】参见《美丽中国菜》，梁幼祥著，2008 年台北出版，第 19、146 页。

翠玉白菜和庶民蚵仔

  品了肚皮文化再品宫廷文化，要还是不要呢？在短暂的行程结束之前，我还是决定一访"宫廷"——台北"故宫博物院"。台北"故宫博物院"成立于1965年，依山傍水，气势宏伟，碧瓦黄墙，充满了中国传统的宫殿色彩，典藏珍品轮换展出，普通门票售价160元新台币（约合34元人民币），真可谓实而不贵。步入"宫门"，便觉眼前一亮，在形形色色的精美宣传品上，镇馆之宝赫然在目，不见千古名画显风流，却见一棵白菜立当头。堂堂台北"故宫博物院"，稀世之珍不计其数，为何偏偏将这棵白菜奉为至宝？带着疑问，我去纪念品商店逛了逛，果不其然，同款白菜琳琅满目，小到钥匙扣，大到原比例复制品，足见其备受青睐。看到白菜已觉出乎意料，看到东坡肉我更加感到不可思议！肥瘦相间，层次分明，肌理逼真，又一中华瑰宝，同样惹人垂涎！

  "翠玉白菜"与"肉形石"之于台北"故宫博物院"，堪比"蒙娜丽莎"之于卢浮宫、"拉奥孔群雕"之于梵蒂冈博物馆。"翠玉白菜"陈列于308展室，被慕名而来的游客围了个里三层外三层。在淡淡的灯光下，半白半绿的翡翠散发着略带神秘的晶莹色泽。人头攒动中，一睹玉容实在难得，好不容易才得以凑近观赏，却不免多少有些失望，轰动这么大，这个头也忒小了点吧！许多人就是冲着"翠玉白菜"来到此一游的。个头不起眼，年头也不占优势。清代文物而已，距今不过几百年。要说独一无二吧，同题材玉雕并不少见，光是馆藏就有 3 件。令游客最叹为观止的是那自然天成的色泽分布：从菜帮的润白、菜叶的青翠到菜顶的浓绿，颜状鲜活如生。在绿油油的菜叶上，还停歇螽斯和蝗虫，惟妙惟肖，寓意多子多孙。

"翠玉白菜"诞生于量材就质的巧手匠心。行话说的好："玉必有工，工必有意，意必吉祥。"白菜谐音"百财"，其美好寓意深受民间喜爱。"百菜不如白菜"，白菜自古以来就是中国人的当家蔬菜。白菜价廉物美耐储存，对生活在北方寒冷地区的老百姓而言意义非凡。白菜清新素淡，实惠又百搭，荤素咸宜、口味不拘，配豆腐或肉怎么都好吃。白菜古称"菘"，原产于中国，很早就登上了中国人的餐桌，后传入日本等周边国家。白菜品种多达 1000 有余，四季皆有收成，比大多蔬菜都丰产。中国的"秋末晚菘"，德国的羽衣甘蓝，都是理想的过冬菜，只是产量不可同日而语。中国白菜平均每公顷产量可达 225 吨，是德国羽衣甘蓝产量的 5 倍，与德国土豆旗鼓相当，足以申请吉尼斯世界纪录。

端详着栩栩如生的"翠玉白菜"，我的思绪飘向了中华大地的朔土寒天。就在几年前，每逢入冬，在京津等北方都市的街头，随处可见白菜运输车的踪影，一车车白菜装来卸去，以确保老百姓一冬不缺维生素。

佚名匠人对"秋末晚菘"之美也深谙于心吧？匠心巧手量材就质，成就了"翠玉白菜"，成就了中华艺术史上又一旷世之作。中国民间有"冬日白菜美如笋"之说，可见白菜备受青睐。白菜是大众蔬菜，也是大众喜闻乐见的艺术题材。陈列于 308 展室的

"翠玉白菜"尤其脍炙人口，慕名登门者络绎不绝。国画大师齐白石曾为白菜作画题句："牡丹为花之王，荔枝为果之先，独不论白菜为蔬之王，何也？"由此一来，"菜中之王"的赞誉不胫而走，白菜确实当之无愧。

在小小一棵"翠玉白菜"之后，是泱泱古国兴农养民之根。大清皇帝也感念白菜有功于社稷吧！从17世纪中叶到20世纪初，中国人口从1.5亿猛增到4亿多，除政局长期稳定外，农作物种类及产量的显著增加也是重要原因之一。

离开308展室，我在"肉形石"前并未多停留。乍看之下，这块玛瑙石足可乱真，多少人远道而来，就是为了品一品这美名远扬的"东坡肉"。初在川、再在苏、又在粤、后在台，我与苏东坡四度"幸会"。能工巧匠顺其自然地琢石为肉，也是在向大文豪美食家致敬吧！食而知味后巧夺天工也未可知。

临别之际，我意兴盎然地发现，博物院工作人员将公元前1600年至公元前220年期间的器具根据用途大致分为五大类：兵器、乐器、食器、酒器、水器。在由商至秦的1000多年间，酒器和食器常用于宗庙礼仪，故而单独分类。从分类可以看出，中国古人流传下来的器具大多用于烹饪和饮食。商朝是中国历史上第一个有直接的、同时期的文字记载的王朝。商代展品中，11件是尊爵之类的酒器、4件是鼎鬲之类的食器、3件是戈钺之类的兵器、2件是盘匜之类的水器、1件是钟铙之类的乐器。秦朝是中国历史上第一个统一的封建王朝。秦代展品中，比例分配居然别无二致，供饪食酒之用的器具无论从种类上还是从数量上皆远远多于其他。成就统一霸业，首开帝制先河，秦朝不是以穷兵黩武著称吗？秦代兵器占比之低，令人有些出乎意料。回溯历史，国以农为本，民以食为天，官方也好、民间也罢，烹饪与饮食在中华文化中始终居于先导地位。

　　暮色四合，华灯初上，最后一个夜晚悄然降临。次日我将启程返沪。8000公里旅程有滋有味，始于上海，终于上海。

　　回到位于士林区的酒店，饥肠辘辘，提醒我该觅食去。在台北的最后一顿晚餐，我得尝一尝最具代表性的宝岛风味。桌上有本《小吃》，作者乃美食记者，与我和Sabrina有过一面之缘。小吃世界大有逛头，舒哥曾带我领略一番。今宵寻味何处？我信手翻阅，夜市篇章吸引了我的目光，我于是心有所向。

　　许久以来，夜市令我着迷。与中国结缘20余载，初来乍到那些年，我几乎天天去夜市"打游击"。曾几何时，市井排档遍布于大陆城镇，煎炒烹炸样样俱全，一地的小吃有一地的特色。若干星期以前，我还跟萍水相逢的老北京人一起逛过东华门夜市。摊点挨挨挤挤、吆喝起起落落、游客熙熙攘攘，京城夜市的热闹劲儿至今记忆犹新。羊肉串气味扑鼻，铁板炒面嗞嗞作响，花不了多少钱，就能解个馋。外国人也不少，兴致勃勃地东品西尝。叫卖声一家高过一家，大有音量决定质量之势。东华门夜市年头不算老，建于20世纪80年代，在首都城管部门的规范下，摊位整齐划一，卖点大同小异，吃来逛去都差不多，令我印象最深刻的还是烧烤气味与叫卖声浪交织而成的混合曲。铁锅、钢勺、菜刀、火炉、气罐……小吃摊主齐装上阵，巴不得你"吃着碗里的，看着锅里的"，最好来个"吃不了兜着走"。

　　就让这品味中国之旅在夜市的滋味中完美告终吧！起意用心，择一夜市收官。不必踏破铁鞋，从酒店出来，穿过几个路口，士林夜市就在此岛、此市、此区的灯火阑珊处。士林夜市是知名度相当高的台北旅游热点，寻来全不费工夫。入口处充斥着地摊货，山寨包、运动鞋、休闲用品……随着劳动力成本高居不下，台湾传统制造业的黄金时代已远去良久。略一拐弯，另一番品味俱佳的美食便展现在面前。卖家高声吆喝："台湾香肠，欢迎品尝！"循声左望，凸置在外的烤箱中，红白相间的肉肠一点一点地滴着油，让我联想起令人心驰神往的德国圣诞市场。我好奇地尝了尝，居然是糯米夹心馅，味道有点儿甜！来自香肠国度的我对这中国宝岛特产一时吃不惯。这香肠显然不太合我"德国制造"的胃口。

未待移步，只听旁侧热情揽客："蚵仔煎！全夜市最好的蚵仔煎！"听着挺诱人，留待稍后品尝吧。"广东粥！这边请！"相隔百十来号，摊主大老远地就招呼上了。那边厢也不怠慢："羊肉串，新鲜美味来一串！"士林夜市很有氛围。煎锅嗞嗞、蒸笼嘶嘶、烤炉噙噙、背景音乐哄哄嘈嘈、价目标牌花花绿绿，靓妆姑娘翘着兰花指啃着炸鸡腿说笑着擦肩而过……相对于当地平均收入水平而言，吃在台湾有时比吃在上海更经济实惠，吃在士林夜市更是给人以如此感觉。夜市以小吃为主，实惠美味是根本，价格自然高不到哪里去。台湾夜市也曾爆出过无良商家滥用黑心食材的丑闻。谈及食品安全话题，粥老板对我说："黑心食材我可用不起！万一客人因此而吃出个好歹来，那我可就麻烦喽。一经查实，吊销执照罚以重金还算轻的，搞不好还得坐牢。这亏本买卖咱绝对不做！"这话听着真叫人放心。

我继续溜达，继续被"裹挟"着溜达。游人摩肩接踵，若不想把时间全花在亦步亦趋上，那就得见缝插针地解个馋、了个愿，比如去尝尝惦记已久的蚵仔煎。我打定主意，目标锁向蚵仔煎，遇到哪家就到哪家吃吃看。夜市那么大，小吃那么多，如果随大流，无非东一口西一口，任般般滋味尽随几罐台湾啤酒一冲而落。

"来来来！小姐，这边请！"溟蒙中传来一道和悦男声。走在我前面的姑娘循声过去落了座。我顺眼一瞧，此处正中下怀。505号摊位恰好也卖蚵仔煎。尽管有油炸臭豆腐扰鼻，我还是欣然前往。摊主热情招呼："请稍后，蚵仔煎马上就好！"摊主姓钱，悦声和颜，35岁上下。知道我是长居上海的德国人，钱先生饶有兴致地跟我聊起天来："我去过大陆，游览过镇江金山寺。镇江离上海不远，您知道这地方吗？""我太太就是镇江人！""这可太巧了！"钱先生话音刚落，"喊哩哐当"一阵响，邻摊的"碗塔"蓦然倒塌，一大摞塑料红碗滚落在地。钱先生略作解说："夜市统一餐具，每家摊位都用，好在经碰经摔。"说话间，3位少年过来点单，钱先生蔼然相待："欢迎惠顾！想要来点儿什么？豆腐？香肠？狮子头？"

蚵仔煎很快上了桌。见我是初尝，钱先生乐于多讲一二："蚵仔煎是台湾的著名小吃，哪里有台湾人哪里就有蚵仔煎。蚵仔煎发源于福建，早年从福建传入了台湾。随着夜市经营和小吃生意获得蓬勃发展，蚵仔煎也火遍了全岛。蚵仔煎好吃不好吃，关键在于几样配料：鸡蛋、蚵仔和茼蒿。这些配得好，味道肯定错不了，请尝尝看！"

蚵仔煎平摊于塑料红餐盘上，依言举箸，细品慢尝。鸡蛋的香嫩融入蚵仔的鲜咸，丝毫无须盐和味精来画蛇添足。茼蒿正当季，青翠悦目，清新爽口。如钱先生所言，不同时令配不同蔬菜，配豆芽也不错，有多少种时令菜，就有多少种蚵仔煎。全民小吃没有标准版。上网查查看，蚵仔煎菜谱一搜一大把，配料与做法花样百出。台湾人烹饪喜欢跟着感觉走，大陆那边想必也一样，不会百分百照搬，差不多即可，味道好最重要。诚然如是，就连必不可少的佐餐酱，也不总是千酱一味。钱先生语含歉意："这里实在忙不开，只能给您现成品，换作在家里，一定请您品尝钱氏自制甜辣酱!"谈笑风生中,钱先生手不停工。铁煎盘又大又平,底油嗞嗞作响,8 小堆蚵仔均匀摊放其上,煎蚵仔、浇粉浆、淋蛋液、加茼蒿、上调料、翻面饼……双面焦黄的 8 份蚵仔煎一气呵成,手上动作如行云流水,口中还不忘招揽来来往往的八方游客。诸多游客驻足品尝,其中不乏初识蚵仔煎为何物的大陆人。

"蚵仔是哪里产的?"我很好奇地问。钱先生坦言相告:"分装批发来的,肯定是人工养殖的。野生蚵仔可卖不了夜市价!夜市蚵仔基本来自大陆,台湾商人很早就在厦门一带投资养殖场了。大陆是原料供应地,原料供应不充足,全民小吃就短缺。

"您什么时候开始做夜市生意的?"我又开口问。钱先生很健谈:"还记得 2008 年全球金融危机吗?很多人未能幸免。我原本开了家饭店,经济一衰退,客人越来越少,收入越来越糟,最终不得不关门了事。为了生活,只好在夜市上摆摊,卖些蚵仔煎、臭豆腐、狮子头之类的本土小吃,从下午 5 点到晚上 11 点,天天忙得不亦乐乎。摆摊之余,我还打工,以免入不敷出。总的来说还行吧!无论是台湾还是大陆,中国人嘛,向来最懂得灵活变通!"品过蚵仔煎,别过钱先生,我再次消失在人潮食海中。叫卖声此起彼伏,霓虹灯缤纷夺目,烟火气诱人口腹。饮食之乐,乐莫大焉!

古往今来,夜市变迁折射出具有中国特色的社会运行之道:官与民的博弈、开与禁的权衡。餐饮夜市的历史或可追溯至公元 7—10 世纪。在大唐盛世,长安(今西安)是世界第一大都市,无数来自外乡和异国的客商在此旅居,商业繁荣,夜市也在坊市中应运而生。在唐朝的通都大邑中,"江淮之间,广陵大镇,富甲天下"。(《旧唐书》卷一百八十二)扬州盛极一时,"夜市"也一再出现于诗词歌赋中。中唐诗人王建(约 767—830)就曾在《夜看扬州市》中写道："夜市千灯照碧云，高楼红袖客纷纷。如今不似时平日，犹自笙歌彻晓闻！"

长安也好，扬州也好，唐代实行坊市制度，夜市是违禁的。唐文宗开成年间（836—840 年）曾发布诏令："京夜市，宜令禁断。"（《唐会要》卷八十六）"坊"（居民区）和"市"（商业区）严加隔离，筑围墙，设门禁，"闭门鼓后，开门鼓前，有行者，皆为犯禁"。官方明令禁止，民间灵活应对，坊市界限逐渐被打破，启闭时限逐渐被打破，夜市悄然兴起。夜市起兴于民，古今皆然。"规矩是死的，人是活的"。善于变通是中国老百姓的生存智慧。小吃夜市从无到有，夜市小吃从少到多，坊市间食乐融融。

于是乎，餐饮夜市"自下而上"发展起来。到了宋朝，汴京（今开封）和临安（今杭州）繁华空前，坊市界限不复存在，夜市规模史无前例。华灯初上时，香味正诱人，南北二都均以"不夜城"著称，领港台京沪之先。

开封夜市从古"火"到今，那香喷喷的焖羊肉串和缸炉烧饼让我经久不忘。开封曾为北宋首都，小吃夜市历史悠久。在《东京梦华录》中，宋人孟元老追述了汴京"州桥夜市"的繁兴，光小吃就列举了不下 50 种。汴京是中国小吃文化发源地之一，开封人至今引以为傲。

北宋首都的旷世风貌尽现于《清明上河图》。《清明上河图》描绘了汴京以及汴河两岸的自然风光和繁荣景象，原为北宋画家张择端所作，历代画家从不同视角加以仿效复制，流传至今有百余卷，两岸故宫均有典藏。在台北"故宫博物院"，我有幸欣赏了长逾 11 米的巨幅长卷摹本。身临其境，寻胜探幽，《清明上河图》巨细靡遗，街市风物引人入胜，就连坊间小吃也刻画入微。

时至 21 世纪，台北承袭汴京之风，将小吃文化发扬光大。在海峡彼岸，开封早已不复旧韵，水泥丛林取代了古都风物，在官与民的博弈中，在开与禁的权衡中，失当之痛层出不绝。在海峡此岸，虽高楼大厦不断涌现，但夜市之魂尚未消失。

第一小吃：蚵仔煎

"蚵仔煎"即"牡蛎蛋饼"。漫步于士林夜市，被"全民小吃"一再香诱。大铁煎盘烙个不停，往来食客立等可得，堂吃有塑料桌凳，外带有简易包装。品尝宝岛经典风味，领略中华小吃文化，蚵仔煎不容错过。

食材：

  牡蛎 200—250 克

  红薯淀粉 2 汤匙

  清水半杯

  甜辣酱 2 汤匙

  鸡蛋 3 只（打散待用）

  植物油 1 汤匙

  韭菜或其他绿叶菜适量（切碎待用）

  蒜 1 瓣（切末待用）

做法：

1. 将淀粉加水调浆，将牡蛎浸入粉浆静置。

2. 起油锅，将蒜末煸出香味，将韭菜炒至断生。

3. 在平底锅内加油，将蛋液煎成饼状。

4. 在蛋饼上均匀倒入牡蛎和韭菜，翻烙至双面焦黄，出锅盛盘。

5. 将甜辣酱略微加热后淋在蛋饼上。配上霓虹灯光，就着台湾啤酒，自制"蚵仔煎"也能吃出夜市风味。

珍视小情趣的生活艺术大师

从观景平台远眺，入目一片葱茏，绿得浓郁、清幽，时闻鸟鸣啾啾，偶有人语窃窃，除山脚下车来车往略嫌扰耳外，此处堪比世外桃源。我专程到此拜谒，为的是向一位大师致敬。我对他由衷钦慕，他陪我一路品味东西，他就是"两脚踏东西文化，一心评宇宙文章"的林语堂。林语堂故居坐落于阳明山腰，由林语堂亲自设计，这是他生前最后 10 年定居台湾的住所。林语堂逝于 1976 年，并未大张旗鼓办葬礼，而是悄然长眠于自家后园的袅袅山岚中，十分契合一代大师的淡泊心性。

林语堂是享誉国际文坛的中国作家。在旅居美国 30 年后，林语堂于 1966 年定居中国台湾，生前未能重回大陆故里，至此已在这处"宅中有园，园中有屋，屋中有院，院中有树，树上有天，天中有月，不亦快哉"的长眠地安息了 40 个春夏秋冬。

在林语堂故居中，书房以原貌呈现，仿佛主人只是去园中散步，稍后就会叼着烟斗噙着笑意布履长衫地悠然出现。据中英文资料介绍，在整洁有序的书桌上，总是摆放着牛肉干、花生与糖，可见大师对小吃的钟爱。

小吃助大师文思泉涌，大师为小吃落笔着墨。在其 1935 年

问世的英文畅销书 *My Country and My People*（中译名《吾国与吾民》）中，林语堂津津乐道，中国人有了闲暇，除了喜欢喝茶、睡觉，还喜欢以嚼食各种小吃为乐。林语堂很早就发觉，一家之厨至关重要，掌庖厨者掌食趣，人生一大乐趣的或与或夺，全在掌厨人的一念之间。林语堂见解精辟，凡是动物便有一个名为肚子的无底洞。这无底洞曾影响了我们整个文明。归根结底，肚子安好便一切安好。

　　林语堂珍视生活中的每一个小情趣。行坐处花木葱茏，静思间烟斗飘香，闲谈中清茶慢啜，写作时腿脚舒展，慵懒来床榻适眠。林语堂追求"快快活活地活，舒舒服服地过"，对小吃情有独钟，伏案工作也不忘嚼食之乐。无论是物质上还是精神上，营养充足、消化充分才能活力充沛、生命充盈。

　　于细微处见真章也体现在林语堂的创作发明中。在他的小说中，每个人物形象都刻画得细致入微；在他的发明中，无论是"明快中文打字机"，还是"自来牙刷"，无不反映出他对精妙与方便的痴迷追求。

　　同为恬淡自适之人，林语堂对沈复极为欣赏。林语堂将沈复伉俪在姑苏古城的浮生悲欢译于笔下，为"布衣菜饭，可乐终身"的人生智慧而共鸣。

　　告别林语堂故居，体会小吃大味。我慢慢地嗑着盐瓜子，一粒一粒，口感正好，回味悠长。

　　返回上海没几天，老李打来电话，自北京一别，已是许久未聊。正是在老李的"激将"下，才有了8000公里品味中国的"天堂之旅"。听我叙述一番后，老李哈哈一笑："怎么样，你现在弄懂中国了吗？"我别的也不多说："改天请你吃饭！"

参 考 文 献

Aisin-Gioro Pu Yi. *From Emperor to Citizen.The Autobiography of Aisin-Gioro Pu Yi*. Beijing 2008.

Alekseev, V.M. *China im Jahre 1907*. Leipzig/Weimar 1989.

Anderson, Eugene N. *The Food of China*. New Haven/London 1988.

Anthus, Antonius. *Vorlesungen über die Esskunst*. Frankfurt a.M. 2006.

Barlösius, Eva. *Soziologie des Essens. Eine sozial- und kulturwissenschaftliche Einführung in dieErnährungsforschung*. Weinheim/München 1999.

Benjamin, Walter. »Paris, die Hauptstadt des XIX. Jahrhunderts«. In: *Illuminationen –Ausgewählte Schriften 1*. Frankfurt a.M. 1977.

–»Haschisch in Marseille«. In: *Illuminationen –Ausgewählte Schriften 1*. Frankfurt a.M. 1977.

Bonner, Stefan/Weiss, Anne. *Generation Doof – Wie blöd sind wir eigentlich?* Köln 2008.

Brillat-Savarin, Jean Anthèlme. *Physiologie des Geschmacks oder Betrachtungen über das höhere Tafelvergnügen*. Frankfurt a.M./Leipzig 1979.

Busch, Wilhelm. *Und die Moral von der Geschicht*. Hrsg. von Rolf Hochhuth. o.J.

Cotterell, Yong Yap. *Die Kultur der chinesischen Küche*. Bern 1988.

Dahrendorf, Ralf. *Homo sociologicus. Ein Versuch zur Geschichte, Bedeutung und Kritik derKategorie der sozialen Rolle*. Wiesbaden 2006.

Eliot, T. S. *Notes towards the definition of culture*. London 2010.

Fan Yong (Hg.). *Gebildete zum Thema Essen und Trinken (wenren yinshi tan)*. Beijing 2009.

Gernet, Jacques. *Die chinesische Welt*. Frankfurt: Suhrkamp 1988.

Goethe, Johann Wolfgang. *Weimarer Ausgabe (WA)*.

–*Hamburger Ausgabe in 14 Bänden. Band 13: Naturwissenschaftliche Schriften I.*

Gray, John Henry. *China – A History of the Laws, Manners and Customs of the People*.Vol.II.Mineola, New York 2002 (Reprint of 1878).

Höllmann, Thomas O. *SchlafenderLotos, trunkenesHuhn. Kulturgeschichte der chinesischenKüche*, München 2010.

Hsia, Adrian. *Deutsche Denker über China*. Frankfurt a.m. 1985.

Ich war Kaiser von China: Vom Himmelssohn zum Neuen Menschen. Die Autobiographie des letztenchinesischen Kaisers. München 2009.

Jullien, François. *Über das Fade. Eine Eloge zu Denken und Ästhetik in China.* Berlin 1999.

–*Der Umweg über China – Ein Ortswechsel des Denkens*, Berlin 2002.

Leibniz, Gottfried Wilhelm. »Zwei Briefe an Claudio Filippo Grimaldi«. In: Hsia(1985), S. 28-41.

Li, T'ai-po. »Jiang jin Jiu (Beim Trinken)«. In: *Tang Shi San Bai Shou Xin Bian (300 Tang-Gedichte neu ediert)*. 4. Auflage Changsha 1995.

Li, Yu. *Gelegenheitsnotizen über das Stillen der Leidenschaften (Xianqing ouji)*, Beijing 2008.

Liang Youxiang. *The Beauty of Chinese Food*.Taipei 2008.

Lin, Yutang. *Die Weisheit des lächelnden Lebens*. Frankfurt a. M. 2004.

–*The Gay Genius. The Life and Times of Su Dongpo*. Beijing 2009.

Lü Shi Chun Qiu. (Aufzeichnungen über die Zeit des Frühlings und Herbstes von Lü Buwei), Changsha 2006.

Lu, Xun. »Tagebuch eines Verrückten«. In *Aufruf zum Kampf (nahan)*, Beijing 2002.

Lu, Yaodong. *Der Bauch ist groß und kann einiges fassen–Aufzeichnungen zur Kultur des Essensund Trinkens in China (du da neng rong)*. Taibei 2007.

Mein erste Lebenshälfte (Wo de qian ban sheng). Beijing 2010.

Meyers großes Taschenlexikon in 24 Bänden, Ausgabe, Leipzig/Mannheim 2006.

Okakura, Kakuzo. *The Book of Tea*.Boston/Rutland/Vermont/Tokyo 2001.

Otis Skinner, Cornelia. *Elegant Wits and Grand Horizontals*. New York 1962.

Quan, Yanchi. *Mao Zedong: Man, not God*. Beijing 2006.

Sebag-Montefiore, Simon. *Stalin: The Court of the Red Tsar*. Phoenix 2004.

Shen, Fu. *Six chapters of a floating life (Fu Sheng Liu Ji)*. 9. Auflage Beijing 2008.

Schelling, Friedrich Wilhelm Joseph von. »China – Philosophie der Mythologie«. In:Hsia 1985, S.189–242.

Tao, Wenyu. *Suzhou Ziwei (Suzhouer Geschmack)*.Suzhou 2009.

Waley-Cohen, Joanna. »Streben nach vollkommener Ausgewogenheit«. In: Paul Freedman (Hg.). *Essen. Eine Kulturgeschichte des Geschmacks*. Darmstadt 2007, S. 99–134.

Wang, Jiaju. *Gu Su Shi Hua (Kulinarische Erzählungen über Suzhou)*. 3. Auflage Suzhou 2007.

Wang, Renxiang. *Der Geschmack der Geschichte: Geschichte und Kultur der chinesischen Küche(wang gu de ciwei: Zhongguo yinshi de lishi yu wenhua)*, Jinan 2006.

Yuan, Mei. *Die Speiselisten des Sui-Gartens*. Yangzhou 2008. (Nachdruck des Originals).

Zhang, Dai. *Traumerinnerungen an Tao'an (Tao'an meng yi)*. 3. Auflage Shanghai 2010.

网页与报刊

»Chinas Kultur der Tierquälerei«. www.peta.de/bekleidung/chinas_kultur_der_tierqulerei.645.html.

Yi Zhongtian: »Die hervorgegessene Blutsbeziehung« (Yi Zhongtian: Chi chu lai dexueyuan), Kantoner Zeitung (Guangzhou ribao), 18. 3.2008.

»Cat-nappers feed Cantonese taste for pet delicacy – A curiosity about the taste of catmeat is fuelling a growing industry in China«. Telegraph.co.uk vom 1.1.2009.

»Hunde in China – Mehr als nur ein Mittagessen«. Süddeutsche Zeitung vom1.9.2006. www.sueddeutsche.de/panorama/140/371952/text/

SämtlicheZitateaus Mail Online:»The cat meat trade in China – what you say«. www.dailymail.co.uk/news/article-29832/

»A dog's life in China«.Reuters-Meldung vom 17.3.2007, www.eurograduate.com.

Zhan, Zhang. »Cixi and the Modernization of China«.www.ccsenet.org/ass(30.9.2010).

Pekinger Zeitung für Wissenschaft und Technik (Beijing keji bao) vom 13.4.2007.

»Mao Zedong und die Theorie der Chili-Revolution (Mao Zedong«lajiao geming«lun)«. In: China-Nachrichten Netzwerk Zhongguo xinwen wang 29.4.2010, www.chinanews.com.cn/hb/news/2010/04–29/2255341.shtml (17.11.2010).

»Feuertopf aus Chongqing auf dem Vormarsch in die USA«. 18.6.2010. canyin.518jm.com/z116198 (28.2.2011).

Ausführlicher Bericht darüber u. a. in der«Changjiang Zazhi (Yangtse-Zeitschrift)«vom 24.7.2009.

www.foodsion.com.tw.

The China Post vom 12. 9.2007. www.chinapost.com.tw/taiwan/2007/09/12/122172/Hau-kicks.htm.

Lai, Cheng-Chung. »Beef taboo in Chinese society«. In: International Journal of Social Economics, Vol.27 No.4, 2000, S. 286–290.

图书在版编目（CIP）数据

天堂之旅：六道风味品中国 /（德）马可斯·赫尼格著；
王丽萍译 . —杭州：浙江大学出版社，2019.3
ISBN 978-7-308-18992-7

I.①天… II.①马… ②王… III.①饮食－文化－中国
IV.① TS971.2

中国版本图书馆 CIP 数据核字（2019）第 039572 号

天堂之旅：六道风味品中国
［德］马可斯·赫尼格 著　王丽萍 译

责任编辑	叶　敏	
文字编辑	李　卫	
责任校对	杨利军　董齐琪	
装帧设计	李　岩	
出版发行	浙江大学出版社	
	（杭州天目山路 148 号　邮政编码 310007）	
	（网址：http://www.zjupress.com）	
制　作	北京大有艺彩图文设计有限公司	
印　刷	北京中科印刷有限公司	
开　本	880mm×1230mm　1/32	
印　张	11.5	
字　数	268 千	
版印次	2019 年 3 月第 1 版　2019 年 3 月第 1 次印刷	
书　号	ISBN 978-7-308-18992-7	
定　价	59.00 元